高体积分数 SiCp/Al 复合材料高效精密切削基础研究

项俊锋　解丽静 ◎ 著

Fundamental Research on the High-efficiency Precision Machining of High-volume-fraction SiCp/Al Composites

北京理工大学出版社
BEIJING INSTITUTE OF TECHNOLOGY PRESS

图书在版编目（CIP）数据

高体积分数 SiCp/Al 复合材料高效精密切削基础研究 / 项俊锋，解丽静著. --北京：北京理工大学出版社，2023.4

ISBN 978-7-5763-2292-7

Ⅰ. ①高… Ⅱ. ①项… ②解… Ⅲ. ①金属基复合材料—精密切削—研究 Ⅳ. ①TB333.1②TG506.9

中国国家版本馆 CIP 数据核字（2023）第 066735 号

出版发行 / 北京理工大学出版社有限责任公司
社　　址 / 北京市海淀区中关村南大街 5 号
邮　　编 / 100081
电　　话 / （010）68914775（总编室）
（010）82562903（教材售后服务热线）
（010）68944723（其他图书服务热线）
网　　址 / http://www.bitpress.com.cn
经　　销 / 全国各地新华书店
印　　刷 / 保定市中画美凯印刷有限公司
开　　本 / 710 毫米 × 1000 毫米　1/16
印　　张 / 13
彩　　插 / 2
字　　数 / 198 千字
版　　次 / 2023 年 4 月第 1 版　2023 年 4 月第 1 次印刷
定　　价 / 88.00 元

责任编辑 / 封　雪
文案编辑 / 封　雪
责任校对 / 周瑞红
责任印制 / 李志强

前言

现代加工技术以高速、高精度以及新型难加工材料为典型特征，尤其随着以第三代高强钢为代表的高强度钢、超高强度钢和以碳化硅增强的铝基复合材料（SiCp/Al）为代表的高比强复合材料等先进的新型难加工材料的广泛应用，这些材料在高效精密加工中的切削力学、加工表面形成机理和刀具磨损有待深入研究，结合材料动态力学特性深入研究切削机理对于实现新型难加工材料高效精密加工技术和推进先进加工理论和技术的发展极为重要。

本书针对高体积分数 SiCp/Al 复合材料高效精密切削加工展开讨论，重点阐述高速切削和超精密加工 SiCp/Al 复合材料所涉及的动态力学行为和切削加工特性。关于动态力学行为方面，探索了 SiCp/Al 复合材料的动态力学行为、面向高速切削的 SiCp/Al 复合材料本构建模、SiCp/Al 复合材料多尺度力学行为，为面向高效精密切削的难加工材料动态力学特性的数学建模提供了高效、精确、可靠的本构建模方法和工具；关于切削加工特性方面，针对高体积分数 SiCp/Al 复合材料的切削力、加工表面形成机理、表面完整性和刀具磨损，开展了车削、铣削、钻削和超精密车削试验研究，并基于所提出的动态本构模型建立二维/三维切削仿真模型，辅助于切削机理的分析，支撑了高体积分数 SiCp/Al 复合材料高效精密切削的理论分析。

全书写作从介绍 SiCp/Al 复合材料动态力学行为及其切削加工特性的研究进展开始（第 1 章），沿着 SiCp/Al 复合材料高效精密切削加工展开，阐述了面向高速切削的本构建模方法及其多尺度力学行为（第 2 ~4 章），研究了高体积分数 SiCp/Al 高速铣削和小孔钻削过程中切削力建模、切削表面形成机理、亚表面损伤、颗粒去除方式、钻削出入口棱边缺陷形成机理以及刀具适配性（第 5 章），进而分析了切削 SiCp/Al 复合材料的各类金刚石刀具的主要磨损机制（第 6 章），最后介绍了单晶金刚石超精密车削 SiCp/Al 复合材料中的加工表面形成机理、脆塑性转变以及刀具磨损机理（第 7 章）。

本书可作为机械设计制造及其自动化等专业高年级本科生、研究生的参考书，也可作为金属切削、机械制造等领域科研工作人员和工程技术人员的参考书。

目 录

第1章 绪　论

1.1 研究背景与意义

航空航天、先进武器和汽车等高端产业为了同时实现产品性能提升和轻量化，大量采用以第三代高强钢为代表的高强度钢、超高强度钢和以碳化硅增强铝基复合材料（SiCp/Al）为代表的高比强复合材料等先进的新型难加工材料。但是，产品性能的升级同时在很大程度上依赖于零部件加工精度和质量的提高，新型难加工材料的挤压铸造等近净成型技术的发展绝对无法取代切削加工工艺在零部件实际生产中的重要地位，新型难加工材料的高效高精度切削加工工艺往往作为产品的最终加工工序而决定着产品的性能和寿命。然而与传统材料的切削加工相比，新型难加工材料的高效高精度切削加工，存在着理论欠缺、技术不成熟、经验数据少等问题，而推动新型难加工材料的高效高精度切削加工技术的快速发展需要综合运用试验研究、理论解析和数值模拟等技术方法，其中理论解析方法和数值模拟技术都有赖于对材料动态力学特性的掌握。现代加工技术以高速、高精度以及新型难加工材料为典型特征，因此掌握材料的动态力学特性对于实现难加工材料高效精密加工和推进先进加工理论的发展极为重要。

材料动态本构模型和数据是面向高端制造的先进数据库的有机组成部分，对于促进中国制造业走向高端制造、智能制造具有重要意义。国际上最为知名的材料数据库网站 MatWeb（图 1.1）提供了较为全面的材料物理性能数据，材料覆盖面广，包含了塑料、金属、陶瓷和半导体、纤维、复合材料等 105 000 多种工程材料的基础物理数据，并为高级会员提供了材料数据导入 Comsol、Solidworks、Autodesk、ANSYS、ETBX 等 CAD/FEA 程序的功能。知名的专用有限元软件 Deform、AdvantEdge 等早在 2002 年就开始了材料动态力学本构数据库的开发工作，筛选收集来自美国、德国、欧洲等知名大学和研究所公开发表的可靠数据。用户只需要选取加工材料的名称、制造工艺和热处理方式，材料本构数据即可被调入，极大简化了仿真建模工作。我国所开发的材料和国外的牌号有所不同：一些材料根据我国资源情况进行了添加元素的调整；一些材料完全是根据行业发展和产品需求自行开发或因加工工艺过程和执行标准的差异造成材料动态性能存在不同。鉴于上述国内外材料的差异和对中国特有材料的缺项，国外现有数据库无法为我们提供精确完备的材料动态力学性能数据。关键的是，材料在不同载荷下的力学行为直接影响所加工关键件和重要件的使用性能与服役寿命，分析不同尺度下材料的力学行为，并构建准静态（亚表面区域）与动态（加工区域）响应下的材料本构模型是关键件和重要件的再设计、加工制造、工艺优化仿真、原型测试等的前提条件。因此，掌握材料动态力学行为的研究方法，开发相应的数据库成为非常必要的工作。

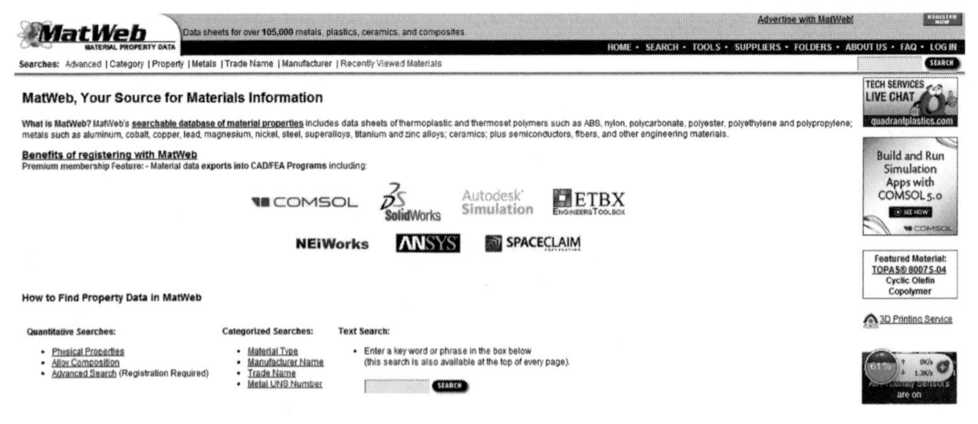

图 1.1　材料数据库网站 MatWeb 的主页

碳化硅颗粒增强铝基复合材料（SiC Particulates Reinforced Al Matrix Composites，SiCp/Al）具有高比强度、高比刚度、低热膨胀系数和好的损伤容限，并可通过改变增强相体积分数、铝基体合金成分以及复合材料的热处理状态，实现对复合材料热物理和力学性能的再设计。图 1.2 列举了 SiCp/Al 复合材料在航空航天、汽车、电子、军事、医疗及光学仪器等尖端领域的应用。

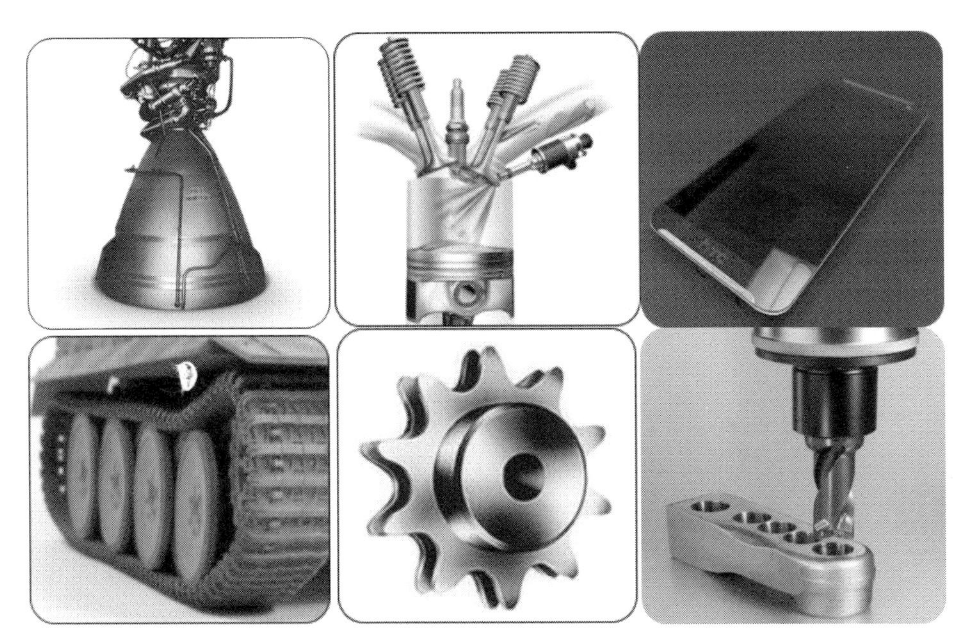

图 1.2 SiCp/Al 复合材料在航空航天、汽车、电子、军事、医疗及光学仪器等尖端领域的应用

就 SiCp/Al 复合材料可加工性而言，用传统的加工方法很难或者需要很高的成本才能达到所需的加工精度和表面质量，特别是切削高体积分数（SiC 体积分数为 30%~65%）SiCp/Al 复合材料时，由于 Al 基体内部加入了高硬度、高耐磨形状不规则的 SiC 颗粒，导致材料内部出现非均匀性、各向异性、低延性等特性，这在其加工过程中引起刀具的过度磨损和工件的亚表面损伤，由此导致较低的刀具寿命和较差的加工表面质量。SiC 增强相是其复合材料相比于金属基体材料力学性能显著增强的主要原因，但增强相体积分数的增大会明显提升其加工难度和制造成本，使得该材料在切削加工过程中存在许多问题，成为典型的难加工材料。因而对高体积分数 SiCp/Al 复合材料的高效高质量切削加工技术的研究显得十分必要和迫切。

1.2 国内外研究现状及发展趋势

1.2.1 材料动态力学特性研究方法及其进展

材料动态力学特性的数学描述称为材料的本构关系或模型，是研究材料加工及其在工程应用中的强度、损伤失效及疲劳寿命预测分析的力学基础。通常，建立材料本构关系的方法主要分三类：①基于连续介质力学和不可逆热力学理论的宏观唯象法；②基于变形机理，从位错密度、晶粒尺寸等微观结构入手的微细观力学方法；③基于多尺度的宏细观力学结合方法。其中，以宏观唯象法在工程中的应用最为广泛。宏观唯象法又分为传统本构理论和统一本构理论。传统本构理论用于描述材料的加工硬化、动态回复、动态再结晶等简单的流变行为；统一本构理论则是为描述在高温环境下塑性变形、蠕变、松弛等相互耦合的复杂流变行为而提出的。在众多的宏观唯象模型中，适用于高应变率条件且参数较少易于在数值分析中实现的本构模型包括：Johnson - Cook（J - C）模型、Arrhenius 模型、Zerilli - Armstrong 模型和 Khan - Huang 模型，其中在加工成形领域中应用最为广泛的是基于传统本构理论的反映率相关性的加工硬化本构关系 J - C 模型。随着新材料的不断涌现，这些经典的本构模型并不能准确地预测在宽泛的应变、应变率和温度范围内的流变应力，因此对材料本构模型的确定提出了更大的挑战。为改善经典本构模型的可适用性，需要针对特定材料，通过引入不同过程变量的耦合效应（如应变率与温度的耦合、应变与温度的耦合、应变 - 应变率 - 温度的交叉耦合、某些可观测的材料行为与应变率、温度的耦合等），特殊的力学行为（如高应变下应变软化、尺度效应、棘轮效应、各向异性、塑性应变梯度等）和一些随变形而改变的可观察或测量的物理/力学行为（如泡沫金属中密度、复合材料中微观损伤、高压相变、晶粒演化等），开发基于经典本构关系的修正模型，这增加了材料参数的数量及本构模型的复杂性。一个理想的本构模型应该能够同时准确地反映在静态和动态下材料的力学特性，而大多数工程材料在低、高应变率或温度下的力学行为有所不同，特别是在高速冲击和加工制造领域内，材料变形往往经历在宽泛应变率和温度范围内的大塑性变形，这需要进行大量在不同应变率和温度范围内的力学试验。

目前切削本构模型的研究主要依靠试验分析和数值模拟两种手段。依靠试验的手段，可以宏观地研究材料的动态响应，研究其本构特性、强度特性以及破坏机理，其中以在应变率上最接近切削加工的分离式 Hopkinson 杆最为典型。用数值模拟的方法，则可以模拟材料的变形直至被破坏的过程，分析材料细观的应力场和应变场的分布，阐述材料的变形机理，同时可以大幅节约试验成本。

1.2.2 SiCp/Al 复合材料动态力学行为的研究进展

复合材料动态力学行为的研究主要包括等效均质材料（Equivalent Homogeneous Material，EHM）模型和多相多晶材料模型两类。单纯基于力学试验方法的建模成本高、周期长，国外最先将单胞有限元仿真分析和 Hopkinson 试验相结合，建立考虑增强颗粒体积分数和形状系数反映率相关性的流变应力模型，而国内多采用此方法针对准静态力学行为进行研究，动态力学行为的研究多以试验、多元线性回归、人工神经网络等方法为主。与多相多晶模型相比，EHM 模型能让仿真模拟的计算量大幅减少，而且省去了对于增强颗粒形状、分布的几何建模过程以及多相间的接触、界面关系的设置等。但 EHM 模型建模忽略了复合材料内部的微观结构、结合界面等微观特征，导致不能很好地描述复合材料的动态力学特性。应当结合 EHM 宏观建模和多相多晶微观建模的优势，提供一个合理建模方法兼具计算精度和效率，不仅能从微观上反映复合材料变形的动态力学过程，还可为宏观切削仿真提供可靠的模型依据。

颗粒增强金属基复合材料非均质的固有材料特性，尤其是增强相团聚、多相界面等非局部特征，增加了这类复合材料研究的复杂性，但正是这些非局部特性对应变局部化、损伤萌生、裂纹扩展路径及最终材料失效等起关键作用，而经典的连续介质塑性忽略了长度特征尺度，因此深刻理解此类金属基复合材料的变形强化机理与断裂失效行为对推动此类复合材料的工程应用至关重要。Li 等采用单胞模型研究增强颗粒体积分数、形状及长径比对金属基体复合材料黏塑性变形的影响。Chawla 等采用基于微观组织的 SiCp/Al 有限元模型成功模拟了与力学试验结果相近的材料变形行为。Aghababaei 与 Joshi 通过滑移梯度晶体塑性理论联系滑移梯度及与各滑移系相关联的几何必须位错密度，考虑了金属基复合材料在非均匀塑性变形过程中的尺寸效应、梯度强化效应、不同相晶格错配引起的流动强化。Han 等也通过基于塑性滑移梯度机制的晶体塑性模型引入了材料制备和塑性变形过程中诱导的几何必须位错，分析了金属基复合材料在热机械载荷下的力学行为，发现了热诱导的几何必须位错与增强相尺寸的相关性关系，同时给出了几何必须位错随应变的演化关系。Gao 等基于多尺度框架理论将微观尺度上统计必须位错和几何必须位错与宏观尺度的塑性应变梯度相关联，建立了忽略高阶应力的应变梯度塑性理论，流变应力与服从 Taylor 硬化模型的几何必须位错的平方根成正比例关系。

多相多晶材料建模主要集中在增强相体积分数、形状、大小和空间分布等形貌信息的重构，很少关注相界面对金属基复合材料力学行为的影响。在经典塑性本构框架中，经典塑性本构模型仅能用来预测弱到中强度的界面行为。一些研究结论给出，颗粒增强金属基复合材料的断裂与强化机制取决于基体强度和基体-颗粒界面强度间的匹配关系。Aghdam 与 Shahbaz 采用一个方形 RVE 模型和表征界面脱黏关系的用户子程序，研究了 Al-3.5wt.%/SiCp 复合材料在热力载荷下的力学行为，在考虑材料制备过程形成的热残余应力时，模型预测与试验结果比较相近。Yuan 等采用考虑界面层的轴对称单元研究了拉伸载荷下 SiCp/Al 复合材料微观应力状态和界面损伤。Williams 等采用自定义三维界面层单元，研究三维拉伸条件下界面脱黏对球形和椭圆形颗粒形状的复合材料流变应力的影响规律。Zhang 等研究界面层性能（不同的界面强度和界面断裂失效能组合）对高应变率 SiCp/Al 材料流变应力的影响。上述模型均缺少对 SiC-Al 界面损伤演化规律的准确度量，而界面损伤演化模型很难通过试验方法加以确定。分子动力学模拟是当前一种比较流行的用于确定两相界面牵引力-位移关系的数值方法，其中 Dandekar 与 Shin 采用分子动力学方法给出了在不同温度和应变率加载条件下 Al 基体和 Al_2O_3 颗粒界面层的内聚力和张开位移之间的关系，研究高应变率下 Al_2O_3/Al 复合材料流变应力应变关系。Song 等分别采用绑定的、内聚力形式的、摩擦的三种界面形式研究了 SiCp/Al 复合材料的动态力学行为，采用内聚力模型表征的 SiCp/Al 界面与试验结果比较接近，并发现在加载变形过程中，SiC 颗粒的变形要远小于 Al 基体，为避免孔洞萌生，几何必须位错形成于 Al 基体中以适应变形的应变梯度，从而实现 Al 基体和 SiC 颗粒的协调变形。在这些细观多相力学模型中，SiCp/Al 复合材料中 SiC 颗粒被模拟为规则的颗粒形状并嵌入 Al 基体中，从而构造基于形状因子和分形维数的 SiCp/Al 复合材料细观力学模型。但是，由于在表征复合材料细观结构特征时的随机性，这种基于微观结构统计学特征构造的简化多相模型可能会导致力学行为预测的不确定性。

Dai 等分析了颗粒增强金属基复合材料的基体位错强化效应以及从基体到增强相的载荷传递效应，发现由于增强相的存在，界面处的基体主要通过制备淬火过程中热膨胀系数的不匹配和外载作用下弹性模量的差异引起的应变梯度效应实现其流动强化，而增强颗粒的形状、体积分数对热错配和几何错配诱导的几何必须位错密度有显著影响。Yan 等对 SiCp/Al 复合材料界面处微观组织进行研究，发现当 SiC 颗粒尺寸为 5 μm 时，Al 基体中存在由热错配诱导的高密度位错区，当 SiC 颗粒尺寸下降至 0. 15 μm 时，Al 基体在界面处的微观组织存在 1 ~5 nm 的“微畸变区”。

在金属基体中，数量众多的增强颗粒为金属晶体提供了更多的形核位置，显著细化了基体晶粒。Aghababaei 等发现增强相形状、尺寸影响了在界面处几何必须位错的分布，而热残余应力随着增强相尺寸的减小而增大，表现出一定的尺寸效应，应变硬化效应却随着增强相尺寸减小而降低，但在压缩变形过程中，应变硬化率逐渐下降表明由热残余应力引起的强化效应随着变形程度的增加而减弱，这主要是由于制备过程中热错配诱导的几何必须位错与在变形过程中由弹性模量不匹配诱导的几何必须位错相互作用，造成部分湮灭。对于局部变形梯度张量均匀区域可采用经典连续介质力学理论进行求解，而对于局部变形梯度张量不均匀的区域，应变梯度与附近区域的应变密切相关，而无法利用经典连续介质塑性理论准确反映出局部非均匀变形中的尺度效应。为此，Huang 等在 Taylor 非局部塑性模型基础上提出了基于机制的应变梯度（Mechanism - based Strain Gradient，MSG）塑性理论，结合试验证明了 MSG 塑性理论能成功描述塑性变形过程中的尺寸效应问题。

由于 SiCp/Al 复合材料的变形行为受到增强相颗粒（尺寸、形状、体积分数和分布等）、基体材料类型、界面结合强度和热处理状态等诸多因素的影响，其动态力学性能研究极为复杂，而相关的理论基础有待完善，目前的研究仍然存在很多不足：①忽略了在实际变形过程中界面失效对流变应力的影响；②不能考虑颗粒发生损伤和破碎的影响；③不能直接耦合应变强化和增强相体积分数的影响；④对于高体积分数复合材料在高温高应变率条件下的研究少，缺乏适用的本构模型，现有模型的预测精度低。

因此，有必要对高体积分数 SiCp/Al 复合材料在高应变率下的流变行为展开研究，分析颗粒体积分数、尺寸、形状以及依赖于颗粒微观形貌的基体流动强化对 SiCp/Al 复合材料流变行为的影响规律，为后续高速切削机理的研究打下坚实的基础。在微观尺度上，基于 SiCp/Al 复合材料真实微观结构，建立考虑界面损伤演化和基体流动强化的多尺度细观力学模型，以准确预测 SiCp/Al 复合材料动态力学行为，并可通过 SiC 颗粒复制和裁剪设计出满足力学性能使用要求的复合材料构型，因此建立基于 SiCp/Al 复合材料真实微观结构的多尺度力学模型，对于降低材料试制次数和减小昂贵的试验测试成本具有重要的研究意义。

1.2.3 SiCp/Al 复合材料的切削加工特性研究现状

在铝合金基体中加入特性完全相反的硬度高、脆性大的 SiC 颗粒后，铝合金基体的延展性下降，加工材料形成的切屑塑性变形减小，有利于形成短小的切屑。但由于高硬度 SiC 颗粒的存在，需较大的切削力，加工时刀具后刀面磨损严重，故一般的刀具很难对其进行高效高质量加工，给这类复合材料的切削加工带来了很大困难，主要表现在加工时刀具耐用度低、加工成本高，导致加工效率低下、加工表面质量差，从而成为阻碍此类具有优异物理力学性能的复合材料广泛应用的难题之一。尽管一些 SiCp/Al 复合材料的关键件和重要件可通过锻压、铸造等近净成形工艺加工，但为达到最终的精度要求，切削加工工艺仍是不可替代的工序。因此，深入理解并掌握切削加工工艺和切削机理对加工表面质量和刀具磨损的影响规律，对于实现 SiCp/Al 复合材料的广泛应用具有重要的现实意义。

作为一类难加工的金属基复合材料，SiCp/Al 复合材料的高效高质切削加工在科学研究和工业应用领域备受关注。Chan 等分析了金刚石刀具超精密车削 SiC 体积分数为 15% 的 Al6061/SiCp 复合材料加工的表面成形质量，发现高主轴转速和低进给速度可显著提高表面加工质量，而在高切削速度下，切削深度对表面粗糙度的影响较小。Pramanik 等研究了 SiC 体积分数为 20% 的 Al6061/SiCp 复合材料的切削加工工艺，发现表面粗糙度主要受进给速度的影响，而切削速度的影响几乎可以忽略不计。Ge 等采用单晶金刚石超精密车削 SiCp/2024Al 复合材料，发现加工表面质量随着进给速度和 SiC 体积分数的增加而下降，而选择正的刀具刃倾角、0°前角或大后角时，有利于形成表面粗糙度较小的加工表面。Reddy 等采用端铣加工 SiC 质量分数为 20%、颗粒直径为 32μm 的 SiCp/Al 复合材料，研究了切削工艺对表面质量以及亚表面损伤的影响规律。Quan 等分析了 SiC 体积分数为 15% 的 SiCp/Al 复合材料切削表面层硬度，发现 SiC 颗粒增强复合材料的表面层硬度低于其内部材料的硬度，切削并未诱导表面层硬化。El - Gallab 与 Sklad 等研究了高速车削 SiC 体积分数为 25% 的 SiCp/Al 复合材料的切屑形成机制、表面完整性和亚表面损伤规律，并发现 PCD 刀具加工质量要优于硬质合金、高速钢刀具。目前，关于 SiCp/Al 复合材料切削性能的研究大部分仍集中在车削低体积分数（SiC <30%）的 SiCp/Al 复合材料上，关于切削高体积分数和小直径增强颗粒（<8μm）的 SiCp/Al 复合材料的研究鲜有报道。另外，在已报道的研究中，关于切削参数对加工表面质量和亚表面损伤的影响研究仍得出很多相矛盾的结论。

SiCp/Al 复合材料在实际生产应用中被剧烈的刀具磨损所限制，在切削 SiCp/Al 复合材料时，传统刀具材料如高速钢和陶瓷快速磨损，导致较差的加工质量以及较高的切削力。尽管硬质合金刀具被发现具有优于高速钢和陶瓷刀具的加工性能，但在加工 SiC 体积分数高于 50% 的 SiCp/Al 复合材料时仍表现出严重的刀具磨损。金刚石、金刚石涂层和类金刚石刀具被认为是切削此类复合材料最有效的刀具之一。

由于剧烈的刀具磨损会削弱刀具结构强度，导致切削力显著增加，进而引起较差的加工表面质量和过早的刀具失效。深入理解各类磨损机制对于刀具磨损的影响规律，对于刀具的选择、刀具几何形状的再设计和切削工艺的优化有着很大的帮助。在过去的几十年中，刀具磨损的研究主要是基于经验方法或试验研究。由于影响刀具磨损的过程参数众多，需要进行大量的切削试验来得出它们之间的经验关系。Taylor 是最早尝试对刀具磨损进行试验性研究的，提出了用经验公式来描述刀具寿命和切削参数之间的关系，如切削速度、进给速度和切削深度。基于 Taylor 的基本和扩展公式推导出在有限切削条件下的刀具寿命经验模型。尽管当时 Taylor 的刀具寿命公式在预测刀具寿命方面做出了重大贡献，但它仅能在有限的切削参数范围内为车削工艺提供精确的刀具寿命估算。之后，一些研究人员拓展了 Taylor 的刀具寿命预测公式，开发了大量与工艺变量有关的经验模型，以提供更为可靠的刀具寿命估算方法，并将其适用性扩展到其他切削工艺。Colding 等研究了一种通用的刀具寿命估算方法，并扩展到各种切削工艺中，推导出切削工艺参数与刀具寿命之间的映射关系。在此基础上，Choudhury 等考虑刀具几何结构，进一步拓展了刀具寿命预测的经验公式，结合实际切削条件最大限度地实现刀具寿命的最大化。

尽管这类针对某些特定刀具材料和刀具几何结构的刀具寿命估算方法已经获得了一定的认可，但由于这些经验刀具寿命模型中缺乏内在固有的物理意义，在解决刀具磨损的一般问题方面的适用性受到严重限制，只有考虑足够详尽的切削工艺参数和刀具几何特征，这些经验模型才能准确地估算刀具寿命，然而用于确定刀具磨损经验模型参数的试验成本往往很高。此外，通过这些经验模型除了可获得刀具寿命估算之外，无法进一步获取有关刀具磨损过程、刀具磨损几何形状，更无法得到在刀具不同区域的磨损机制等详细信息，而这些信息对于刀具设计和刀具材料选择又格外重要。

为了既能准确估算刀具寿命又能反映刀具更多刀具磨损细节，很多研究者致力于开发具有较少状态变量表征的刀具磨损解析模型。此类刀具磨损解析模型是通过一些基本状态变量如刀具接触表面温度、刀具接触表面处的应力、刀具与工件之间的相对滑动速度、刀具和工件的显微硬度进行描述，并与刀具的磨损机制如磨粒磨损、黏着磨损、剥层磨损、扩散磨损、氧化磨损、电化学磨损等密切相关。在这些解析磨损模型中，Takeyama 提出了一个基于滑动磨损和非滑动磨损相结合的磨损率模型，用于描述与滑动速度相关的磨粒磨损和与界面温度、扩散激活能相关的热扩散磨损的耦合效应。后来，Usui 等在 Shaw 黏着磨损模型的基础上，考虑了界面温度、相对滑动速度、界面压力对刀具磨损的影响，提出了一个有广泛适用性的磨损率模型。实际上，由于切削刃附近的热机械载荷随着切削条件的改变和刀具磨损的渐进演变也在不断变化，这些磨损率解析模型并不能直接应用于刀具磨损演化的预测，这需要确定在不同切削条件下切削刃附近的这些状态变量分布及其随着刀具磨损的演变。为此，一些研究人员尝试用试验或解析方法将这些内部状态变量作为切削参数和刀具磨损几何形状函数的因变量。但是，由于在刀具渐进磨损过程中几何建模以及刀具磨损演变过程中状态变量的预测相当烦琐，这种磨损率解析预测方法在估算刀具磨损方面也受到很大的限制。

随着计算机技术的飞速发展和数值计算方法的不断成熟，研究者们尝试用数值方法模拟切削过程，计算切削过程中热机械载荷历程和其他状态变量的演变，并结合所推导的基于主要磨损机制的磨损率解析模型，以较高计算精度获得刀具磨损演变历程。因此，一些刀具磨损模拟通过集成刀具磨损率模型和切削过程仿真模型，已成功再现了刀具磨损演变过程。其中，Xie 等基于 Python 语言开发了二维刀具磨损有限元程序，以预测刀具的渐进磨损过程。在刀具磨损的每个时间增量步的计算周期内，对稳态切削过程中切屑的形成和刀具－工件热传导过程进行有限元分析，以提取刀具 Usui 磨损率计算模型所需输入的基本状态变量信息。根据 Usui 磨损率模型计算得到每个时间增量步内刀具的磨损量，并以此计算刀具节点位移，再根据刀具上的节点位移来确定磨损后新的刀具几何，并以更新的刀具磨损几何继续执行下一个时间增量步内刀具磨损预测，直到达到满足用户所定义的刀具磨损失效准则。Attanasio 等通过耦合 Usui 的磨粒磨损模型和 Takeyama 的高温扩散磨损模型，成功将刀具磨损模型扩展到三维有限元仿真模型，实现了三维车削过程刀具磨损预测。

尽管一些研究成功地构建了基于物理磨损和热化学磨损机制的磨损率解析模型，再现了不同切削条件下刀具的磨损形态，但关于切削过程中金刚石的石墨化转变以及新形成的石墨被磨掉的三维磨损过程仿真还未见诸报道。值得注意的是，关于金刚石物理化学磨损过程的模拟，一些研究人员尝试通过分子动力学方法模拟四面体结构的金刚石向六方密堆积结构石墨的转变以及随后石墨扩散到金属基体中的过程，并找到了抗石墨化磨损的金刚石晶面取向。但由于受到现有计算机硬件、数值方法和计算成本的综合限制，分子动力学仅可用于模拟在几百纳秒以内纳米级尺度材料的去除过程。针对上述问题的一种有效解决方案是，结合分子动力学、位错动力学、有限元等离散与连续介质理论的由原子尺度、介观尺度和宏观尺度组成的多尺度建模方法，通过电子尺度传递到纳米尺度，最后到微观尺度和宏观尺度的多尺度参数来实现材料的宏观力学行为的预测，这种建模方法兼具计算精度和效率。尽管这种多尺度的建模方法正迅速发展为一种全新的数值方法，但是它仍然面临着一些重大科学难题与挑战，即物理和力学参数在不同长度尺度之间的传递。到目前为止，由于缺乏令人信服的尺度参数传递策略，这些有争议的问题仍未得到有效解决。

1.3 本书体系结构

本研究是在国家科技重大专项“高强度钢、淬硬钢和高刚度铝碳化硅复合材料高速切削工艺及应用”和国家自然科学基金数据库群项目第二部分“切削物理基础模型数据”的支持下开展的。本书对高体积分数 SiCp/Al 复合材料高效精密切削展开了讨论，重点阐述了高速切削和超精密加工 SiCp/Al 复合材料所涉及的动态力学行为和切削加工特性。关于动态力学行为方面，探索了 SiCp/Al 复合材料的动态力学行为、面向高速切削的 SiCp/Al 复合材料本构建模、SiCp/Al 复合材料多尺度力学行为研究，为面向高效精密切削的难加工材料动态力学特性的数学建模提供了高效、精确、客观、可靠的本构建模方法和工具；关于切削加工特性方面，针对高体积分数 SiCp/Al 复合材料切削的切削力、加工表面形成机理、表面完整性和刀具磨损开展了车削、铣削、钻削和超精密车削试验研究，并基于所建立的动态本构模型建立了二维/三维切削仿真模型，辅助于切削机理的分析，支撑了高体积分数 SiCp/Al 复合材料高效精密切削的理论分析。图 1.3 为本书的总体框架图。

第 1 章介绍了 SiCp/Al 复合材料高效精密切削的研究背景和意义，详细论述了材料动态力学特性研究方法及其进展、SiCp/Al 复合材料动态力学行为及其切削加工特性的研究进展。

第 2 章详细阐述了 SiCp/Al 复合材料的动态力学行为，包括动态力学性能测试方法、动态力学本构模型参数确定的多目标优化方法、SiCp/Al 复合材料小孔钻削模拟与试验验证等。

第 3 章首先介绍了面向高速切削的 SiCp/Al 复合材料本构建模，结合动态本构参数确定的多目标优化方法，建立 SiCp/Al 复合材料含压缩损伤演化的切削本构模型，在此基础上对其高速车削进行建模仿真，通过多工艺下切屑形态和切削力模拟与试验的对比，验证该方法的准确性和可靠性。

第 4 章详细阐述了 SiCp/Al 复合材料的宏、微、纳观多尺度力学行为，包括

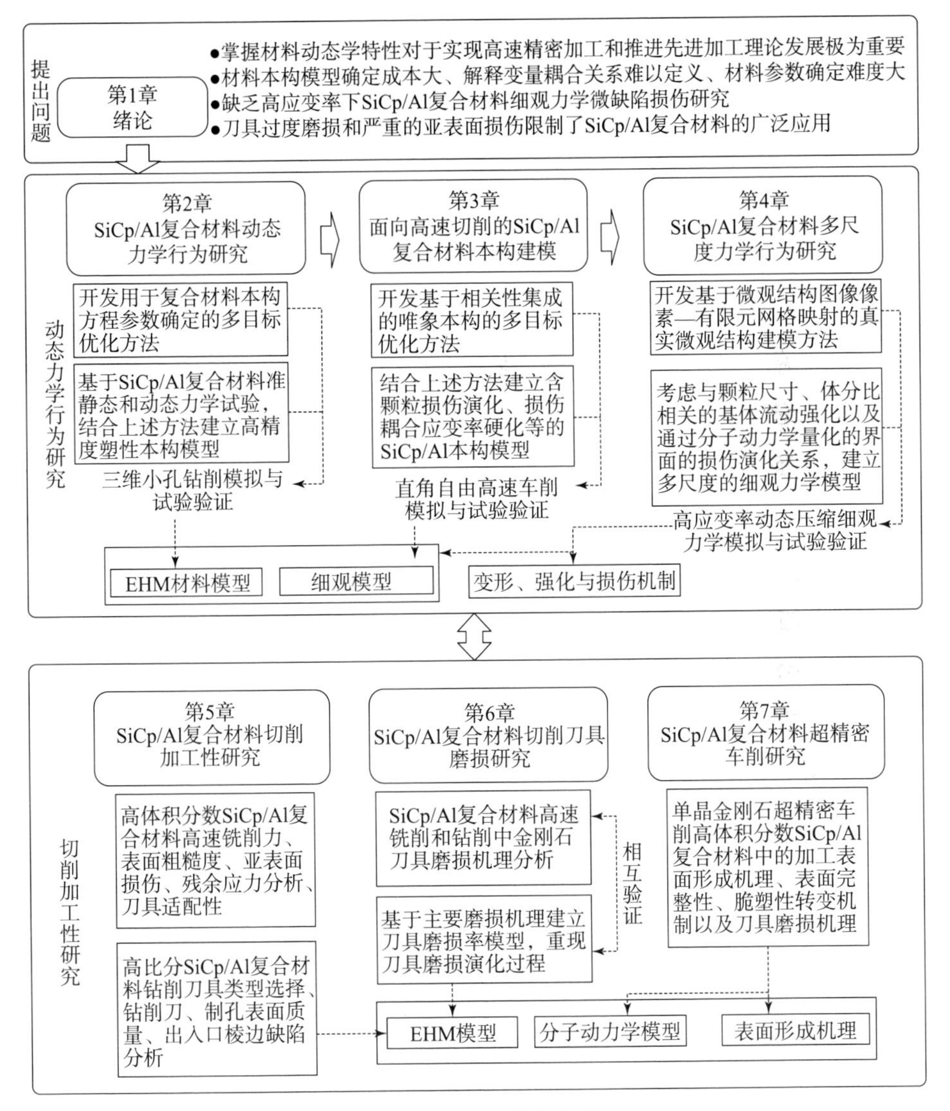

图 1.3　研究总体框架图

基于数字图像分析技术的微观结构图像像素与有限元网格映射的细观力学建模方法、塑性变形中的尺寸效应、分子动力学研究 Al－SiC 界面脱黏的内聚力模型、SiCp/Al 复合材料动态力学行为的多尺度模型。

第 5 章针对高体积分数 SiCp/Al 高速铣削和钻削工艺中所涉及的试验方案、切削力和加工表面完整性进行了详细阐述，包括切削力建模、切削表面形成机理、亚表面损伤、颗粒去除方式、钻削出入口棱边缺陷形成机理以及刀具适配性。

第 6 章详细阐述了切削 Al6063/SiCp/65p 复合材料金刚石刀具的主要磨损机制，主要包括金刚石刀具的主要磨损形式、金刚石刀具石墨化机理、基于金刚石刀具的主要磨损机制预测刀具磨损演变过程。

第 7 章介绍了 SiCp/Al 复合材料超精密切削的分子动力学模拟和试验研究，详细阐述了单晶金刚石超精密切削 SiCp/Al 复合材料中的加工表面形成机理、脆塑性转变以及刀具磨损机理。

第 2 章

SiCp/Al 复合材料动态力学行为研究

颗粒增强金属基复合材料具有高比强度、高比刚度、良好的耐磨性和低热膨胀系数等优点，但是其机械加工性较差。为了实现其高效精密加工，开展基于有限元仿真技术的切削机理研究、切削加工工艺以及刀具几何结构优化，具有重要的工程应用价值和现实意义。要实现数值仿真计算结果与加工试验数据间的匹配，需要建立能够准确反映材料在切削过程中动态力学行为的本构模型。本构模型是否合适关键在于本构模型能否反映材料在加工应变率和温度范围内的动态力学行为。从工程应用的角度，需要根据大量力学试验数据才能确定材料本构模型，然而由于变形过程中存在应变率和温度之间的耦合关系，量化材料本构模型相当困难，仅通过一些可测的力学试验数据而无视数据的测量误差与可靠性来确定或改进本构模型的做法是值得商榷的。

2.1 SiCp/Al 复合材料力学性能试验研究

2.1.1 SiCp/Al 复合材料力学性能测试方法

目前用于 J－C 材料本构建模的试验方法包括准静态材料力学（拉伸/扭转/压缩）试验、直角自由切削试验、霍普金森压杆（SHPB）试验等多种试验组合以及 Klocke 的反向求解法等。采用直角自由切削试验和准静态材料力学（拉伸/扭转/压缩）试验组合建模的方法对于材料和切削条件有一定的要求：在直角自由切削中形成带状切屑并且不产生积屑瘤。因此，在设计切削试验时，需要考虑被切材料、刀具和切削参数对积屑瘤形成的影响。另外，对于热软化作用显著的材料，则需进一步通过反向求解法，插值拟合出最优的 C 和 m 值；而对于不能形成带状切屑或无法避免形成积屑瘤的材料，只能采用成本较高的 SHPB 试验和准静态材料力学（拉伸/扭转/压缩）试验组合的建模方法。在低应变率下，由塑性变形所引起的温升是可以忽略的；在中应变率下，由于塑性变形产生大量的热无法及时耗散掉，温度和应变率之间存在一定的耦合作用；而在高应变率下，材料的变形具有瞬时性，因此可认为高应变率下的材料变形是在绝热条件下发生的。根据切削过程中 SiCp/Al 复合材料的力学特性，采用准静态力学试验与 SHPB 试验相结合的方法确定 SiCp/Al 复合材料的材料本构模型。

2.1.2 准静态力学试验

为研究 SiCp/Al 复合材料的压缩力学性能，并建立其材料本构模型，首先对 SiCp/Al 复合材料进行准静态压缩试验。通过线切割的方式加工成尺寸为 $\phi 6$ mm × 9 mm 的柱状样件，并经过砂纸打磨、抛光机抛光等工序完成制样。准静态压缩试验采用 DNS－100 电子万能试验机，如图 2.1 所示，试验前计算出所设定应变率对应的加载速度，通过计算机控制横梁的移动速度以控制加载速度。该试验分别在室温 10^{-4}/s、10^{-2}/s 和 10^{0}/s 三种应变率下进行，并利用高速摄像机记录试件的压缩过程，为失效应变的计算提供更为准确的依据。

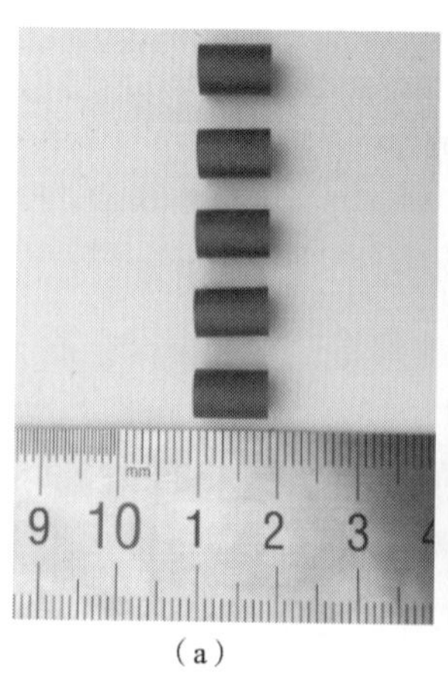

（a）

（b）

（c）

图 2.1 准静态压缩试验设置

（a）准静态压缩试验试样；（b）准静态压缩试验机；（c）控温装置

2.1.3　动态压缩力学试验

材料动态性能的测试采用了 SHPB 试验，SHPB 试验装置及数据采集处理系统如图 2.2（a）所示。SHPB 试验装置主要由三部分组成：压杆系统、测量系统以及数据采集与处理系统。其中压杆系统由撞击杆、入射杆、透射杆和吸收杆四部分组成。撞击杆也称为子弹；吸收杆主要用来吸收来自透射杆的动能，以削弱二次波加载效应，从而保证获得完整的入射及反射波形；入射杆的长度一般要大于子弹长度的两倍；所有压杆的直径应远小于入射应力脉冲的波长，以忽略杆中的惯性效应影响。测量系统可以分为两个部分：撞击杆速度的测量系统和压杆传感器测量系统。对撞击杆速度的测量常采用激光测速法，如图 2.2（b）所示，根据测出的子弹通过平行激光光源的时间和光源间距求出子弹的撞击速度；压杆传感器测量系统则是在压杆相应位置处粘贴电阻应变片，测出压杆中的应变。

（a）

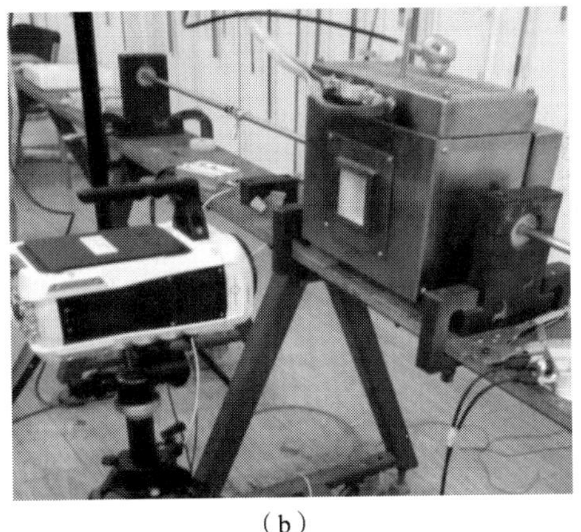

（b）

图 2.2　SHPB 试验装置示意图

（a）SHPB 试验装置；（b）激光测速

在 SHPB 试验中，惯性效应及试样与杆端的摩擦会导致试验结果的不准确，因此在试验前必须合理地设计和处理试样。由于圆柱形试样容易加工，因此 SHPB 试验多采用圆柱形试样，而试样几何尺寸的确定则需要综合考虑多方面的因素。通常，对于一套给定的霍普金森压杆，试样的直径最好是压杆直径的 0.8 倍。这样，虽然在压缩变形过程中试样的长度会缩短，直径会增大，但仍可以保证试样在直径超过压杆直径前达到 30% 的真实应变。尺寸主要参考长径比为1～2

的要求，但考虑到太长的试样在试验过程中容易失稳，一般推荐采用长径比为0.5～1.0的试样。基于以上两点确定本试验中试样为：应变率 $<3\,000\ s^{-1}$ 时为 $\phi5\ mm\times5\ mm$ 的圆柱体；应变率 $>3\,000\ s^{-1}$ 时为 $\phi2\ mm\times2\ mm$ 的圆柱体，如图2.3所示。常温 SHPB 试验的应变率范围为 $10^2\sim10^4\ s^{-1}$。在西北工业大学航空学院开展300 ℃和500 ℃的高温 SHPB 试验，样件需要预先在加热炉中加热至设定的温度，高温 SHPB 试验装置和工作流程详见参考文献［91］，其试验装置原理如图2.4所示。为减小试验误差，每组应变率温度下的试验重复做4次。

图 2.3　经过预处理的 SHPB 试验试样

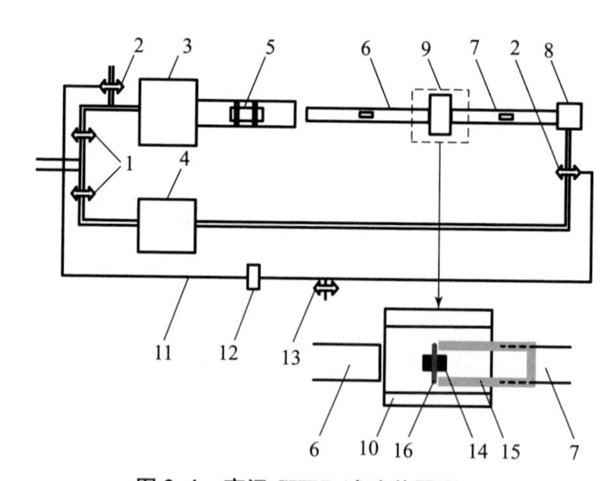

图 2.4　高温 SHPB 试验装置原理

1—进气阀；2—出气阀；3，4—气室；5—撞击杆；6—入射杆；7—透射杆；
8—活塞；9—加热装置；10—气管；11—电线；12—继电器；13—开关；
14—试样；15—套筒；16—热电偶

2.1.4　SiCp/Al 复合材料力学性能分析

图2.5为 SiCp/Al 复合材料试样在 SHPB 试验过程中的波形图。对试件两端

在压缩过程中的应力状态进行分析，发现试样满足 SHPB 试验理论的应力均匀性假设。图 2.6（a）为 Al6063/SiCp/65p 复合材料（SiC 体积分数为 65% 的 SiCp/Al6063 复合材料的简称）在准静态压缩过程中的流变应力 - 塑性应变曲线。当材料准静态压缩的应变率从 10^{-2} s^{-1}增大到 10^{0} s^{-1}时，Al6063/SiCp/65p 复合材料的流变应力曲线已经表现出应变率强化效应，而其基体材料 Al6063 铝合金在准静态压缩试验中表现为应变率不相关性。这可能与在此应变率范围内 SiC 颗粒对 Al 基体位错运动的阻碍作用以及从 Al 基体到 SiC 颗粒的载荷传递作用有关。当应变率从 $10^{-4}s^{-1}$增大到 $10^{-2}s^{-1}$时，Al6063/SiCp/65p 复合材料的流变应力曲线无显著差异，因此选取应变率 10^{-2} s^{-1}作为 Al6063/SiCp/65p 复合材料的参考应变率。

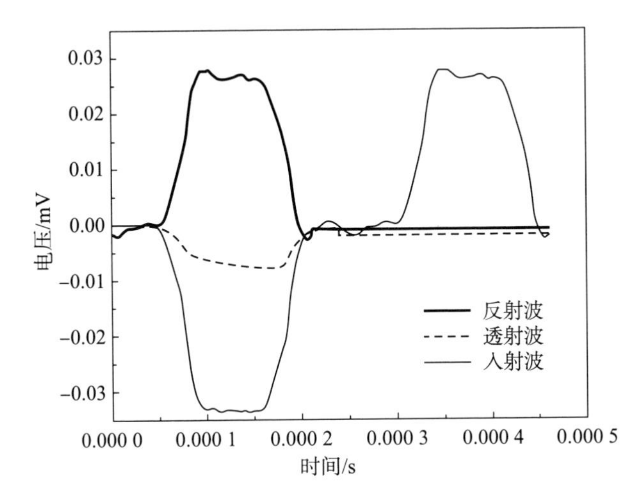

图 2.5 SiCp/Al 复合材料试样在 SHPB 试验过程中的波形图

图 2.6（b）为 Al6063/SiCp/65p 复合材料在动态压缩过程中的流变应力 - 塑性应变曲线。由图可知，Al6063/SiCp/65p 复合材料的塑性变形具有显著的应变率敏感性和温度相关性。值得注意的是，在高应变率范围内，应变率越高，Al6063/SiCp/65p 复合材料的流变应力 - 塑性应变曲线的波动性越大；而温度越高，材料的流变应力 - 塑性应变曲线的波动性反而越小。因此，在高应变率和低温变形条件下 Al6063/SiCp/65p 复合材料流变应力的测量数据误差较大，这将影响到材料本构模型确定的准确性和可靠性。

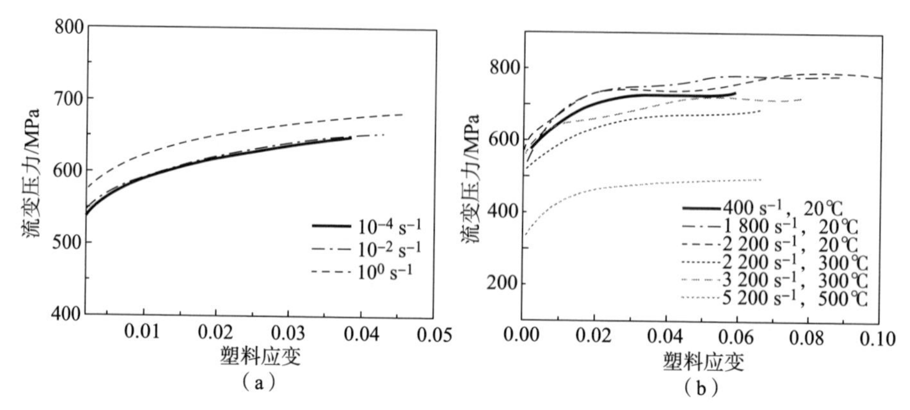

图 2.6 Al6063/SiCp/65p 复合材料的流变应力－塑性应变曲线

(a) 准静态压缩；(b) 动态压缩

2.2 本构模型材料参数的多目标确定方法

2.2.1 传统本构模型材料参数确定的不足

很多工程材料在高低变形速率及高低温条件下表现出不同的力学行为，这给建立能够准确描述不同荷载工况下材料力学响应的本构模型和参数确定的工作带来了极大挑战。J－C 模型是用于描述大应变、高应变率和高温下塑性变形行为最常用的一种半经验本构模型，特别适用于机械加工过程的数值计算。与其他模型相比，其优势在于宏观尺度上预测的准确性和简洁性，即只需要确定五个材料参数，就能够较好地描述材料在高应变率和高温条件下的非线性力学行为。

在 J－C 模型中，流变应力是应变、应变率和温度项的乘积形式，分别代表材料塑性行为的应变强化、应变率强化和热软化效应。

$$\sigma = (A + B\varepsilon_{\mathrm{p}}^{n})[1 + C\ln(\dot{\varepsilon}^{*})][1 - (T^{*})^{m}] \tag{2.1}$$

式中，σ 是材料的等效流变应力；ε_{p} 是等效塑性应变；$\dot{\varepsilon}^{*} = \dot{\varepsilon}/\dot{\varepsilon}_{0}$ 为正则化的应变率；$\dot{\varepsilon}_{0}$ 和 $\dot{\varepsilon}$ 分别为参考应变率和等效塑性应变率。五个待确定的经验参数具有一定的物理意义，A 为材料初始屈服强度；B 和 n 为应变硬化系数和指数；C 为无量纲应变率硬化系数；m 为热软化指数。这些参数需要根据材料准静态压缩和 SHPB 试验的应力－应变数据来拟合确定。T^{*} 是正则化后的温度项，由下式确定：

$$T^* = \begin{cases} 0, & T < T_{\text{room}} \\ (T - T_{\text{room}})/(T_{\text{melt}} - T_{\text{room}}), & T_{\text{room}} \leqslant T \leqslant T_{\text{melt}} \\ 1, & T > T_{\text{melt}} \end{cases} \tag{2.2}$$

式中，T 是材料温度；T_{melt}是熔点；T_{room}是室温或参考温度。

J－C 本构模型材料常数的确定可从已发表的文献中找到不同方法。其中，广泛用于确定金属及合金本构材料参数的回归分析方法（ad hoc），具有以下步骤：

1）在参考应变率 $\dot{\varepsilon}_0$ 和室温 T_{room}下，从准静态试验中确定和修正初始屈服应力 A；

2）对式（2.1）的弹塑性项进行对数变换，转换为式（2.3），根据准静态流变应力－应变曲线进行线性回归的方法拟合确定系数 B 和 n；

$$\ln(\sigma - A) = \ln B + n\ln\varepsilon_{\text{p}} \tag{2.3}$$

3）在室温/参考温度下对相同应变不同应变率下的 SHPB 试验数据进行回归分析，即进行 $\sigma/(A + B\varepsilon_{\text{p}}^n)$ 对 $\ln(\dot{\varepsilon}^*)$ 的线性拟合，确定应变率强化系数 C；

$$\sigma/(A + B\varepsilon_{\text{p}}^n) - 1 = C\ln(\dot{\varepsilon}^*) \tag{2.4}$$

4）根据上述方法，分别确定几组不同应变下应变率强化系数 C，取其平均值作为 C 的最终值；

5）通过相同应变或应变率不同温度下的 SHPB 数据进行回归分析，即做 $\ln(1 - \sigma/\{(A + B\varepsilon_{\text{p}}^n)[1 + C\ln(\dot{\varepsilon}^*)]\})$ 对 $\ln(T^*)$ 的线性回归，其斜率值为 m 值；

$$\ln(1 - \sigma/\{(A + B\varepsilon_{\text{p}}^n)[1 + C\ln(\dot{\varepsilon}^*)]\}) = m\ln(T^*) \tag{2.5}$$

6）根据上述方法，分别确定几组不同应变或应变率下的热软化系数 m，取其平均值作为 m 最终值。

然而，这种传统的参数拟合方法在具体实施时存在一些困难。困难之一在于材料的屈服点有时难以确定，在工程中常采用条件屈服强度，即以等效塑性变形的 0.2% 对应的应力作为初始屈服强度 A，这对于复合材料是否适用？困难之二是应变率强化系数 C 的确定，即取在不同的应变率下几组应变拟合结果的平均值，但这并不能完全匹配在所有应变率范围内的应力－应变数据。与此类似，热软化系数 m 的确定也存在相同的问题。此外，由于试验测试数据存在随机性（包含测量数据误差），或者不同材料类型、不同应变或不同尺度等因素的影响均导致本构模型的确定存在差异。

2.2.2 准静态和动态加载多目标优化方法

鉴于本构模型参数确定存在的问题，本节提出一种考虑测量误差加权的复合材料本构方程参数拟合的多目标优化方法，能够提高本构模型参数拟合的精度、降低工序繁杂度，且提高材料力学模型预测的准确性和可靠度。

具体的实施步骤包括：

（1）建立基于卡方误差准则的本构方程参数优化的度量模型

复合材料本构方程参数优化问题就是求解所有试验数据点上的非线性最小二乘问题，用卡方误差准则作为参数优化的度量模型。

$$\chi^2(\boldsymbol{P}) = \sum_{i=1}^{N} \omega_i(\boldsymbol{\sigma}_i^{\mathrm{Exp}}(\boldsymbol{X}) - \boldsymbol{\sigma}_i^{\mathrm{Model}}(\boldsymbol{X},\boldsymbol{P}))^2 \tag{2.6}$$

$$= [\boldsymbol{\sigma}^{\mathrm{Exp}} - \boldsymbol{\sigma}^{\mathrm{Model}}(\boldsymbol{P})]^{\mathrm{T}}\boldsymbol{W}[\boldsymbol{\sigma}^{\mathrm{Exp}} - \boldsymbol{\sigma}^{\mathrm{Model}}(\boldsymbol{P})] \tag{2.7}$$

$$= [\boldsymbol{\sigma}^{\mathrm{Exp}}]^{\mathrm{T}}\boldsymbol{W}[\boldsymbol{\sigma}^{\mathrm{Exp}}] - 2[\boldsymbol{\sigma}^{\mathrm{Exp}}]^{\mathrm{T}}\boldsymbol{W}\boldsymbol{\sigma}^{\mathrm{Model}} + [\boldsymbol{\sigma}^{\mathrm{Model}}]^{\mathrm{T}}\boldsymbol{W}\boldsymbol{\sigma}^{\mathrm{Model}} \tag{2.8}$$

式中，$\boldsymbol{\sigma}^{\mathrm{Exp}}$是试验测量的流变应力；$\boldsymbol{\sigma}^{\mathrm{Model}}$是由独立变量 X 和待拟合材料参数向量 $\boldsymbol{P}$ 确定的流变应力数据；N 是总的试验数据点数；$\boldsymbol{W}$ 是加权矩阵；ω_i 为对应于测量数据点 i 的对角加权因子。这里，对于试验数据的评估和加权因子的设置是基于测量误差确定的。针对材料准静态和动态试验数据的分析表明，测量噪声随着应变率和温度而发生很大的变化，在对所有试验数据进行最小二乘优化求解时，如果不考虑测量误差加权，优化模型仅仅能反映试验数据噪声大的试验条件下的材料特性，而噪声小的数据点对模型优化的贡献就很小。

（2）参数优化度量模型的分解

考虑到在准静态和动态加载条件下不同的力学响应，将参数优化的度量模型（2.6）分为准静态力学模型$\chi^2_{\mathrm{quas-static}}$和动态力学模型$\chi^2_{\mathrm{dynamic}}$。

准静态力学模型如下：

$$\chi^2_{\mathrm{quas-static}}(\boldsymbol{P}_{\mathrm{static}}) = \sum_{i=1}^{N_s} \omega_i(\sigma_i^{\mathrm{Exp}}(\boldsymbol{X}) - (A + B\varepsilon_{\mathrm{p}}^{n})_i)^2$$

$$= [\boldsymbol{\sigma}_{\text{Static}}^{\text{Exp}}(\boldsymbol{X}) - \boldsymbol{\sigma}_{\text{Static}}^{\text{Model}}(\boldsymbol{X},\boldsymbol{P}_{\text{Static}})]^{\text{T}}\boldsymbol{W}_{N_{\text{s}}}^{\text{Static}}$$

$$[\boldsymbol{\sigma}_{\text{Static}}^{\text{Exp}}(\boldsymbol{X}) - \boldsymbol{\sigma}_{\text{Static}}^{\text{Model}}(\boldsymbol{X},\boldsymbol{P}_{\text{Static}})] \tag{2.9}$$

动态力学模型如下：

$$\chi_{\text{dynamic}}^{2}(\boldsymbol{P}) = \sum_{i=1}^{N_d}\omega_i(\sigma_i^{\text{Exp}}(\boldsymbol{X}) - \sigma_i^{\text{Model}}(\boldsymbol{X},\boldsymbol{P}))^2$$

$$= [\boldsymbol{\sigma}_{\text{Dynamic}}^{\text{Exp}}(\boldsymbol{X}) - \boldsymbol{\sigma}_{\text{Dynamic}}^{\text{Model}}(\boldsymbol{X},\boldsymbol{P})]^{\text{T}}\boldsymbol{W}_{N_{\text{d}}}^{\text{Dynamic}}$$

$$[\boldsymbol{\sigma}_{\text{Dynamic}}^{\text{Exp}}(\boldsymbol{X}) - \boldsymbol{\sigma}_{\text{Dynamic}}^{\text{Model}}(\boldsymbol{X},\boldsymbol{P})] \tag{2.10}$$

式中，$\boldsymbol{\sigma}_{\text{Static}}^{\text{Exp}}$和$\boldsymbol{\sigma}_{\text{Dynamic}}^{\text{Exp}}$分别为准静态和动态力学试验数据；$\boldsymbol{\sigma}_{\text{Static}}^{\text{Model}}$是幂次定律的准静态弹塑性模型 $A + B\varepsilon_{\text{p}}^{n}$；$\boldsymbol{P}_{\text{Static}} = (A,B,n)$ 是准静态待确定的参数向量；$\boldsymbol{\sigma}_{\text{Dynamic}}^{\text{Model}}$是和本构方程（2.1）具有相同形式的动态本构方程。

（3）确定加权因子

根据方程（2.9）和方程（2.10）将包括准静态和动态部分的双目标非线性最小二乘法优化问题通过不同的加权因子联系起来：

$$\chi^2(\boldsymbol{P}) = \chi_{\text{quas-static}}^{2}(\boldsymbol{P}_{\text{static}}) + \chi_{\text{dynamic}}^{2}(\boldsymbol{P})$$

$$= \begin{bmatrix} \boldsymbol{\sigma}_{\text{Static}}^{\text{Exp}} - \boldsymbol{\sigma}_{\text{Static}}^{\text{Model}}(\boldsymbol{P}_{\text{Static}}) \\ \boldsymbol{\sigma}_{\text{Dynamic}}^{\text{Exp}} - \boldsymbol{\sigma}_{\text{Dynamic}}^{\text{Model}}(\boldsymbol{P}) \end{bmatrix}^{\text{T}} \begin{bmatrix} \boldsymbol{W}_{N_s}^{\text{Static}} & \boldsymbol{0} \\ \boldsymbol{0} & \boldsymbol{W}_{N_{\text{d}}}^{\text{Dynamic}} \end{bmatrix} \begin{bmatrix} \boldsymbol{\sigma}_{\text{Static}}^{\text{Exp}} - \boldsymbol{\sigma}_{\text{Static}}^{\text{Model}}(\boldsymbol{P}_{\text{Static}}) \\ \boldsymbol{\sigma}_{\text{Dynamic}}^{\text{Exp}} - \boldsymbol{\sigma}_{\text{Dynamic}}^{\text{Model}}(\boldsymbol{P}) \end{bmatrix} \tag{2.11}$$

式中，$\boldsymbol{W}_{N_{\text{s}}}^{\text{Static}}$和$\boldsymbol{W}_{N_{\text{d}}}^{\text{Dynamic}}$分别为准静态和动态数据的加权对角矩阵。通过加权残差分析，确定每个试验条件下的试验测量误差都处在同一个数量级上，从而使每个试验条件的试验数据在多目标参数优化中均起到作用。值得注意的是，在各试验条件下的测量误差满足正态分布规律，因此，相同变形速率和温度荷载下的测量误差是相同的，试验数据和“真实”值之间的试验偏差被视为满足均值为 0、标准偏差为 $\theta_{\dot{\varepsilon},T}$ 的高斯分布 $N(0,\theta_{\dot{\varepsilon},T}^{2})$ 的随机测量噪声，其中标准偏差 $\theta_{\dot{\varepsilon},T}$ 随着应变率和温度变化。试验数据值 $\boldsymbol{\sigma}^{\text{Exp}}$ 和待拟合本构模型数据 $\boldsymbol{\sigma}^{\text{Model}}$之间的关系描述为：

$$\boldsymbol{\sigma}^{\text{Exp}} = \boldsymbol{\sigma}^{\text{Model}}(\boldsymbol{P}) + \boldsymbol{N}(0,\theta_{\dot{\varepsilon},T}^{2}) \tag{2.12}$$

各试验条件下测量误差的方差 $\theta_{\dot{\varepsilon},T}^{2}$ 可以采用最小二乘法确定：

$$\theta_{\dot{\varepsilon},T}^{2} = \frac{1}{N_i^{\text{Pnt}} - M_i^{\text{Para}} + 1}\sum_{j}^{N_i^{\text{Pnt}}}(\sigma_j^{\text{Exp}}(X) - \sigma_j^{\text{Model}}(X,P))^2 \tag{2.13}$$

式中，$i=1$，2，…对应于第 i 种应变率和变形温度的试验条件；M_i^{Para} 是待确定的本构方程材料参数数量；N_i^{Pnt} 是在第 i 种试验条件下的试验数据点的数量。在待确定的参数化本构方程（2.1）中，至少需要五组试验数据才能求解该本构方程。为避免在拟合过程中出现奇异矩阵，自由度被设为 $N_i^{\mathrm{Pnt}}-M_i^{\mathrm{Para}}+1$ 。在每个试验条件下的权重因子通过式（2.13）进行确定，第 i 种试验条件下的对角权重因子 ω_i 在准静态力学模型中表示为：

$$\omega_i^{\mathrm{Static}}=\frac{1}{(\theta_{\dot{\varepsilon},T}^2)_i}=\frac{N_i^{\mathrm{Pnt}}-M_i^{\mathrm{Para}}+1}{\sum_j^{N_i^{\mathrm{Pnt}}}(\boldsymbol{\sigma}_j^{\mathrm{Exp}}(\boldsymbol{X})-\boldsymbol{\sigma}_j^{\mathrm{Model}}(\boldsymbol{X},\boldsymbol{P}_{\mathrm{Static}}))^2}$$

$$=\frac{N_i^{\mathrm{Pnt}}-M_i^{\mathrm{Para}}+1}{[\boldsymbol{\sigma}_{\mathrm{Static}}^{\mathrm{Exp}}-\boldsymbol{\sigma}_{\mathrm{Static}}^{\mathrm{Model}}(\boldsymbol{P}_{\mathrm{Static}})]_i^{\mathrm{T}}[\boldsymbol{\sigma}_{\mathrm{Static}}^{\mathrm{Exp}}-\boldsymbol{\sigma}_{\mathrm{Static}}^{\mathrm{Model}}(\boldsymbol{P}_{\mathrm{Static}})]_i} \tag{2.14}$$

ω_i 在动态力学模型中表示为：

$$\omega_i^{\mathrm{Dynamic}}=\frac{1}{(\theta_{\dot{\varepsilon},T}^2)_i}=\frac{N_i^{\mathrm{Pnt}}-M_i^{\mathrm{Para}}+1}{\sum_j^{N_i^{\mathrm{Pnt}}}(\boldsymbol{\sigma}_j^{\mathrm{Exp}}(\boldsymbol{X})-\boldsymbol{\sigma}_j^{\mathrm{Model}}(\boldsymbol{X},\boldsymbol{P}))^2}$$

$$=\frac{N_i^{\mathrm{Pnt}}-M_i^{\mathrm{Para}}+1}{[\boldsymbol{\sigma}_{\mathrm{Dynamic}}^{\mathrm{Exp}}-\boldsymbol{\sigma}_{\mathrm{Dynamic}}^{\mathrm{Model}}(\boldsymbol{P})]_i^{\mathrm{T}}[\boldsymbol{\sigma}_{\mathrm{Dynamic}}^{\mathrm{Exp}}-\boldsymbol{\sigma}_{\mathrm{Dynamic}}^{\mathrm{Model}}(\boldsymbol{P})]_i} \tag{2.15}$$

因此，根据权重因子矩阵 $\boldsymbol{W}$ 的定义，看似是准静态和动态的双目标优化问题，实际上是一个与荷载工况数量相关的多目标优化问题。因此，问题最终转化为最小化有不同变形速率 $\dot{\varepsilon}$ 和温度 T 下测量误差加权的流变应力试验数据与本构方程函数值的偏差平方和的卡方误差。

（4）多目标优化求解

对度量模型（2.11）参数进行多目标优化，确定度量模型的参数，即完成复合材料本构模型参数的确定。对于 J – C 本构模型所涉及的一组五个参数（$\boldsymbol{P}=(A,B,C,n,m)$），度量模型（2.11）参数的确定问题就转化为包含等效塑性应变 ε_{P}、等效塑性应变率 $\dot{\varepsilon}$ 和变形温度 T 三个独立变量 $\boldsymbol{X}=(\varepsilon_{\mathrm{P}},\dot{\varepsilon},T)$ 的参数化本构方程与试验数据之间偏差或残差平方的加权求和的最小化问题。

多目标优化求解采用标准 Levenberg 算法：

$$[\boldsymbol{J}^{\mathrm{T}}\boldsymbol{W}\boldsymbol{J}+\lambda\boldsymbol{I}]\boldsymbol{h}=\boldsymbol{J}^{\mathrm{T}}\boldsymbol{W}[\boldsymbol{\sigma}^{\mathrm{Exp}}-\boldsymbol{\sigma}^{\mathrm{Model}}(\boldsymbol{P})] \tag{2.16}$$

式中，$\boldsymbol{h}$ 是待拟合参数向量 $\boldsymbol{P}$ 的增量步长；$\boldsymbol{J}$ 是雅可比矩阵，在第 j 个参数条件下的第 i 个试验数据 J_{ij} 定义为：

$$
\begin{cases}
J_{i1} = [1 + C\ln(\dot{\varepsilon}^*)][1 - (T^*)^m] \\
J_{i2} = \varepsilon_p^n[1 + C\ln(\dot{\varepsilon}^*)][1 - (T^*)^m] \\
J_{i3} = B\varepsilon_p^n\ln(\varepsilon_p)[1 + C\ln(\dot{\varepsilon}^*)][1 - (T^*)^m] \\
J_{i4} = \ln(\dot{\varepsilon}^*)(A + B\varepsilon_p^n)[1 - (T^*)^m] \\
J_{i5} = -(T^*)^m\ln(T^*)(A + B\varepsilon_p^n)[1 + C\ln(\dot{\varepsilon}^*)]
\end{cases}
\tag{2.17}
$$

$\boldsymbol{I}$ 是单位矩阵；λ 是一个自适应的阻尼因子，当 λ 值较高时为梯度下降算法解，而 λ 较低时对应于高斯牛顿算法解。因此，阻尼因子初始值较大时，可以快速收敛到局部极值附近，并且根据 $\chi^2(\boldsymbol{P}+\boldsymbol{h}) > \chi^2(\boldsymbol{P})$ 是否成立，确定自适应阻尼因子 λ 的增加或减少。如果 λ 降低到某一确定值点，Levenberg 算法中高斯牛顿算法开始起作用，则最优解附近的目标函数将加速收敛到局部最小值。

如果式（2.16）中的阻尼因子 λ 过大，可能会导致 Levenberg 算法中 $[\boldsymbol{J}^{\mathrm{T}}\boldsymbol{W}\boldsymbol{J}+\lambda\boldsymbol{I}]$ 的不可逆反演，Nielsen 提出一种为 Levenberg 算法定义合适阻尼因子 λ 的替代方法。与传统的 Levenberg - Marquardt 算法相比，Levenberg - Nielsen 算法在收敛和时间成本方面表现更强健。推荐阻尼因子 λ_0 的初始值设置为：

$$
\lambda_0 = \tau\max[diag(\boldsymbol{J}^{\mathrm{T}}\boldsymbol{W}\boldsymbol{J})] \tag{2.18}
$$

其中 τ 是待指定初始值，推荐值范围为 $10^{-6} \sim 10^{-3}$。

如果 $Q(\boldsymbol{h}_i) > \epsilon_4$，阻尼因子将根据以下准则进行迭代更新。

$$
\begin{cases}
\lambda_{i+1} = \lambda_i\max\left[\dfrac{1}{3}, 1 - 2(2Q(\boldsymbol{h}_i)_{\text{L-H}} - 1)^3\right] \\
\nu_{i+1} = 2
\end{cases}
\tag{2.19}
$$

如果 $Q(\boldsymbol{h}_i) \leqslant \epsilon_4$，则

$$
\begin{cases}
\lambda_{i+1} = \lambda_i\nu_i \\
\nu_{i+1} = 2\nu_i
\end{cases}
\tag{2.20}
$$

其中 $Q(\boldsymbol{h}_i)$ 用于度量目标函数的局部最小值：

$$
Q(\boldsymbol{h})_{\text{L-H}} = \frac{\chi^2(\boldsymbol{P}) - \chi^2(\boldsymbol{P}+\boldsymbol{h})}{\boldsymbol{h}^{\mathrm{T}}(\lambda_i\boldsymbol{h} + \boldsymbol{J}^{\mathrm{T}}\boldsymbol{W}[\boldsymbol{\sigma}^{\text{Exp}} - \boldsymbol{\sigma}^{\text{Model}}(\boldsymbol{P})])} \tag{2.21}
$$

其中，ϵ_4 是控制步长 $\boldsymbol{h}$ 更新步骤中收敛的指定阈值。如果 $Q(\boldsymbol{h}_i) > \epsilon_4$，表示 $\boldsymbol{P}_i + \boldsymbol{h}_i$ 优于 $\boldsymbol{P}_i$ 则将 $\boldsymbol{P}_i + \boldsymbol{h}_i$ 赋值给 $\boldsymbol{P}_i$，直至满足收敛准则，迭代计算终止，至此完成多目

标优化求解。否则阻尼因子根据式（2.20）进行更新，然后进行到下一步迭代。

雅可比矩阵的更新采用了 Brayden rank－1 更新算法。与有限差分法相比，尤其对于多参数优化问题，Brayden rank－1 更新算法没有额外的函数估计，计算成本低。

$$\boldsymbol{J}(\boldsymbol{P}+\boldsymbol{h}) = \boldsymbol{J}(\boldsymbol{P}) + \boldsymbol{h}\boldsymbol{h}^{\mathrm{T}}\left[\frac{\boldsymbol{\sigma}^{\mathrm{Model}}(\boldsymbol{P}+\boldsymbol{h}) - \boldsymbol{\sigma}^{\mathrm{Model}}(\boldsymbol{P})}{\boldsymbol{h}}\right] \Big/ (\boldsymbol{h}^{\mathrm{T}}\boldsymbol{h}) \quad (2.22)$$

然而，在应用 Brayden 更新算法进行度量模型参数优化时，会出现数值不稳定性和发散问题。原因在于，在雅可比矩阵的第 1 次和 $2M^{\mathrm{Para}}$ 次迭代更新中，由于 $\chi^2(\boldsymbol{P}) > \chi^2(\boldsymbol{P}+\boldsymbol{h})$ 导致了不良近似。因此，在第 1 次和 $2M^{\mathrm{Para}}$ 次迭代中，Brayden rank－1 更新算法被有限差分所取代，因此需要函数评估来判断 M^{Para} 或 $2M^{\mathrm{Para}}$。

$$J_{ij} = \begin{cases} \dfrac{\boldsymbol{\sigma}^{\mathrm{Model}}(\boldsymbol{X}_i, (\boldsymbol{P}+\boldsymbol{h})_j) - \boldsymbol{\sigma}^{\mathrm{Model}}(\boldsymbol{X}_i, \boldsymbol{P}_j)}{\|\boldsymbol{h}\|}, \boldsymbol{h} < 0 \\ \dfrac{\sigma^{\mathrm{Model}}(\boldsymbol{X}_i, (\boldsymbol{P}+\boldsymbol{h})_j) - \boldsymbol{\sigma}^{\mathrm{Model}}(\boldsymbol{X}_i, (\boldsymbol{P}-\boldsymbol{h})_j)}{2\|\boldsymbol{h}\|}, \boldsymbol{h} > 0 \end{cases} \quad (2.23)$$

（5）收敛准则

满足梯度收敛准则或步长收敛准则，则计算停止。

收敛准则 1：梯度收敛准则

$$\max|\boldsymbol{J}^{\mathrm{T}}\boldsymbol{W}[\boldsymbol{\sigma}^{\mathrm{Exp}} - \boldsymbol{\sigma}^{\mathrm{Model}}]| < \epsilon_1 \quad (2.24)$$

收敛准则 2：步长收敛准则

$$\max|\boldsymbol{h}_i/\boldsymbol{P}_i| < \epsilon_2 \quad (2.25)$$

其中，ϵ_1 和 ϵ_2 是规定阈值，用于决定收敛容差和精度。

（6）误差分析

采用确定系数（R^2）和减缩的卡方（χ_{v}^2）准则作为拟合优度的统计量度，系数（R^2）表示试验数据与拟合模型间的近似程度，卡方（χ_{v}^2）表示拟合误差与测量误差的比值。待确定参数向量的渐近标准误差以方差－协方差矩阵 $\mathrm{var}(\boldsymbol{X})$ 的主对角元素的平方根来衡量。

$$\delta_{\mathrm{p}} = \sqrt{diag(\mathrm{var}(\boldsymbol{X}))} = \sqrt{diag[(\boldsymbol{J}^{\mathrm{T}}\boldsymbol{W}\boldsymbol{J})^{-1}]} \quad (2.26)$$

式（2.26）反映了试验数据变化对拟合参数值影响的度量。

图 2.7 为基于上述算法实现的考虑加权测量误差的本构模型参数确定的多目

标优化方法总体流程。

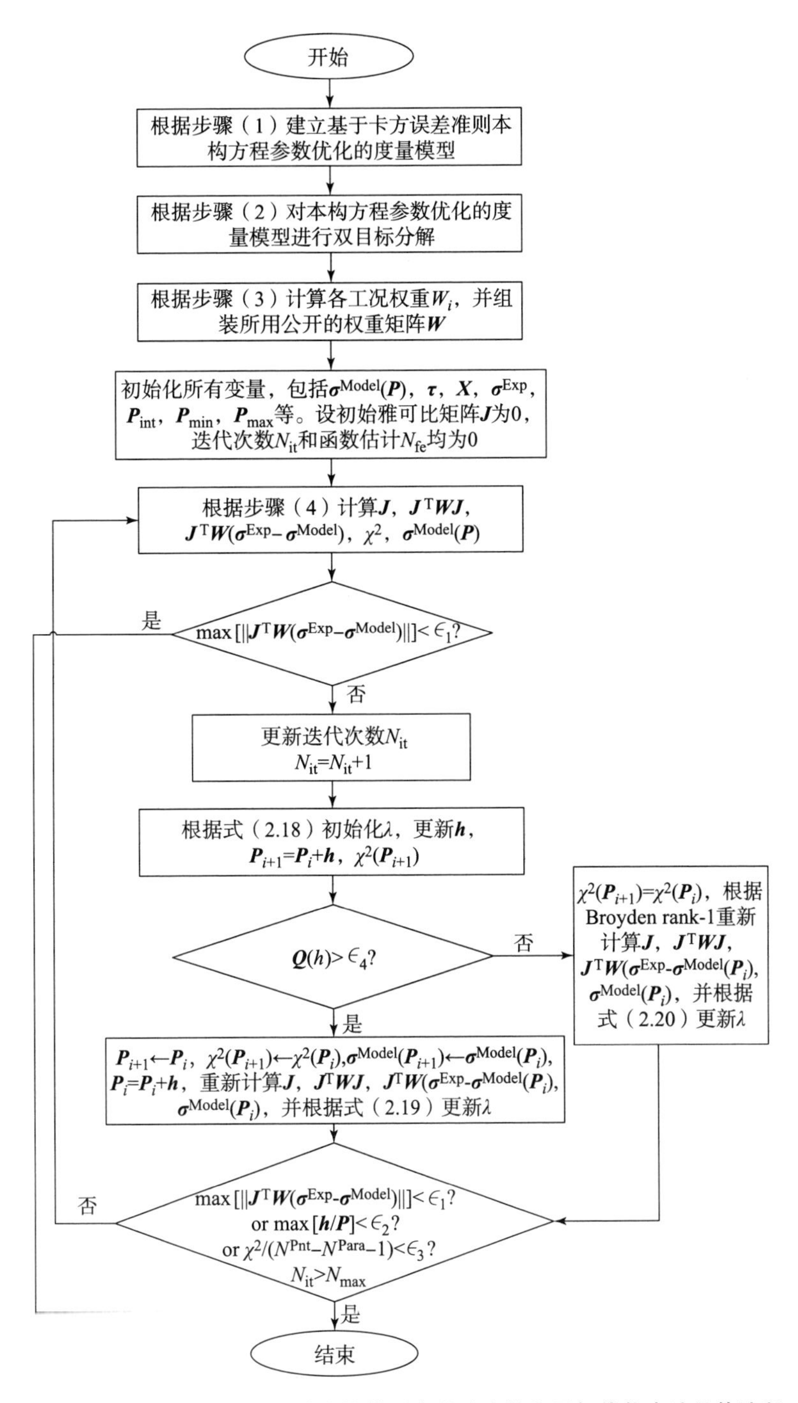

图 2.7　考虑加权测量误差的本构模型参数确定的多目标优化方法总体流程

2.2.3 与传统 ad hoc 材料参数确定方法对比

根据传统 ad hoc 本构参数拟合方法回归确定 Al6063/SiCp/65p 复合材料的本构模型参数 A, B, n, C, m，其拟合过程如图 2.8 所示。表 2.1 比较了两种不同拟合方法得到的 Al6063/SiCp/65p 复合材料本构模型。与传统 ad hoc 本构参数拟合方法相比，加权多目标拟合方法可以获得更高的 R^2(0.955 6)值，具有更好的拟合优度和预测性。此外，21.88 MPa 的整体拟合误差表明模型预测误差与测量误差在同一数量级。

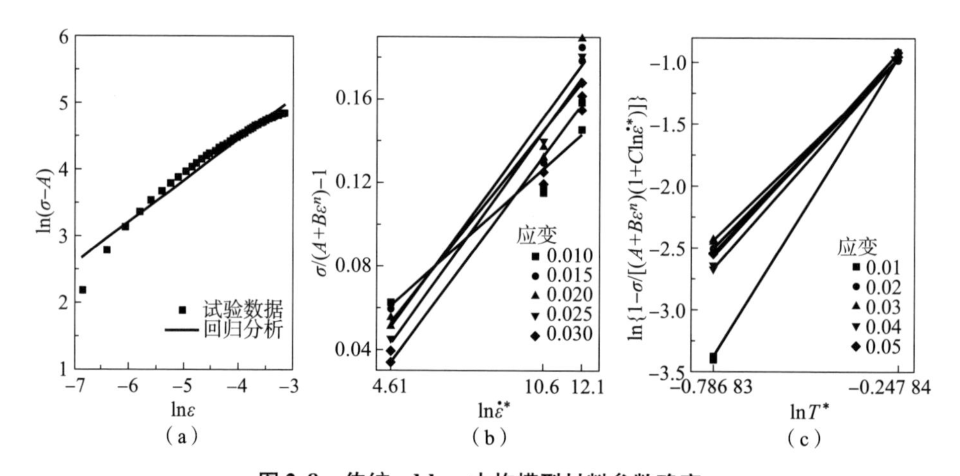

图 2.8 传统 ad hoc 本构模型材料参数确定

(a) 应变硬化系数；(b) 应变率敏感性系数；(c) 热软化系数

表 2.1 采用权重的多目标方法与 ad hoc 方法确定的 J-C 模型

方法	算法	参数 (A, B, n, C, m)	R^2	拟合标准差/MPa
权重多目标	改进 L-M	(453, 470, 0.256, 0.009, 3.954)	0.955 6	21.88
ad hoc	回归分析	(528, 1 004, 0.618, 0.015, 3.29)	0.914 6	34.17

表 2.1 为采用权重的多目标方法与 ad hoc 方法确定的 J-C 模型。多目标拟合确定 δ_P = [12.374 3, 6.474 9, 0.020 8, 0.000 235 9, 0.045 2]，反映了试验数据变化对拟合参数值的影响很小。图 2.9 对比了通过本构模型参数多目标优化方法确定的 J-C 模型和试验数据。由图 2.9 (a) 可看出，模型预测与准静态和动态变形模式下的试验数据基本一致。在高变形速率 1 800 s^{-1} 和 2 200 s^{-1} 下，模

型预测与试验数据之间存在显著的差异，这主要是由测量信号较差的信噪比引起的，这种情况很容易在颗粒增强金属基复合材料的 SHPB 压缩试验中观察到。因此，针对加载条件引入不同的加权因子来构造多目标函数具有重要意义。与传统 ad hoc 本构参数确定方法相比，加权的多目标优化方法能够使拟合得到的本构模型更准确地预测高温和高应变率下的材料力学行为，如图 2.9（b）所示。

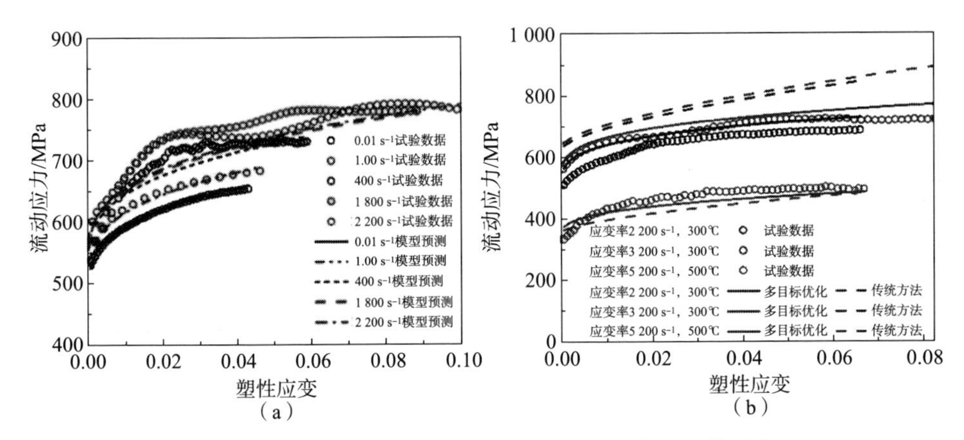

图 2.9　不同变形温度下流动试验数据与拟合结果的对比

（a）常温加载；（b）变温加载

因此，本构方程材料参数拟合多目标优化方法具有以下技术优势：

1）具有通用性，适用于包括 J－C 本构在内的任何材料本构模型参数的拟合。

2）采用测量误差加权的本构方程参数拟合策略，能够消除随机测量噪声对模型参数拟合的干扰，提高本构方程参数拟合的可靠性。

3）综合考虑不同变形速率和温度条件下的测量误差对本构方程参数拟合的影响，通过引入权重因子消除大测量噪声工况的试验数据对本构模型拟合的决定性作用，提高本构方程参数拟合的准确性。

2.3　小孔钻削模拟与试验验证

在切削仿真中使用准确可靠的 J－C 本构模型材料参数能够产生与切削试验相一致的切屑形貌和切削力。与车削和铣削相比，钻削加工中的材料变形和去除机理复杂，从切削刃外缘到钻心的应变率和温度的变化较大。本节将通过钻削仿真与试验结果的对比，验证加权多目标本构参数拟合方法获得的本构模型的有效性。

2.3.1 切削损伤失效模型

Al6063/SiCp 复合材料的 J－C 塑性本构模型参数见表 2.1。对于复合材料中 Al 基体的裂纹形核，生长和孔洞聚合以及在加工中局部剪切带引起的剪切失效等损伤的萌生和演化，采用最大形式的 J－C 失效和剪切失效模型来表示。用于描述金属基体材料损伤起始的 J－C 实现准则表示为：

$$\varepsilon_{\mathrm{p}}^{\mathrm{D}}(\eta,\dot{\bar{\varepsilon}}_{\mathrm{p}}) = (d_1 + d_2\exp(-d_3\eta))[1 + d_4\ln(\dot{\varepsilon}^*)][1 + d_5T^*] \quad (2.27)$$

式中，$\varepsilon_{\mathrm{p}}^{\mathrm{D}}$ 是损伤萌生时的等效塑性应变；$d_1 \sim d_5$是材料损伤参数；η 是应力三轴度，$\eta = p/q$，其中 p 是静水压力，q 是剪切强度。这里 J－C 损伤准则用于描述 Al6063 基体撕裂等韧性损伤。

图 2.10 为在均匀应变边界条件下的宏观和微观应变－应力关系，两相组分复合材料所构造代表性体积单元内（RVE）的等效应变 $\bar{\varepsilon}$ 可定义为：

$$\bar{\varepsilon} = (1 - V_{\mathrm{SiC}})\langle\varepsilon\rangle_{\mathrm{Al}} + V_{\mathrm{SiC}}\langle\varepsilon\rangle_{\mathrm{SiC}} \quad (2.28)$$

式中，$\langle\varepsilon\rangle_{\mathrm{Al}}$ 和 $\langle\varepsilon\rangle_{\mathrm{SiC}}$ 分别为 Al6063 基体和 SiC 增强相的平均应变。$\langle\cdot\rangle$ 表示物理和力学性质对体积的平均。为简化后续的表示式，假设 $\alpha_t = 1 - V_{\mathrm{SiC}}$。

在宏观尺度上，由于复合材料中 SiC 颗粒的多晶聚集和取向随机分布的性质，Al6063/SiCp/65p 复合材料的力学行为大致可以认为是宏观各向同性的。式（2.27）两边的等效塑性应变部分应当相等，而复合材料中 SiC 颗粒近乎弹性变形，因此 Al6063/SiCp/65p 复合材料的失效准则可通过式（2.27）和式（2.28）近似推导为：

$$\varepsilon_{\mathrm{Al\text{-}SiC}}^{\mathrm{D}}(\eta,\dot{\bar{\varepsilon}}_{\mathrm{p}}) = \alpha_t\varepsilon_{\mathrm{Al}}^{\mathrm{D}}(\eta,\dot{\bar{\varepsilon}}_{\mathrm{p}}) \quad (2.29)$$

$$\varepsilon_{\mathrm{Al\text{-}SiC}}^{\mathrm{D}}(\eta,\dot{\bar{\varepsilon}}_{\mathrm{p}}) = \alpha_t(d_1^{\mathrm{Al}} + d_2^{\mathrm{Al}}\exp(-d_3^{\mathrm{Al}}\eta))[1 + d_4^{\mathrm{Al}}\ln(\dot{\varepsilon}^*)][1 + d_5^{\mathrm{Al}}T^*] \quad (2.30)$$

式（2.29）被正则化后，其损伤参数为：

$$\varepsilon_{\mathrm{Al\text{-}SiC}}^{\mathrm{D}}(\eta,\dot{\bar{\varepsilon}}_{\mathrm{p}}) = (\alpha_t d_1^{\mathrm{Al}} + \alpha_t d_2^{\mathrm{Al}}\exp(-d_3^{\mathrm{Al}}\eta))[1 + d_4^{\mathrm{Al}}\ln(\dot{\varepsilon}^*)][1 + d_5^{\mathrm{Al}}T^*] \quad (2.31)$$

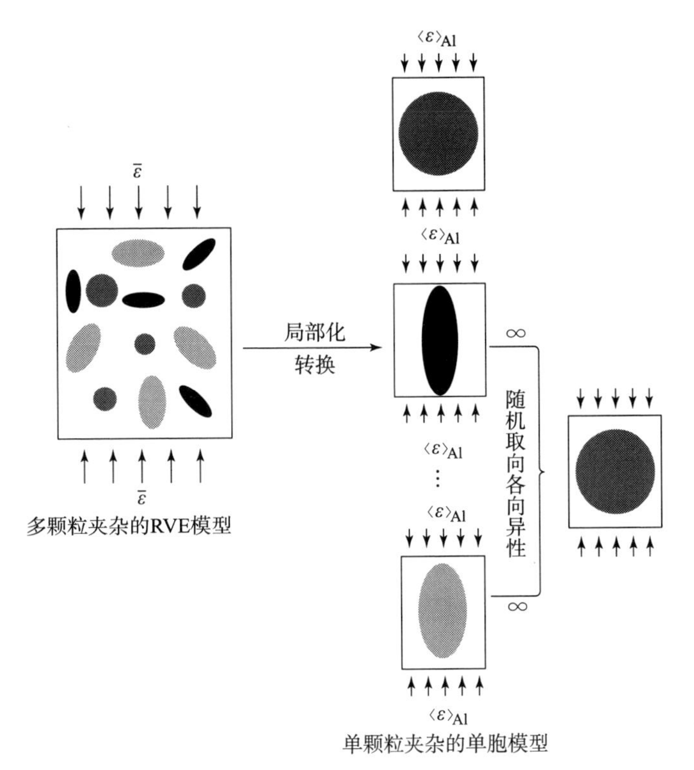

图 2.10　多颗粒夹杂的代表性体积单元与单颗粒夹杂的单胞模型之间的局部化关系

剪切失效准则是描述剪切带局部化现象的唯象准则，具有以下形式：

$$\varepsilon_{\mathrm{p}}^{\mathrm{s}}(\theta_s,\dot{\bar{\varepsilon}}_{\mathrm{p}}) \tag{2.32}$$

$$\theta_{\mathrm{s}} = q + k_{\mathrm{s}}p/\tau_{\max} \tag{2.33}$$

式中，$\varepsilon_{\mathrm{p}}^{\mathrm{s}}$ 是损伤萌生时的等效塑性应变；q 是等效 Mises 应力；k_{s}是材料参数。

损伤因子 ω 是对损伤萌生的衡量。对于式（2.27）中的 J－C 准则，有：

$$\omega_{\mathrm{J-C}} = \int \frac{\mathrm{d}\varepsilon_{\mathrm{p}}}{\varepsilon_{\mathrm{p}}^{D}(\eta,\dot{\bar{\varepsilon}}_{\mathrm{p}})} = 1 \tag{2.34}$$

对于式（2.32）中的剪切失效准则，有：

$$\omega_{\mathrm{sh}} = \int \frac{\mathrm{d}\varepsilon_{\mathrm{p}}}{\varepsilon_{\mathrm{p}}^{\mathrm{s}}(\theta_{\mathrm{s}},\dot{\bar{\varepsilon}}_{\mathrm{p}})} = 1 \tag{2.35}$$

当式（2.34）或式（2.35）中的损伤因子 ω 达到 1 时，认为损伤萌生。

一旦材料损伤萌生，最初基于 J－C 材料模型确定的流变应力－塑性应变规律不再能准确描述材料的变形行为。引入 Hillerborg 的断裂能准则以避免由网格细化产生的能量耗散效应，在材料损伤萌生后采用应力－位移准则来降低网格依赖性。通过断裂能量方程 G_f 定义 Hillerborg 的应力－位移关系。

$$G_f = \int_{\varepsilon_p^d}^{\varepsilon_p^f} L\sigma_y d\varepsilon_p = \int_0^{u_p^f} \sigma_y du_p \tag{2.36}$$

引入单元特征长度 L 来表示损伤萌生后的等效塑性位移 u_p，σ_y 为屈服应力，ε_p^d 为损伤萌生时的等效塑性应变，ε_p^f 和 u_p^f 分别为失效时的等效塑性应变和等效塑性位移。

总损伤变量 D 是对所有损伤准则的一个综合衡量，以所有损伤准则中的最大值来预测损伤演化，如下式中的 D 为任一损伤变量 d_j（$j=1$ 或 2，分别对应于 J－C 损伤和剪切损伤）的最大值。

$$D = \max(d_j) \tag{2.37}$$

考虑等效塑性位移 u_p 的流变应力的线性软化规律：

$$d_j = \frac{L\varepsilon_p}{u_p^f} = \frac{u_p}{u_p^f} \tag{2.38}$$

并根据式（2.36）得：

$$u_p^f = \frac{2G_f}{\sigma_y} \tag{2.39}$$

损伤萌生后，等效流变应力 $\bar{\sigma}$ 表示为：

$$\bar{\sigma} = (1 - D)\sigma_{J-C} \tag{2.40}$$

因此，当 D 的值达到 1 时，发生材料失效，伴随着元素删除。

对于由 α－SiC 硬质相和 Al6063 基体组成的 Al6063/SiCp/65p 复合材料，可根据如式（2.41）所示的混合物准则来估算比热容。

$$C_p = V_{SiC} C_p^{SiC} + (1 - V_{SiC}) C_p^{Al6030} \tag{2.41}$$

式中，C_p^{SiC} 和 C_p^{Al6030} 分别是 α－SiC 和 Al6063 基体的比热容。Al6063/SiCp/65p 复合材料的物理和力学性能详见表 2.2。

表 2.2 Al6063/SiCp/65p 复合材料的物理和力学性能

符号	材料特性	值
ρ_c	密度/(kg · m^{-3})	2 960
C_p	比热容/(J · kg^{-1} · ℃$^{-1}$)	750

续表

符号	材料特性	值
α	热膨胀系数（10^{-6}℃$^{-1}$）	7.7
κ	导热系数/(W·m^{-1}·℃$^{-1}$)	175
V_{SiC}	SiC 的体积分数/%	65
E	弹性模量/GPa	221
v	泊松比	0.21
T_{ref}	室温/参考温度/℃	20
T_{melt}	熔点	635
$\dot{\varepsilon}_0$	参考应变率	0.01
η	非弹性热分数	0.9

2.3.2　基于切屑分离裂纹扩展的钻削仿真建模

钻削仿真是目前国际上公认的切削仿真工艺中最具有挑战性的仿真，目前成功的模型都是在专用软件 DEFORM 和 ADVANTEDGE 上开发成功的，但是使用这些专用软件仿真形成的切屑形态差强人意，不能反映材料和切削参数改变后实际切屑形态上的变化。为此，本项目充分考虑 ABAQUS 在解决非线性大变形分析中的算法优势，又针对三维仿真中容易出现的体积自锁问题，提出一种适用于钻削仿真的考虑切屑分离裂纹扩展的结构化网格划分技术，有效解决钻削仿真中的体积自锁问题，基于此技术建立了复合材料的钻削仿真模型，通过相应的试验验证模型的准确性与可靠性。

为了模拟 Al6063/SiCp/65p 复合材料的小孔钻削过程，建立了三维钻削有限元仿真模型。基于多目标优化方法确定的本构模型，应用于 Al6063/SiCp/65p 复合材料的钻削仿真，实现对切削力和切屑形态的数值模拟。对于工件建模，在钻孔模型中考虑了与工具尖端相邻的工件部分，并且在工件表面上预制了锥形的凹面加工表面，以便尽可能快地达到稳定钻孔，如图 2.11（a）所示。以这种方式对工件进行建模可以方便地沿着切削刃螺旋切削路径在未切削的工件中生成结构化网格，以便于切屑的形成，并且能够提高计算效率。同时，考虑到受制于工件模型尺寸以及可能受到来自工件圆柱面边界表面反射应力波的作用，而为了节省计算成本将圆柱面周围材料略去，这样认为造成应力叠加效应，因此在工件建模时采用无限元处理边界域的应力作用。为了便于在 ABAQUS 中实现无限元建模，边界域必须采用六面体网格和扫掠算法，工件几何为 ϕ4 mm × 2 mm 的圆柱体。为了平衡计算成本和模型准确性的矛盾，钻头的建模只集中在简单尖端部分，由于钻削试验验证时采用全新的刀具，因此考虑了刀具尖锐边缘。PCD 工具被视为一个刚体。如图 2.11（b）所示，刀具的轴向进给和旋转运动都施加在刀具中心轴上的参考点上。刀具主切削刃和横刃附近网格划分被细化，以保证参与切削的实体部分的几何精度。为了避免体积自锁，工件参与切削的部分采用减缩积分和沙漏控制的 8 节点线性六面体单元 C3D8R 单元进行网格划分，并采用不同的网格密度，兼顾计算效率和计算精度的矛盾，最小网格尺寸为 10 μm。值得注意的是，沿进给方向的局部网格单元大小应当不大于每转进给的 1/5，只有采用这种网格划分方法才能有效形成切屑，如图 2.11（c）所示。这主要是因为钻削仿真中切屑的形成涉及材料损伤、失效和单元删除。当然，也要考虑刀具的刃口半径等因素。

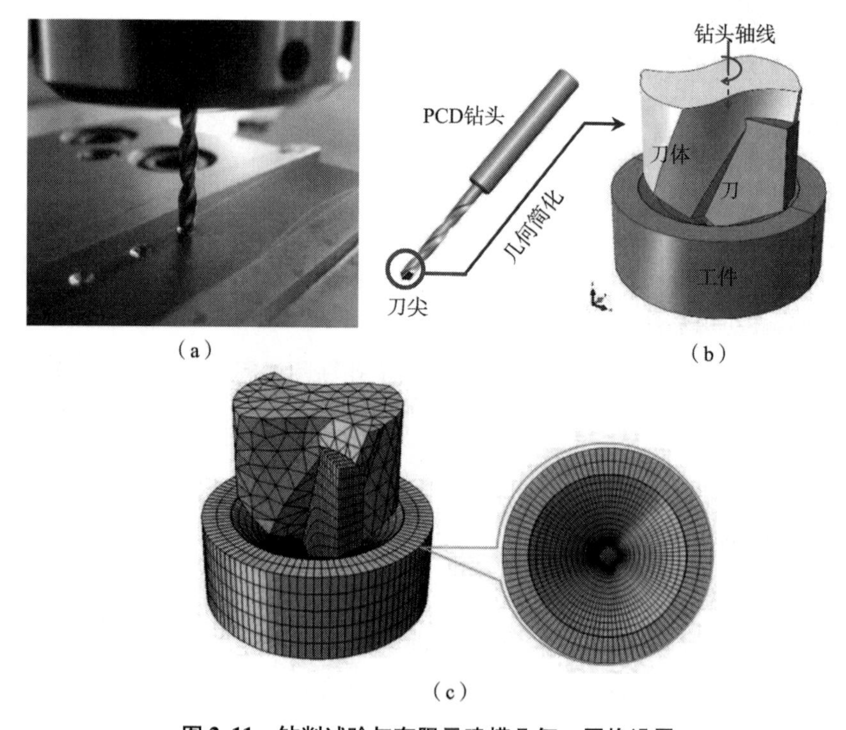

图 2.11　钻削试验与有限元建模几何、网格设置

（a）预加工锥形凹面；（b）钻头几何简化；（c）有限元网格划分

在刀具－切屑接触界面采用 Zorev 所提出的黏着/滑动接触模型来定义刀具与切屑间的接触。在局部切线方向上黏着/滑动接触形成根据滑动区和黏着区（$\tau \leqslant \tau_{crit}$）的划分进行定义。

$$\tau = \begin{cases} \mu p, \tau \leqslant \tau_{crit} \\ \tau_{crit}, 其他 \end{cases} \tag{2.42}$$

式中，τ_{crit}是临界剪切屈服应力。

2.3.3　钻削试验设置

为验证 Al6063/SiCp/65p 复合材料的本构方程和钻削仿真模型的准确性，在加工中心 DMU 80monoBLOCK 上采用 ϕ4 mm 的 PCD 钻头进行 Al6063/SiCp /65p 复合材料的钻削试验，采用测力仪（RCD）Kistler 9123C 采集钻削过程中的轴向力和扭矩信号，如图 2. 12 所示。

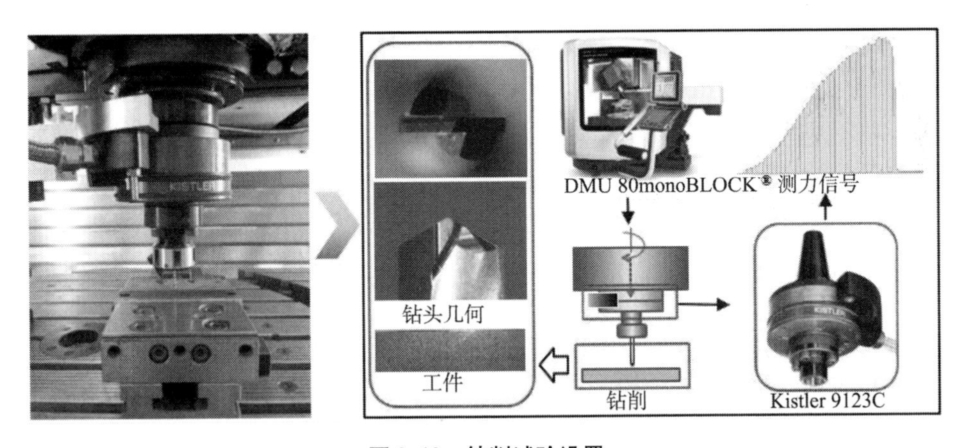

图 2. 12　钻削试验设置

由于钻削加工半封闭特性和钻孔加工的变形复杂性，三维钻削中新形成的切屑与加工表面的接触难以确定，因此，模拟中会出现切屑从工件侧壁流走等非物理现象，而不会如试验中新形成的碎屑沉降到孔底部导致切削力增加。为了更好地逼近仿真条件，采用便于排屑的啄钻加工（具有 0. 05 mm 步长）来减少切屑对切削力的干扰。

考虑到钻削特殊建模的需要，只提取稳定切削时的力信号进行比较。为了消除当外部激励频率接近压电测力仪固有频率时的干涉作用（图 2. 13（a）），采用

I 型低通 Chebysher 夫滤波处理试验得到的轴向力和扭矩信号，截止频率根据 Szymon 设置如下：

$$f_c \approx (1 + 10\%) \cdot f_{zo} \tag{2.43}$$

截断频率f_c与每齿通过频率f_{zo}表示的刀具动力学条件相关联。对滤波后的信号进行了相位补偿以避免零漂。经数据处理后，获得转速为 1 500 r/min，进给量为 50 mm/min 情况下的轴向力信号，如图 2.13（b）所示。

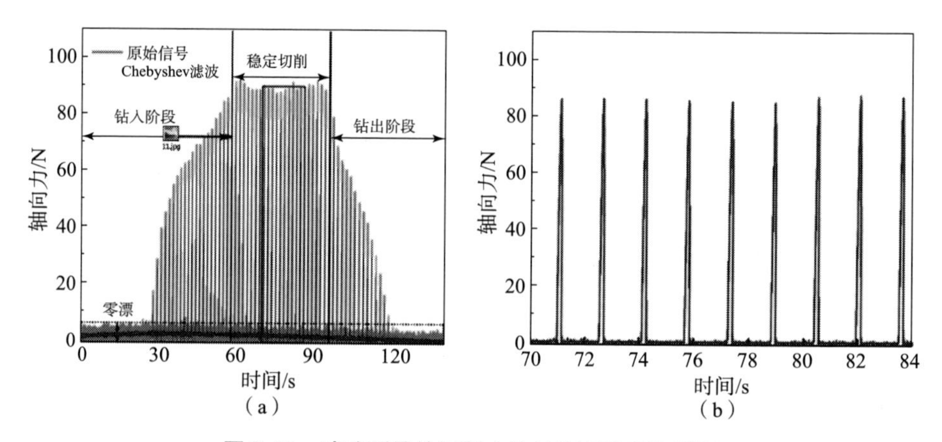

图 2.13 试验测量的切削力信号的预处理和提取

（a）Chebyshev 滤波；（b）滤波后平移补偿

2.3.4 轴向力和扭矩对比

基于结构化网格划分技术的三维钻削过程的有限元仿真，提取稳定钻削时的模拟结果与试验数据进行比较，如图 2.14 所示。与钻削试验结果相比较，模拟的轴向力和转矩的最大相对误差出现在转速 1 500 r/min 和进给速度 50 mm/min 条件下，分别为 11.00% 和 22.27%，这在可接受的模拟精度范围内。随着孔直径的增加，误差预计会有所下降，这是由尖切削刃简化的几何误差的影响和测力仪测量误差对力扰动的影响减小所导致的。由图 2.14 误差条可发现，模拟扭矩存在巨大波动，这可能是与钻削时单元失效的不均匀、不连续的切屑形成和切削过程的前角变化引起的刀具切屑接触不稳定等原因有关。图 2.14（a）显示了轴向力与钻削条件的相关性，在转速 2 000 r/min 和进给速度 75 mm/min 条件下，钻头承受较小的轴向力和扭矩。

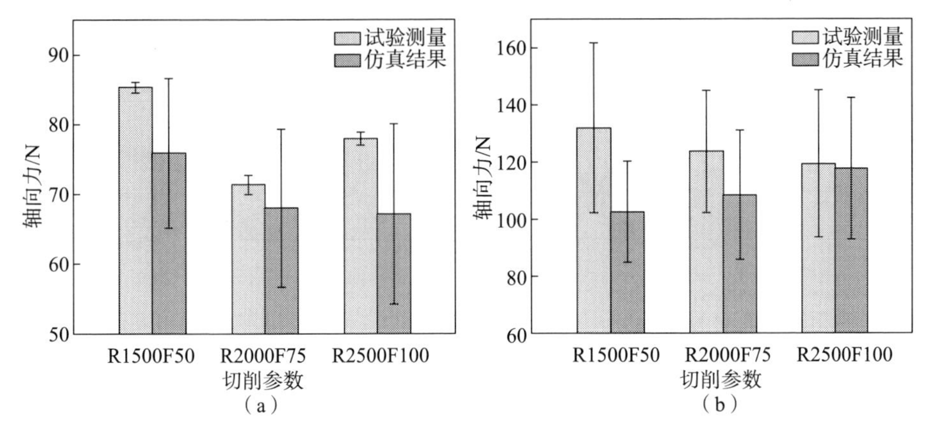

图 2.14　钻削力试验与仿真结果对比

（a）轴向力；（b）扭矩

所开发的钻削有限元模型允许以更直观和更有效的形式表示这种与加工参数的相关性。对比结果表明，轴向力和扭矩的仿真结果均在可接受的误差范围内，采用加权的多目标优化方法确定的本构模型可以较好地模拟钻削力。研究表明：这种基于切屑分离裂纹扩展方向结构化网格划分技术的钻削仿真建模技术能够成功用于连续介质材料的钻削仿真中，在钻削力方面能够大幅提高预测精度。

2.3.5　切屑形态对比

工件材料的动态力学行为在切屑的形成和演化中起着重要作用。在刀具的推挤作用下，材料在第一变形区沿着剪切面经历了剧烈的剪切塑性变形。随着钻头螺旋向下的切削运动，在钻头剪切和挤压作用下，通过单元删除逐渐形成近似中心对称的切屑。该切屑是在切削刃和横刃的综合作用下形成的，并沿前刀面流出。图 2.15 的仿真展示了具体详细的切屑形成及演化过程。切屑卷曲是由于切屑自由表面和背面之间的速度和变形差异，以及前刀面的挤压作用。由于 PCD 钻头的主切削刃由两条直刃构成，因此，切屑断口均匀和笔直的断裂形貌被认为是由剪切失效所导致的。在横刃处形成的碎屑较多，主要是由大负前角的横刃塑性挤压造成的，由此产生的单元失效被认为是由 J－C 损伤准则触发的。

由于主切削刃与横刃交叉的横刃转点将切屑分为两段，因此主切削刃形成的切屑是图 2.16 中用于对比的切屑。最大等效塑性应变出现在钻头的外缘转点位

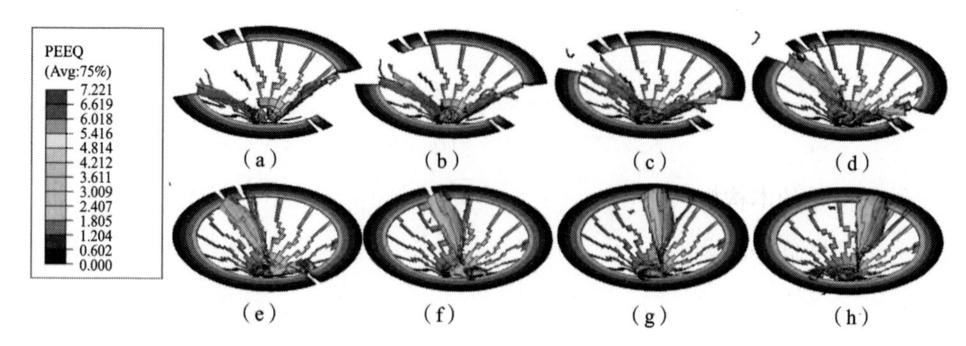

图 2.15　转速 1500 r/min 和进给速度 50 mm/min 条件下切屑的形成及演化

置处。这与此处的最高切削速度和低的静水压力有关。最终在两个材料失效准则的作用下模拟 Al6063/SiCp 复合材料钻削时形成不连续的切屑，如图 2.16（a）所示。图 2.16（b）~（e）详细对比了模拟和试验获得的切屑自由表面和背面形态特征。从图 2.16（b）和（d）所示的仿真与试验结果均可清楚地观测到切屑自由表面上的"褶皱"形态。由于钻削时工件材料的变形不均匀使得切屑形成了这种周期性的"褶皱"形态，这些"褶皱"形态的间距与每转进给量成正比。在切屑背面，模拟切屑与试验取得很好的一致性，验证了钻孔模型的有效性，并进一步验证了所开发的基于多目标优化权重的本构模型确定方法的可行性。

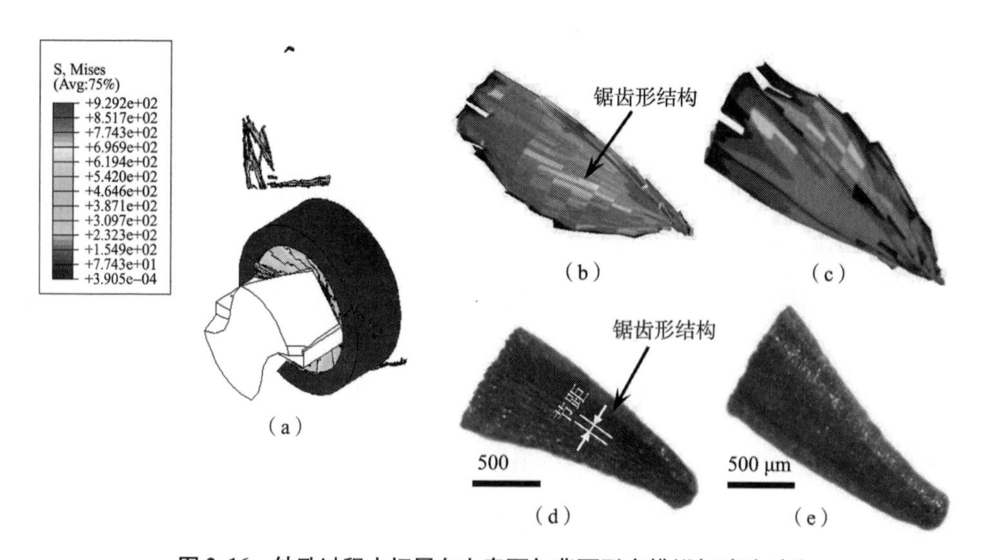

图 2.16　钻孔过程中切屑自由表面与背面形态模拟与试验对比

（a）切屑形成切；（b）自由表面模拟；（c）背面模；（d）自由表面试验；（e）背面试验

2.3　本章小节

针对传统的本构模型确定方法试验成本大，材料参数随着模型的复杂化确定难度大、精度低等问题提出了面向高速切削的本构模型材料参数多目标优化拟合方法。通过基于测量误差加权的本构模型材料参数确定的多目标优化方法降低了高应变率流动曲线中信噪比对材料参数确定的影响。将确定的 Al6063/SiCp/65p 复合材料本构模型用于小孔钻削的仿真中，通过将仿真获得的钻削轴向力、扭矩力、切屑形貌与相应的试验结果进行对比，验证了所提出的本构模型参数多目标拟合方法的可行性。

第 3 章

面向高速切削的 SiCp/Al 复合材料本构建模

在零件成形和制造过程中，材料在宽泛的应变、应变率和温度历程中经历了复杂的变形。充分理解材料的流变行为对材料成形和制造工艺的优化非常重要。为描述材料在变形过程中的流变规律，需要开发和建立相应的本构模型。在切削加工中，材料去除的大塑性变形是在宽泛的应变率和温度范围内发生的，因此对于切削加工而言，理想的本构模型应能同时准确地反映材料的静态和动态力学特性，而大多数工程材料在低、高应变率或温度条件下的力学行为有所不同。尤其随着新材料的不断涌现，经典的本构模型并不能准确地预测在宽泛的应变、应变率和温度范围内的材料流动特性。

目前，唯象本构材料模型应用于工业仿真的主要困难在于：①本构模型的传统拟合方法需要在较宽载荷范围内进行大量的力学试验；②对于一系列变量（塑性应变、应变率、变形温度以及试验可观测的材料行为）之间的耦合关系难以科学定义；③随着表征本构模型的材料参数增多，拟合难度增大。

本节提出了一种基于相关性集成的唯象本构建模方法，并结合本构模型材料参数确定的多目标优化方法解决了信噪比引起的试验误差、塑性应变能引起的温升、随本构模型复杂化和表征参数增多引起的参数拟合难度增加、不同应变率的采样点数量差异造成不同应变率的拟合精度不同、动态高应变率下瞬时应变率变化等问题，以体积分数为 30% 的 SiCp/Al 复合材料为例，利用所提出的本构建模方法开发相应的材料本构模型，在此基础上建立高速车削仿真模型，通过与试验对比验证该方法的可行性。

3.1　基于相关性集成的唯象本构建模方法

3.1.1　现有唯象本构建模中的问题

在应变硬化函数和热软化函数确定过程中，通常采用恒定的应变率数据经回归分析确定所构建本构模型的基本形式。等温单轴力学试验是一种用于确定材料流变应力的常见方法。它是在力学万能试验机以行程速度（试验标距×名义应变率）进行加载，这样在变形过程中的实际应变率不等于所设定的名义应变率，如图3.1（a）所示。在大变形条件下，实际应变率与名义应变率较大的偏差将对一些在准静态条件下就表现出应变率敏感性的材料影响很大，并且力的波动性也较大，如图3.1（b）所示。尽管很多工程材料在准静态试验中应变率变化对力学性能的影响不是特别显著，但是包含应变率变化对于本构模型的准确确定是十分重要的。因此，对于单轴力学试验，在大应变、大位移等动力学条件下，力学试验数据的真实应变率根据式（3.1）进行修正。

$$\dot{\varepsilon}_i = \dot{\varepsilon}_0 h_w / (h_w + d_i) \tag{3.1}$$

其中，d_i 为第 i 试验数据点的位移，$\dot{\varepsilon}_0$ 为名义应变率，h_w 为试样标距。

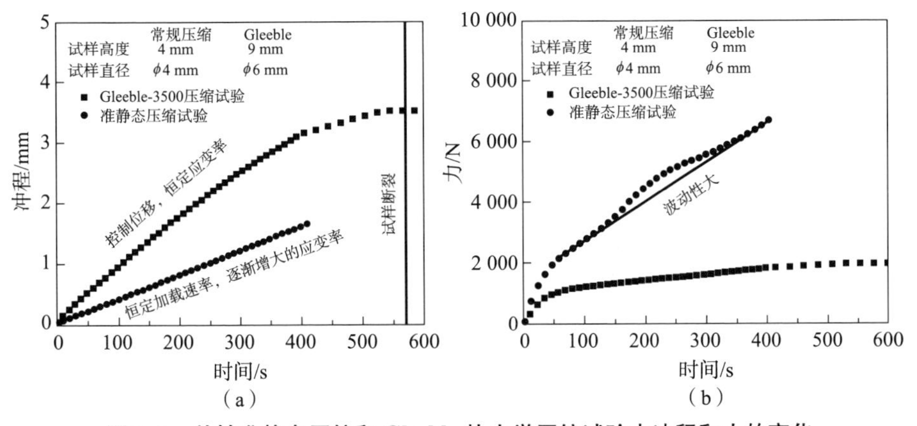

图3.1　单轴准静态压缩和Gleeble热力学压缩试验中冲程和力的变化

（a）冲程随时间的变化；（b）力随时间的变化

为了保证本构模型确定的准确性，采用对应每个测试数据点实际变化的应变率而不是恒定的（动态加载下采用平均的）名义应变率，就无法使用传统的本构模型确定方法。尤其是动态加载条件下，采用瞬时应变率对于本构模型的准确定义是非常重要的。其中有一种无需任何修正的可替代的单轴准静态力学试验的技术手段即 Gleeble 热力学试验，它的瞬时应变率近似恒等于名义应变率。

此外，需要注意的是，当等温单轴力学试验的应变率 $<10^{-3}\mathrm{s}^{-1}$时，由于具有充分的变形时间，由塑性变形产生的热量能够被及时耗散掉，所以当应变率 $<10^{-3}\mathrm{s}^{-1}$时，认为力学试验是等温变形的；当应变率超过 $10^{-3}\mathrm{s}^{-1}$时，变形热效应开始逐渐增强，属于非等温的热变形过程，因此需要进行变形温度的修正；当应变率超过 $10\mathrm{s}^{-1}$时，高速变形过程中大量塑变功转化为局部化的绝热。由热力学第一定律得到塑变功和热能的关系：

$$\alpha\eta\Delta W = Q_W \tag{3.2}$$

式中，塑变功 $\Delta W = \int\sigma \mathrm{d}\varepsilon_\mathrm{p}$；塑变产热 $Q_W = \rho C_\mathrm{p}\Delta T$，$\rho$ 和 C_p 分别为密度和比热容；η 为 Taylor – Quinney 系数，用于表示塑变功转为为热量的比例，通常根据材料的属性取值为 0.90~0.95，剩余的部分用于微观组织演变，比如晶粒演变、动态再结晶、相变等；α 为绝热剪切修正因子，用于描述除去向周围环境和压杆中耗散的热量而保留在试验中的绝热的比例。根据加载应变率范围，绝热剪切修正因子 α 定义如下：

$$\alpha = \begin{cases} 0, \varepsilon \leqslant 10^{-3} \\ [1 + h\varepsilon/\rho h_\mathrm{w} C_\mathrm{p}\dot{\varepsilon}]^{-1}, 10^{-3} < \varepsilon \leqslant 10 \\ 1, \varepsilon > 10 \end{cases} \tag{3.3}$$

$$h = [h_\mathrm{w}/2k_\mathrm{w} + 1/k_\mathrm{interface} + d_\mathrm{d}/k_\mathrm{d}] \tag{3.4}$$

式中，h_w 为试样标距；d_d 为压杆表面到压杆内部无温差处的距离；$k_\mathrm{interface}$ 为工件/压杆界面处的热传导系数；$k_\mathrm{w}/k_\mathrm{d}$ 分别为工件和压杆的导热系数。变形温度修正的通常做法为，根据式（3.5）计算由塑性变形引起的温升，然后进行温度补偿，即认为变形仍为在温度补偿后修正的成形温度下的等温成形过程。

$$\Delta T_i = \frac{\alpha\eta}{\rho C_\mathrm{p}}\int_0^{\varepsilon_i^\mathrm{p}} \sigma \mathrm{d}\varepsilon_\mathrm{p} \tag{3.5}$$

但是，在变形过程中的温升非恒定变化，而是与塑性应变史有关，如图 3.2 所示的在 6 000 s^{-1}应变率和 100 ℃成形温度下计算的 SiCp/Al 复合材料温升变化。因此，传统对热软化效应的随意强化会导致应变率敏感性函数的不准确估计。而采用传统的本构模型确定方法将无法对瞬时应变率和修正的成形温度数据进行非线性回归分析。因此，为考虑随塑性应变史变化的应变率和温度，提出了一种基于相关性集成的唯象本构建模方法，结合通用的多目标的本构模型参数方法实现本构模型的多目标自动确定，降低同一材料本构开发的不确定性和非统一性。

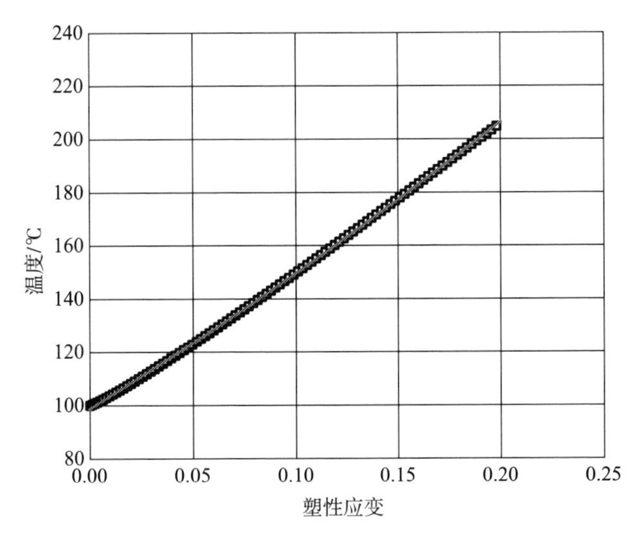

图 3.2　6 000 s^{-1} 应变率和 100 ℃成形温度下 SiCp/Al 复合材料的温升

3.1.2　唯象本构模型基本形式

一个唯象本构模型的基本形式需要能描述材料变形过程中对基本过程变量如应变、应变率、温度和一些物理/力学量的依赖性关系。

$$\sigma = \sigma(\boldsymbol{X}) \tag{3.6}$$

式中，$\boldsymbol{X} = (\varepsilon_{\mathrm{p}}, \dot{\varepsilon}, T, \boldsymbol{M})$ 为可观察或测量的材料物理/力学性质，包括塑性应变 ε_{p}、应变率 $\dot{\varepsilon}$ 、成形温度 T 等基本变量和其他随变形过程渐进演化的可观测物理/力学性质 $\boldsymbol{M}$。

一个经典的唯象本构模型通常包含应变硬化函数、应变率敏感性函数、热软化函数。其中，应变硬化函数的准确定义可以确定一个基本的本构形式作为接下来应变率和温度依赖性确定的参考。表 3.1 和表 3.2 分别概括独立的以及与应变、应变率和温度项耦合的经典应变硬化函数形式。对绝大多数材料而言，温度、应变率与应变的耦合关系影响材料应变硬化响应。除了表 3.1 和表 3.2 所列举的应变硬化形式，表 3.1 中的应变硬化函数也可以通过加和或倍乘等权重形式进行组合以构造新的应变硬化函数 $k(\varepsilon_p,\dot{\varepsilon},T)$。

$$k(\varepsilon_p,\dot{\varepsilon},T) = \sum_i \omega_i k_i(\varepsilon_p,\dot{\varepsilon},T) \tag{3.7}$$

$$\sum_i \omega_i = 1 \tag{3.8}$$

式中，ω_i为权重因子；$k(\varepsilon_p,\dot{\varepsilon},T)$ 为表 3.1 中任一应变硬化函数形式。表 3.1 中的参数 A 通常被认为是在准静态参考温度和应变率下的初始屈服点。对于大多数工程材料而言，无法准确定义材料的初始屈服点，因此，推荐参数 A 作为一个待拟合的变量，参数 A 的取值范围设置为其条件屈服点的 10% 以内。

表 3.1 经典的非耦合形式应变硬化函数

序号	$k(\varepsilon_p,\dot{\varepsilon},T)$		注释
	A	k_{un}	$A+k_{un}$加和形式
1	A	$B\varepsilon_p^n$	Ludwik 模型
2		$B(\varepsilon_p+\varepsilon_0)^n$	广义 Ludwik 模型
3		$B_1[1-\exp(-B_2\varepsilon_p)]$	Shin 模型
4		$\sum_{i=1}^{n} B_i\varepsilon_p^i$	Polynomial 模型
5		$-B_1\exp(-B_2\varepsilon_p^n)$	Jeong 模型
6		$(1-\ln\dot{\varepsilon}/\ln\dot{\varepsilon}_{max})^n$	Khan – Huang – Liang 模型
7		$-B\exp(-n\varepsilon_p)$	Voce 模型
8		$B\ln\varepsilon_p$	Samanta 模型
9	$A+k/\sqrt{d}$	同上	考虑微观组织演化模型
10	$A+k/\sqrt[n]{d}$		考虑纳米晶材料组织演化模型
11	$A+(1-4d/D)/\sqrt{d}$		尺寸效应模型
12	σ_{ps}	$-(\sigma_{ps}-\sigma_{p0})\exp(-n\varepsilon_p/\varepsilon_0)$	Voce – Kocks 模型
13	σ_{p0}	$(\sigma_{pm}-\sigma_{p0})[1-\exp(-n\varepsilon_p)]^n$	Sellars 模型

续表

序号	$k(\varepsilon_p,\dot{\varepsilon},T)$		注释
	A	k_{un}	$A+k_{un}$ 加和形式
14	0	$K_1\varepsilon_p^{n1}+\exp(K_2+n2\varepsilon_p)$	Ludwigson 模型
序号	A	k_{un}	$A\cdot k_{un}$ 乘积形式
1	A	$1+(\varepsilon/b)^n$	广义 Swift 模型
2		ε_p^n	Hollomon 模型
3		$[1-\exp(-B\varepsilon_p)]^n$	Avrami 模型
4		$\tanh(E\varepsilon/A)$	Pragar 模型
5	$A+k/\sqrt{d}$	同上	考虑微观组织演化模型
6	$A+k/\sqrt[n]{d}$		考虑纳米晶材料组织演化模型

表 3.2　经典的与应变、应变率和温度耦合的应变硬化函数

序号	A	k_c	$A+k_c$ 或 $A\cdot k_c$ 耦合形式
1	同表 3.1	$k_{un}(1-\ln\dot{\varepsilon}/\ln\dot{\varepsilon}_{max})^{n1}(\sigma_0+k/\sqrt{d})/\sigma_0$	考虑组织演化应变硬化模型
2		$k_{un}[(1-\ln\dot{\varepsilon}/\ln\dot{\varepsilon}_{max})(T_m/T)]^{n1}$	耦合应变率和温度应变硬化模型
3		$k_{un}[(1-\ln\dot{\varepsilon}/\ln\dot{\varepsilon}_{max})(T_m/T)]^{n1}(d/d_0)^{n2}$	KLF 模型
4		$k_{un}\exp(-C\hat{T})$	耦合温度的应变硬化指数模型 1
5		$k_{un}\exp(-C\varepsilon_p\hat{T})$	耦合温度的应变硬化指数模型 2
6		$-B_1\exp[B_2+B_3(T-T_r)\varepsilon_p]$	耦合温度的应变硬化指数模型 3
7		$k_{un}(1-T^{*p})$	耦合温度的应变硬化模型
8		$k_{un}\exp(n\varepsilon_p)$	Misiolek 耦合应变硬化的应变硬化模型
9		$k_{un}\exp(-n\varepsilon_p)$	耦合应变软化的应变硬化模型
10		$k_{un}\exp(-C\dot{\varepsilon}/\dot{\varepsilon}_0)[(T_m-T)/(T_m-T_r)]^m$	耦合温度、应变率的应变硬化模型
11		$k_{un}\exp(C_4T\ln\dot{\varepsilon})$	耦合应变率、温度的应变硬化 ZA 模型
12		$k_{un}h(T)$	耦合表 3.5 温度项的应变硬化模型
13		$k_{un}g(\dot{\varepsilon}_p)$	耦合表 3.3 应变率项的应变硬化模型
14		$k_{un}g(\dot{\varepsilon}_p)h(T)$	耦合表 3.5 和表 3.5 的应变硬化模型

表3.3概括了最常见的一些经验应变率敏感性函数。应变率敏感性通常作为流动函数与在准静态下确定的应变硬化函数以加和和乘积形式引入应变硬化函数中，构造如下：

加和形式为

$$\sigma_{a}(\varepsilon_{p},\dot{\varepsilon}) = k(\varepsilon_{p},\dot{\varepsilon},T) + g(\dot{\varepsilon},T) \tag{3.9}$$

乘积形式为

$$\sigma_{m}(\varepsilon_{p},\dot{\varepsilon}) = k(\varepsilon_{p},\dot{\varepsilon},T) \cdot g(\dot{\varepsilon},T) \tag{3.10}$$

表3.3 经典的非耦合形式的应变率敏感性函数

序号	B	$g_{un}(\dot{\varepsilon}_{p})$	$B+g_{un}(\dot{\varepsilon}_{p})$ 独立形式
1	1	$C\ln(\dot{\varepsilon}/\dot{\varepsilon}_{0})$	J－C 率相关模型
2	1	$(\dot{\varepsilon}/D)^{r}$	Cowper－Symonds 率相关模型
3	0	$(\dot{\varepsilon}/\dot{\varepsilon}_{0})^{r}$	幂律率相关模型
4	0	$(\dot{\varepsilon}/\dot{\varepsilon}_{0})^{m_{0}\sqrt[m_{1}]{\dot{\varepsilon}\cdot\dot{\varepsilon}_{0}}}$	Wagoner 模型
5	0	$\exp(C\hat{\dot{\varepsilon}})$	率相关指数模型

应变率敏感性函数 $g(\dot{\varepsilon})$ 以加和形式构造的流动函数实质上是一个新的应变硬化函数，而应变率敏感性函数以乘积形式构造的流动函数则认为是屈服面随应变率的演化。一般地，应变率敏感性函数 $g(\dot{\varepsilon},T)$ 需考虑应变率与温度的耦合关系。表3.4给出了一些经典的与温度耦合的应变率敏感性函数。

表3.4 一些经典的与温度耦合的应变率敏感性函数

序号	B	$g_{un}(\dot{\varepsilon}_{p})$	$B+g_{un}(\dot{\varepsilon}_{p})$ 独立形式
1	1	$-\exp(-C_{1}\hat{\dot{\varepsilon}})C_{2}(T)$	应变率敏感性函数
2	1	$H(\dot{\varepsilon},\dot{\varepsilon}_{0},k)\hat{\dot{\varepsilon}}$	高应变率下弱化的应变率硬化模型
3	1	$C(\hat{T})^{p}\hat{\dot{\varepsilon}}$	高温下强化的应变率硬化模型
4	1	$C\exp(C_{2}\hat{T}^{*}\hat{\dot{\varepsilon}})$	耦合温度的应变率敏感性指数模型1
5	0	$\exp(C_{2}\hat{T}^{*}\hat{\dot{\varepsilon}})$	耦合温度的应变率敏感性指数模型2
6	0	$\hat{\dot{\varepsilon}}^{f(\hat{T},\hat{\dot{\varepsilon}})}$	耦合温度的应变率敏感性幂模型
7	1或0	$g_{un}(\dot{\varepsilon}_{p})\cdot h(T)$	耦合表3.5温度项的应变率敏感性模型

表中，$\hat{\dot{\varepsilon}}=\ln\dot{\varepsilon}$ 或 $\hat{\dot{\varepsilon}}=\dot{\varepsilon}$ 或 $\hat{\dot{\varepsilon}}=\ln(\dot{\varepsilon}/\dot{\varepsilon}_{0})$

对于热软化函数，除了经典的 J－C 热软化形式外，其他常用的热软化函数可从表 3.5 中获得，或在此基础上进行一些修正。在高温或高应变率变形过程中，应变率和温度在力学行为上表现出强的关联性。热软化函数通常以倍乘形式引入流动函数中。

$$\sigma(\varepsilon_p,\dot{\varepsilon},T) = k(\varepsilon_p,\dot{\varepsilon},T) + g(\dot{\varepsilon},T)\cdot h(T) \tag{3.11}$$

$$\sigma(\varepsilon_p,\dot{\varepsilon},T) = k(\varepsilon_p,\dot{\varepsilon},T)\cdot g(\dot{\varepsilon},T)\cdot h(T) \tag{3.12}$$

通过上述应变硬化函数、应变率敏感性函数、温度热软化函数可构造一个材料本构模型基本形式。在此基础上，一些复杂的本构模型还需要加入其他随变形过程渐进演化的可观测物理/力学性质。当然，也有一些经典常用的本构模型无法通过上述相关性集成的方法获得，如 Arrhenius 型本构、修正的 Bodner－Partom 本构、Rusinek－Klepaczko 本构等。

表 3.5　经典的热软化函数

序号	$h(T)$	注释
1	$1-[(T-T_r)/(T_m-T_r)]^m$	J－C 热软化模型
2	$(T/T_r)^{-m}$	幂律热软化模型
3	$[(T_m-T)/(T_m-T_r)]^m$	Khan 热软化模型
4	$1+\lambda[\exp(T^*)-\exp(T_a/T_m)]/[e-\exp(T_a/T_m)]$	用于 HCP 金属的热软化模型
5	$1-D(T-T_r)$	线性模型
7	$\exp\{-D[(T-T_r)/(T_m-T_r)]^m\}$	热软化指数模型 1
8	$\exp(-D\hat{T})$	热软化指数模型 2
9	$\exp(-D/\hat{T})$	热软化指数模型 3
10－	$\exp[-Q/(R\hat{T})]$	热软化指数模型 4

表中，$\hat{T}=\dfrac{T-T_r}{T_m-T_r}$ 或 $\hat{T}=\dfrac{T_m-T}{T_m-T_r}$ 或 $\hat{T}=\dfrac{T}{T_m}$ 或 $\hat{T}=T-T_r$ 或 $\hat{T}=T$

3.1.3　一种基于相关性集成的唯象本构建模方法

很多工程材料在低/高应变率、温度下的力学行为不同，这对确定一个合理的本构模型提出了挑战。理想地，本构模型应该能同时较好地反映准静态和动态加载模式下的力学响应。尤其这反映在切削加工上表现为，已加工表面到亚表面的变形接近准静态的加载速率，而待加工表面将经历动态高应变率的材料去除。因此，为了能同时准确描述准静态和动态加载下的材料力学行为，结合上述唯象本构模型的基本形式，提出了一种能基于相关性集成的唯象本构建模方法，并结合本构模型材料参数确定的多目标优化方法，减少在较宽载荷范围内进行力学试验的次数，基于统计学分析准确实现对于一系列过程变量之间耦合关系的定义，降低随着表征本构模型的材料参数增多而带来的确定难度，降低相同材料本构开发的不确定性和非统一性，进而能够提高工业力学仿真的预测精度和效率。基于相关性集成的唯象本构建模方法的基本流程如图 3.3 所示，具体包括如下步骤：

步骤一：选取非耦合的应变硬化函数。选取非耦合的应变硬化函数 $k(\varepsilon_p, \dot{\varepsilon} = \dot{\varepsilon}_0, T = T_{ref})$，或基于多个非耦合的应变硬化函数的任何加权组合形成组合后的应变硬化函数。步骤一中选取非耦合的应变硬化函数可从已有归纳经典应变硬化函数列表任选一个，或从经典应变硬化函数列表中选取多个非耦合的应变硬化函数进行加权组合，获得应变硬化函数。所述的归纳经典应变硬化函数列表优选表 3.1，表 3.1 可根据技术发展扩展完善。

步骤二：对步骤一选取非耦合的应变硬化函数进行可行性验证：①使用单目标确定方法在参考温度和参考应变率下对准静态试验数据进行拟合。②确使屈服点 σ（$\varepsilon_p = 0$）相对于偏移屈服点的相对误差在预设范围内。如果达不到拟合质量准则或相对预设误差范围条件，则返回步骤一重新选取应变硬化函数，直到满足上述两个条件。

步骤三：选取非耦合的热软化函数。选取非耦合的热软化函数 $h(T)$，或基于多个热软化函数的任何加权组合形成组合后的热软化函数。步骤三中选取非耦合的热软化函数可从已有归纳经典热软化函数列表任选一个，或从经典热软化函数列表中选取多个热软化函数进行加权组合，获得热软化函数。所归纳的经典热软化函数列表优选表 3.5，表 3.5 可根据技术发展扩展完善。

步骤四：对步骤三选取的热软化函数构造的唯象本构模型依据拟合质量准则进行热软化函数可行性验证，所述唯象本构模型如式（3.13）所示。利用多目标优化方法对准静态下不同塑性应变的流变应力对成形温度的多个曲线进行唯象本

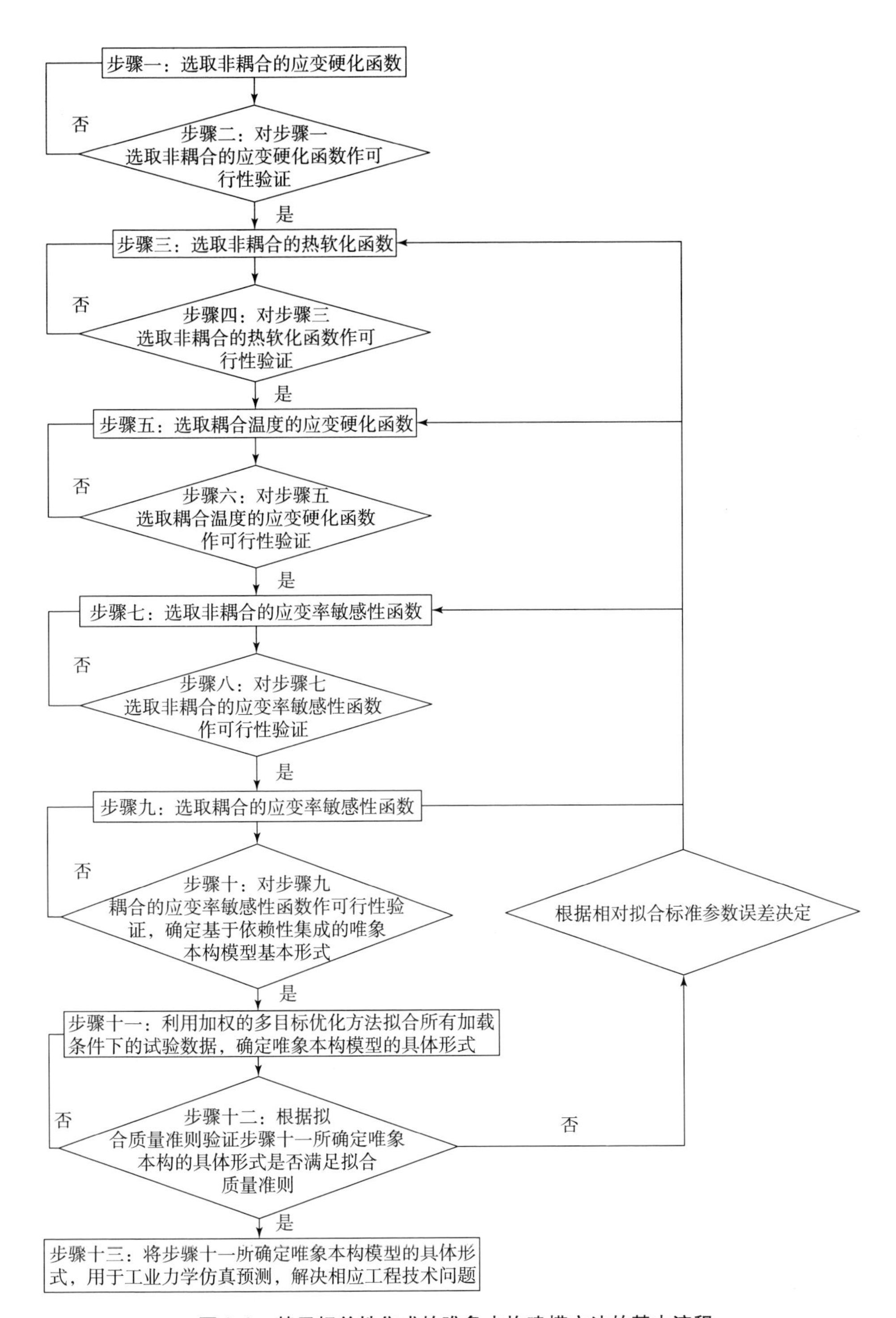

图 3.3　基于相关性集成的唯象本构建模方法的基本流程

构模型确定。如果不满足拟合质量准则要求，返回步骤三重新选取热软化函数，直至满足拟合质量准则要求。

$$\sigma^{*}(\varepsilon_{\mathrm{p}},\dot{\varepsilon}=\dot{\varepsilon}_{0},T)=k(\varepsilon_{\mathrm{p}},\dot{\varepsilon}=\dot{\varepsilon}_{0},T=T_{\mathrm{ref}})h(T) \tag{3.13}$$

步骤五：选取耦合温度的应变硬化函数。选取耦合温度的应变硬化函数 $k(\varepsilon_{\mathrm{p}},\dot{\varepsilon}=\dot{\varepsilon}_{0},T)$，或基于多个耦合温度的应变硬化函数的任何加权组合形成组合后的耦合温度的应变硬化函数。步骤五中选取耦合温度的应变硬化函数可从已有归纳经典耦合温度的应变硬化函数列表任选一个，或从经典应变硬化函数列表中选取其他温度耦合的应变硬化函数进行加权组合，获得温度耦合的应变硬化函数。所述的归纳经典耦合温度的应变硬化函数列表优选表 3.2，表 3.2 可根据技术发展扩展完善。

步骤六：对步骤五选取的耦合温度的应变硬化函数构造的唯象本构模型依据拟合质量准则进行可行性验证，所述唯象本构模型如式（3.14）所示。利用多目标优化方法对准静态下不同塑性应变的流变应力对成形温度的多组数据进行唯象本构模型确定。如果不满足拟合质量准则要求，返回步骤五重新选取热软化函数，直至满足拟合质量准则要求。

$$\sigma^{*}(\varepsilon_{\mathrm{p}},\dot{\varepsilon}=\dot{\varepsilon}_{0},T)=k(\varepsilon_{\mathrm{p}},\dot{\varepsilon}=\dot{\varepsilon}_{0},T)h(T) \tag{3.14}$$

步骤七：选取非耦合的应变率敏感性函数。选取非耦合的应变率敏感性函数 $g(\dot{\varepsilon},T=T_{\mathrm{ref}})$，或基于非耦合的应变率敏感性函数的任何加权组合形成组合后的非耦合的应变率敏感性函数。步骤七中选取非耦合的应变率敏感性函数可从已有归纳经典非耦合的应变率敏感性函数列表任选一个，或从经典应变率敏感性函数列表中选取多个应变率敏感性函数进行加权组合，获得非耦合的应变率敏感性函数。所述的归纳经典非耦合的应变率敏感性函数列表优选表 3.3，表 3.3 可根据技术发展扩展完善。

步骤八：对步骤七选取的非耦合的应变率敏感性函数构造的唯象本构模型依据拟合质量准则进行可行性验证，所述的唯象本构模型如式（3.15）所示。通过对静态和动态不同塑性应变下流变应力随应变速率变化的多组数据进行多目标拟合，进而逆向确定唯象本构模型的应变率敏感性函数形式。如果不满足拟合质量准则要求，返回步骤七重新选取非耦合的应变率敏感性函数，直至满足拟合质量准则要求。所述的小塑性应变指 $\varepsilon_{\mathrm{p}}<0.1\%$，在小塑性变形下温升不明显，在此

条件下的试验数据适用于确定非耦合的应变硬化函数。

$$\sigma^{*}(\varepsilon_{p},\dot{\varepsilon},T=T_{ref})=k(\varepsilon_{p},\dot{\varepsilon},T=T_{ref})g(\dot{\varepsilon},T=T_{ref})h(T=T_{ref}) \tag{3.15}$$

步骤九：选取耦合的应变率敏感性函数。选取耦合温度的应变率敏感函数 $g(\dot{\varepsilon},T)$ ，或耦合温度的应变率敏感函数的任何加权组合形成组合后的耦合温度应变率敏感函数。步骤九中选取耦合温度的应变率敏感函数从已有归纳经典耦合温度的应变率敏感函数列表任选一个，或从经典耦合的应变率敏感性函数列表中选取多个应变率敏感性函数进行加权组合，形成耦合温度的应变率敏感函数。所述的归纳经典耦合的应变率敏感性函数列表优选表 3.4，表 3.4 可根据技术发展扩展完善。

步骤十：对步骤九选取的耦合温度的应变率敏感函数构造的唯象本构模型依据拟合质量准则进行可行性验证，所述的唯象本构模型如式（3.16）所示。通过对静态和动态不同塑性应变和温度下流变应力随应变率变化的多条曲线进行多目标拟合，进而逆向确定唯象本构模型的耦合温度的应变率敏感性函数形式。如果不满足拟合质量准则要求，返回步骤九重新选取耦合温度的应变率敏感性函数，直至满足拟合质量准则要求，至此确定基于依赖性集成的唯象本构模型基本形式。

$$\sigma^{*}(\varepsilon_{p},\dot{\varepsilon},T)=k(\varepsilon_{p},\dot{\varepsilon},T)g(\dot{\varepsilon},T)h(T) \tag{3.16}$$

步骤十一：根据加权的多目标优化方法，利用准静态和动态所有加载条件下的试验数据拟合步骤十确定的唯象本构模型基本形式，得到相应的本构模型材料参数，从而确定唯象本构模型的具体形式。

步骤十二：根据拟合质量准则验证步骤十一得到相应的拟合材料参数，从而确定唯象本构模型的具体形式是否满足拟合质量准则，直至当得到相应的本构模型材料参数从而确定唯象本构模型的具体形式满足拟合质量准则。

当得到相应的拟合材料参数从而确定唯象本构模型的具体形式不满足拟合质量准则时，根据相对拟合标准参数误差准则，确定返回步骤三、五、七或九，对应变硬化函数、应变率敏感性函数或者热软化函数进行相应的修正，如引入某些物理属性与温度的耦合、某些物理属性与应变耦合、高应变下应变软化、微观损伤、尺度效应等，直至当得到相应的拟合材料参数从而确定唯象本构模型的具体形式满足拟合质量准则时，结束基于相关性集成的唯象本构的多目标优化。

步骤十二所述的相对拟合标准参数误差 **RFSPE** 是通过拟合标准参数误差 **FSPE** 除以本构材料参数向量 $\boldsymbol{P}$ 获得的。

$$\mathbf{RFSPE} = \mathbf{FSPE}/\boldsymbol{P} = \sqrt{diag([\boldsymbol{J}^{\mathrm{T}}\boldsymbol{WJ}]^{-1})}/\boldsymbol{P} \tag{3.17}$$

步骤十三：将步骤十一所确定唯象本构模型的具体形式，用于工业力学仿真预测，提高预测精度和建模效率，解决相应工程技术问题。

步骤二、四、六、八、十、十二所述的拟合质量准则如下。

准则 1：确定系数 R^2 用于评估整体拟合质量，直接决定所选择的本构模型对试验观测值的拟合情况。

$$R^2 = 1 - \frac{\sum_{i=1}^{N_t}(\sigma_i^{\mathrm{e}} - \sigma_i^{\mathrm{m}})^2}{\sum_{i=1}^{N_t}(\sigma_i^{\mathrm{e}} - \bar{\sigma}_i^{\mathrm{e}})^2} \tag{3.18}$$

$$\bar{\sigma}^{\mathrm{e}} = \frac{1}{N_t}\sum_{i=1}^{N_t}\sigma_{ij}^{\mathrm{e}} \tag{3.19}$$

值得注意的是，即使较高 R^2 也不一定意味着更好的预测性和可靠性，因为拟合模型倾向于偏向较低或较高的评估值。

为进一步反映唯象本构模型预测的准确性和可靠性，通过准则 2 和准则 3 进行筛选给出无偏差统计测量，降低相同材料本构开发的不确定性和非统一性。

准则 2：相对误差绝对值的平均值 AARE。

$$\mathrm{AARE} = \frac{1}{N_{\mathrm{total}}}\sum_{i=1}^{N_{\mathrm{total}}}\left|\frac{\sigma_i^{\mathrm{exp}} - \sigma_i^{\mathrm{model}}}{\sigma_i^{\mathrm{exp}}}\right| \tag{3.20}$$

准则 3：渐近拟合标准误差 AFSE 用于给出模型可预测性和可靠性的无偏差统计测量。

$$\mathrm{AFSE} = \left[\frac{1}{N_{\mathrm{total}} - k}\sum_{i=1}^{N_{\mathrm{total}}}(\sigma_i^{\mathrm{exp}} - \sigma_i^{\mathrm{model}})^2\right]^{1/2} \tag{3.21}$$

为进一步反映试验数据波动性对拟合材料参数的影响，通过准则 4 进行筛选。

准则 4：拟合标准参数误差 **FSPE** 通过计算参数向量 $\boldsymbol{P}$ 的方差 - 协方差矩阵 $\mathrm{var}(P)$ 的主对角元素的和的平方根获得。

$$\mathbf{FSPE} = \sqrt{diag(\mathrm{var}(\boldsymbol{P}))} = \sqrt{diag([\boldsymbol{J}^{\mathrm{T}}\boldsymbol{W}\boldsymbol{J}]^{-1})} \tag{3.22}$$

步骤四、六、十一、十二所述的多目标优化方法如下。

（1）给出构建用于材料参数确定的多目标函数的准则。

准则 1.1：应当在多目标函数构造中考虑每个载荷工况下每个数据点的测量误差。

准则 1.2：当只优化对应一个载荷工况的单曲线时，应当使任一载荷工况下每个数据点都参与到优化中，且每个数据点的优化机会平等。

准则 1.3：当同时对于多载荷工况的多条曲线进行多目标优化时，应确保在材料参数确定过程中，每条曲线的优化压力相同，而不依赖于每个工况下试验数据点的数量。

准则 1.4：当一个目标函数涉及子目标函数时，目标函数应当能将通过分配均等的优化机会给子目标而实现子目标的插入，所述的分配均等的优化机会指不依赖于试验数据点的数量。

准则 1.5：在目标函数或子目标函数中不同的单位量纲或尺度不应当影响总的优化性能。

准则 1.6：构造多目标函数时应当通过拟合结果的渐近估计来满足连续性条件。因此，积分和微分算子应当通过有限差分的方法进行数值近似。

准则 1.7：多目标优化过程应能自动执行，而不应当依赖于用户的使用经验。特别是用于为每条曲线分配均等优化压力的权重因子应当基于某些统计信息自动进行赋值，而不是人工取值。

（2）构建用于确定唯象本构模型的多目标函数基本形式。用于确定唯象本构模型的多目标函数是通过最小化试验值与拟合本构模型预测值的偏差平方和得到，具有以下基本形式：

$$F(\boldsymbol{P}) = \min \sum_{j=1}^{M} \sum_{i=1}^{N_j} [\sigma_{ij}^{\mathrm{e}} - \sigma_{ij}^{\mathrm{m}}(\boldsymbol{X};\boldsymbol{P})]^2 \tag{3.23}$$

约束条件：

$$\boldsymbol{P}_{\min} \leqslant \boldsymbol{P} \leqslant \boldsymbol{P}_{\max} \tag{3.24}$$

$$g[\sigma^{\mathrm{e}}(\boldsymbol{X}), \sigma^{\mathrm{m}}(\boldsymbol{X};\boldsymbol{P})] \leqslant \epsilon \tag{3.25}$$

式中，$\boldsymbol{P}$ 是待拟合参数的向量；N_j 是第 j 个加载条件下的试验点数；M 是加载条件的数量。上标 e 和 m 分别标记基于试验和本构的计算值，ϵ为用户指定的收敛容差。

（3）根据步骤一的准则引入权重，修正步骤二中用于确定唯象本构模型的多目标函数基本形式，得到用于确定唯象本构模型的多目标函数最终形式。

逆向确定的唯象本构模型的准确性和可靠性取决于目标函数所涉及的信息，通过引入不同加权因子到步骤二所述的多目标函数中实现逆向确定的唯象本构模型的准确性和可靠性。因此，根据步骤一的准则定义多目标函数有助于本构模型参数的更准确的确定。所述的加权因子包括加权因子 1、加权因子 2 和加权因子 3。

加权因子 1：不同变形温度下动态试验获得的流变应力测量误差可能在不同数量级。应该注意的是，如果不同加载条件下的测量误差在不同的数量级，步骤二所述的多目标优化的本构模型可能是针对某一具有较大测量误差加载工况下的单一目标函数，而不是针对所有的目标函数，将导致合适的材料模型在一种加载条件下表现良好，但在其他加载条件下预测不佳，因此，在多目标函数建模过程中要满足准则 1.1。图 3.4 为在不同成形温度下的试验数据、均值线、无权重多目标拟合曲线。无权重的多目标确定方法拟合的本构模型有较大的数据偏差（21 MPa），而偏离试验数据的均值线。

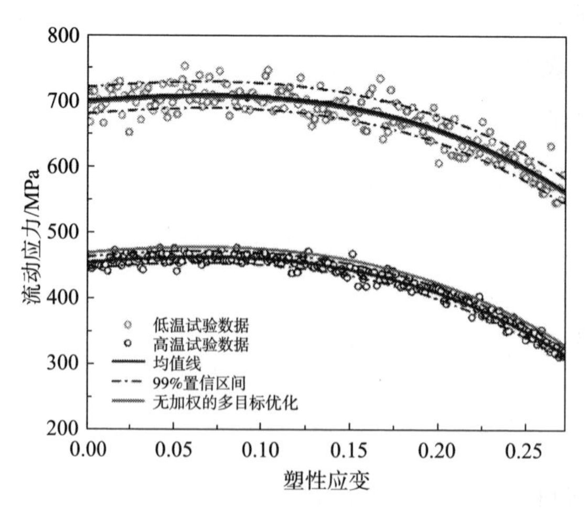

图 3.4　不同成形温度下的试验数据、均值线、无权重多目标拟合曲线

一个加载条件下所有试验点的测量误差应该是恒定的测量误差，或与流变应力的误差 σ_{ij}^{e} 成比例关系。在恒定的测量误差与流变应力的误差 σ_{ij}^{e} 成比例关系条件下，任一加载条件下的试验误差可依据式（3.26）进行统计估算，则第 j 个加载条件下第 i 个数据点拟合得出的试验偏差 σ_{IJ}^{e} 如下：

$$\sigma_{IJ}^{e}=\begin{cases}\sqrt{\dfrac{1}{N_j}\sum_{i=1}^{N_j}[\sigma_{ij}^{e}-\sigma_{ij}^{m}(\boldsymbol{X};\boldsymbol{P})]^2}, & \text{如果测量误差恒定}\\ \sigma_{ij}^{e}, & \text{如果测量误差正比于 }\sigma_{ij}^{e}\end{cases} \tag{3.26}$$

为了确定拟合误差与试验误差的阶数相同，引入与测量误差有关的加权因子 ω_{ij}^{ME}，以制定多目标函数。

$$\omega_{ij}^{ME}=\frac{1}{\sigma_{IJ}^{e2}}=\begin{cases}N_j\Big/\sum_{i=1}^{N_j}[\sigma_{ij}^{e}-\sigma_{ij}^{m}(\boldsymbol{X};\boldsymbol{P})]^2, & \text{如果测量误差恒定}\\ 1/\sigma_{ij}^{e\,2}, & \text{如果测量误差正比于 }\sigma_{ij}^{e}\end{cases} \tag{3.27}$$

根据不同加载条件下测量误差指定的加权因子分配也符合准则 1.5 中不同的缩放尺度不应当影响总的优化性能。同时，基于测量误差分配的加权因子，也减小了对本构模型具有较差拟合度的个别目标函数对多目标优化过程的影响。

在本构模型多目标优化过程中，应该赋予每个加载条件对应于目标函数相等的优化机会。否则，拟合的本构模型对某一种加载状态预测的力学行为较好，但在其他情况下可能表现不佳，尤其是在不同加载条件下，试验数据点数量或本构参数数量在不同的数量级的情况下。因此，需要引入针对每个加载条件下试验数据点数量或本构参数数量的加权因子，则第 j 加载条件下加权因子按照准则 1.3 进行如下定义：

$$\omega_{j}^{NP}=1/(N_j-k_j) \tag{3.28}$$

因此，结合式（3.27）和式（3.28）指定的加权因子，多目标函数重构为：

$$F(\boldsymbol{P})=\sum_{j=1}^{M}\frac{1}{N_j-k_j}\sum_{i=1}^{N_j}\frac{1}{\sigma_{IJ}^{e2}}[\sigma_{ij}^{e}-\sigma_{ij}^{m}(\boldsymbol{X};\boldsymbol{P})]^2 \tag{3.29}$$

式（3.29）多目标函数可重构为相对形式的无量纲函数，见式（3.30）：

$$F(\boldsymbol{P})=\sum_{j=1}^{M}\frac{1}{N_j-k_j}\sum_{i=1}^{N_j}\left[\frac{\sigma_{ij}^{e}-\sigma_{ij}^{m}(\boldsymbol{X};\boldsymbol{P})}{\sigma_{I}^{e}}\right]^2 \tag{3.30}$$

式（3.30）暗示了所构建相对形式的流变应力目标函数可与其他具有不同量纲的材料可观测的力学行为进行同时优化。

准静态和动态变形模式中子目标函数分别根据式（3.30）推导为：

$$[F(\boldsymbol{P})]_{\text{static}} = \sum_{j=1}^{M^{\text{static}}} \frac{1}{N_j - k_j} \sum_{i=1}^{N_j^{\text{static}}} \frac{1}{\sigma_{IJ}^{\text{e}2}} [\sigma_{ij}^{\text{e}} - \sigma_{ij}^{m}(\boldsymbol{X}(\dot{\varepsilon} \leqslant 10^{-3});\boldsymbol{P})]^2 \tag{3.31}$$

$$[F(\boldsymbol{P})]_{\text{dynamic}} = \sum_{j=1}^{M^{\text{dynamic}}} \frac{1}{N_j - k_j} \sum_{i=1}^{N_j^{\text{dynamic}}} \frac{1}{\sigma_{IJ}^{\text{e}2}} [\sigma_{ij}^{\text{e}} - \sigma_{ij}^{m}(\boldsymbol{X}(\dot{\varepsilon} > 10^{-3});\boldsymbol{P})]^2 \tag{3.32}$$

为了使所确定的唯象本构模型能够同时准确地预测准静态和动态材料力学行为，赋予式（3.31）和式（3.32）中准静态和动态子目标函数以相等的权重，并加以加和的形式构造为双目标函数 $TF(\boldsymbol{P})$。

$$TF(\boldsymbol{P}) = \omega_j^{\text{static}}[F(\boldsymbol{P})]_{\text{static}} + \omega_j^{\text{dynamic}}[F(\boldsymbol{P})]_{\text{dynamic}} \tag{3.33}$$

$$\begin{cases} \omega_j^{\text{static}} = \dfrac{1}{2}\dfrac{1}{M_{\text{static}}} \\ \omega_j^{\text{dynamic}} = \dfrac{1}{2}\dfrac{1}{M_{\text{dynamic}}} \end{cases} \tag{3.34}$$

同时，

$$\sum_{j=1}^{M^{\text{static}}} \omega_j^{\text{static}} = \sum_{j=1}^{M^{\text{dynamic}}} \omega_j^{\text{dynamic}} = 1/2 \tag{3.35}$$

（4）利用最小二乘算法对步骤三得到加权的多目标函数最终形式求解确定唯象本构模型，即实现多目标优化。优选 Levenberg - Nielsen 算法实现。

$$\boldsymbol{P}_{i+1} = \boldsymbol{P}_i - [\boldsymbol{J}^{\text{T}}\boldsymbol{W}\boldsymbol{J} + \lambda \boldsymbol{I}]^{-1}\boldsymbol{J}^{\text{T}}\boldsymbol{W}[\boldsymbol{\sigma}^{\text{e}} - \boldsymbol{\sigma}^{\text{m}}(\boldsymbol{X};\boldsymbol{P}_i)] \tag{3.36}$$

式中，$\boldsymbol{P}_{i+1} = \boldsymbol{P}_i + \boldsymbol{h}_i$，其中 $\boldsymbol{P}_i$ 和 $\boldsymbol{h}_i$ 分别是第 i 步迭代本构模型材料参数的拟合向量和步长向量；$\boldsymbol{W}$ 是加权矩阵，其第 j 个加载条件下第 i 个数据点相对于第 k 个材料参数的权重以式（3.27），式（3.28）和式（3.34）中的加权因子的乘法形式来确定。

$$(W_{ij})_k = \begin{cases} \left[\dfrac{1}{2}\dfrac{1}{M_{\text{static}}} \cdot \dfrac{1}{N_j - k_j} \cdot \dfrac{1}{\sigma_{IJ}^{\text{e}2}}\right]_k \\ \left[\dfrac{1}{2}\dfrac{1}{M_{\text{dynamic}}} \cdot \dfrac{1}{N_j - k_j} \cdot \dfrac{1}{\sigma_{IJ}^{\text{e}2}}\right]_k \end{cases} \tag{3.37}$$

式中，$\boldsymbol{J}$ 是雅可比矩阵；J_{ijk} 是第 j 个加载条件下第 i 个数据点 σ_i^{m} 对本构模型材料参数向量 $\boldsymbol{P}$ 中第 k 个材料参数 P_k 的偏导数，如：

$$J_{ijk} = \partial \sigma_{ij}^{\mathrm{m}} / \partial P_k \tag{3.38}$$

传统的本构参数拟合方法中没有考虑信噪比、温升、采样点数量差异等问题，带来拟合误差。本章这种考虑热力耦合多目标优化的参数拟合方法具有快速、高效的特点。

3.2　SiCp/Al 复合材料本构建模

3.2.1　SiCp/Al 复合材料微观组织

本小节以 SiC 体积分数为 30% 的 Al6061/SiCp（简记为 Al6061/SiCp/30p）复合材料为例，采用上述提出的基于相关性集成的唯象本构建模方法，结合基于统计信息加权的多目标优化方法确定其适合的塑性本构模型。Al6061/SiCp/30p 复合材料是采用压力浸渗方法制备的，基体为 Al6061 合金。采用三维激光扫描显微镜观测到其微观组织形貌如图 3.5 所示，SiC 颗粒在 Al6061 合金中没有明显的织构，但是局部存在 SiC 颗粒团聚现象，平均颗粒尺寸在 5 μm 左右。

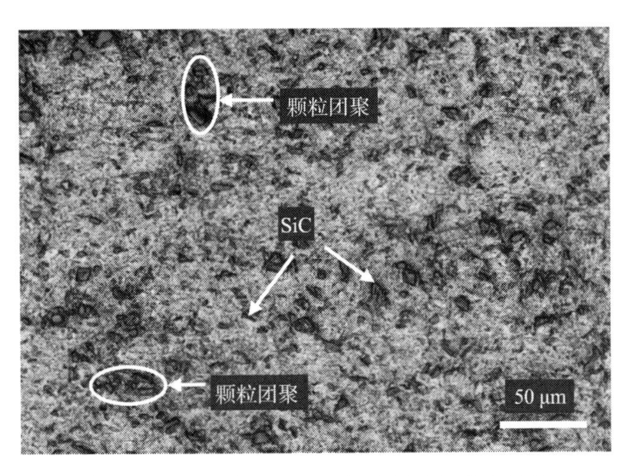

图 3.5　Al6061/SiCp/30p 复合材料的微观组织

3.2.2　动态力学试验

图 3.6 为三种力学试验方法及其应变率、温度试验范围。根据切削时材料的受力状态，选择在 Gleeble 3500 热压缩机上进行准静态压缩试验。Gleeble 热模拟

试验机的工作原理如图 3.7 所示。其加载的应变率范围为 10^{-6}~10^{2} s^{-1}，温度范围为室温~1 000 ℃，采用 S 形热电偶连接在试样半高位置处用于成形温度测量，试样预先加工成尺寸为 ϕ6 mm × 9 mm 的圆柱体。将试样置于真空加热设备中，以 4 K/s 的温升速度加热至设定的成形温度，在该温度下保温 3 min，然后以 0.001 s^{-1}的真实应变率对试样进行压缩测试。分别在成形温度 25 ℃、100 ℃、200 ℃、300 ℃、400℃下进行 Al6061/SiCp/30p 复合材料的准静态压缩试验。

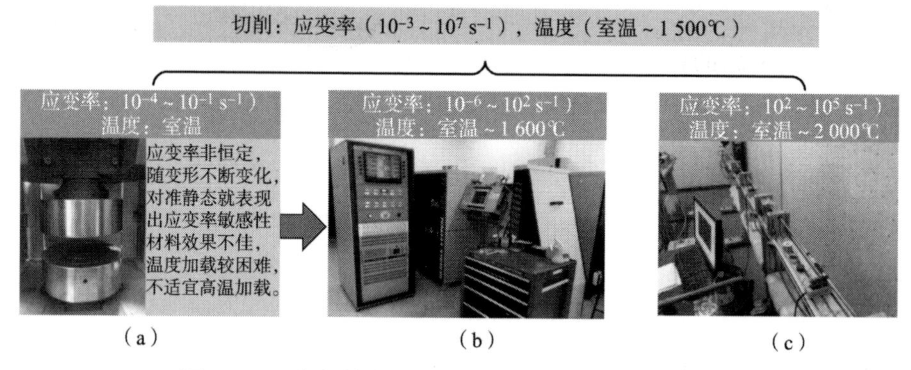

图 3.6　三种力学试验方法及其应变率、温度试验范围

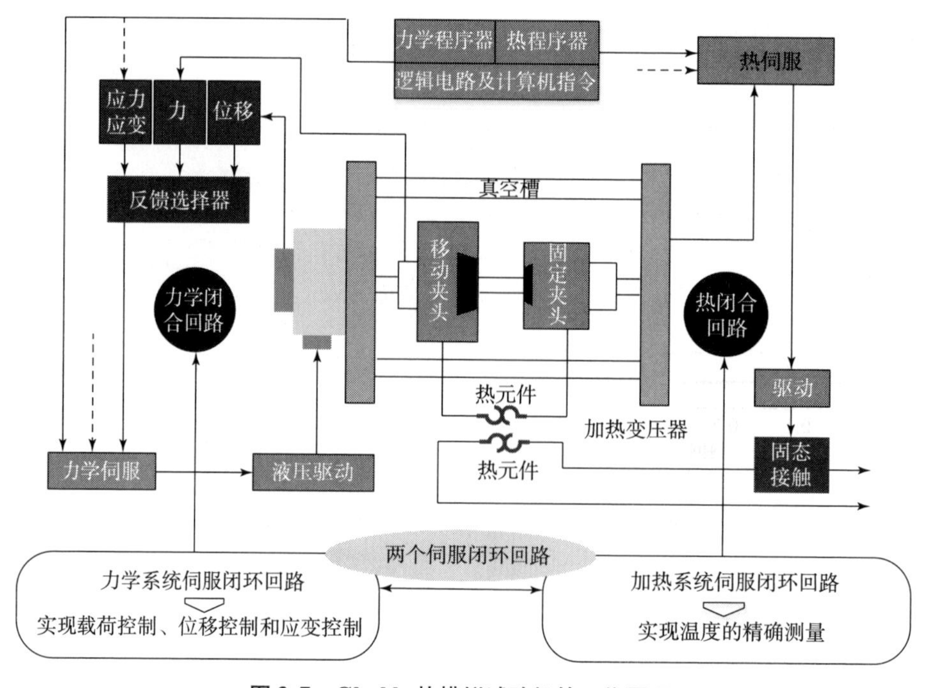

图 3.7　Gleeble 热模拟试验机的工作原理

Al6061/SiCp/30p 复合材料动态力学试验采用 SHPB 试验。SHPB 试验的试样尺寸为 ϕ4 mm × 4 mm。试验参数如下：名义成形温度为 25 ℃、100 ℃、200 ℃，名义应变率为 1 000 s^{-1}，2 000 s^{-1}，5 000 s^{-1}和 7 000 s^{-1}。

3.2.3　动态力学性能分析

图 3.8 分别为在不同温度的准静态和动态加载条件下 Al6061/SiCp/30p 复合材料的真实流变应力 - 塑性应变曲线。在室温和 0.001 s^{-1} 应变率下 Al6061/SiCp/30p 复合材料的条件屈服应力为 264.0 MPa。由不同温度下材料的准静态响应发现，随着成形温度的提高，其应变硬化行为表现出与温度一定的耦合性，特别是在成形温度高于 400 ℃时出现应变软化现象。此外，在准静态加载下，随着成形温度由室温升高至 400 ℃，材料力学响应表现为明显的热软化行为。同样，在动态加载条件下也观察到类似的热软化效应。由图 3.8（b）所示的相同温度、不同应变率下流变应力 - 塑性应变曲线观察发现，流变应力曲线表现出一定的应变率敏感性，特别是在低成形温度下其敏感性较为显著。动态加载条件下的流变应力曲线的波动性要明显大于准静态加载下的流变应力曲线。这归因于 SHPB 试验本质上具有非恒定的应变率加载方式。

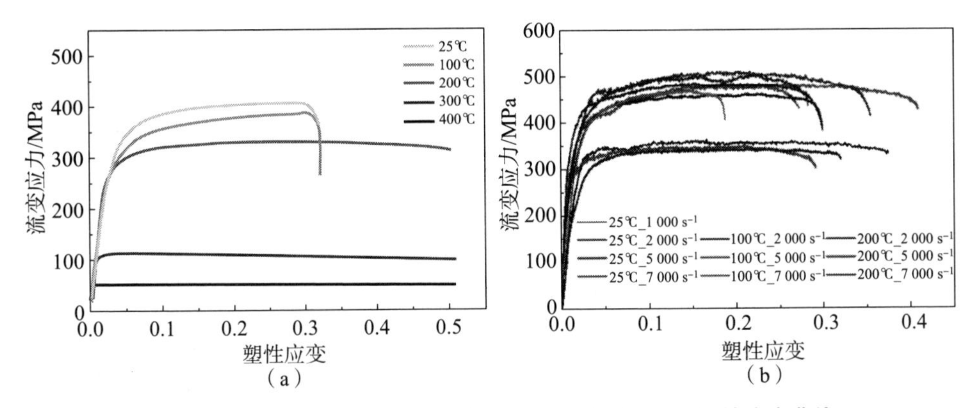

图 3.8　Al6061/SiCp/30p 复合材料的真实流变应力 - 塑性应变曲线

（a）准静态加载；（b）动态加载

3.2.4 SiCp/Al 复合材料的切削本构建模

基于相关性集成的唯象本构建模方法确定 Al6061/SiCp/30p 复合材料本构模型的具体形式和其模型材料参数。首先从表 3.1 中选择应变硬化函数，对准静态参考应变率 0.001 s^{-1} 和参考温度 25 ℃条件下 Al6061/SiCp/30p 复合材料的流变应力 - 塑性应变数据进行单目标拟合，确定能较好地描述 Al6061/SiCp/30p 复合材料应变硬化行为的应变硬化函数，如表 3.6 所示。从拟合质量上看，Shin、多项式、Jeong、Voce 应变硬化函数都能很好地反映 Al6061/SiCp/30p 复合材料在准静态条件下的应变硬化行为。

表 3.6 Al6061/SiCp/30p 复合材料应变硬化函数的拟合质量

模型	应变硬化函数	总的拟合质量			
		R^2	AARE	AFSE	$\sigma(\varepsilon_p=0)$
Ludwik	$231.7+229.4\varepsilon_p^{0.1952}$	95.14%	2.072%	5.661	231.7
G - Ludwik	$0.0000457+448.3(\varepsilon_p+0.0007156)^{0.07298}$	97.51%	1.350%	4.055	264.2
Shin	$290.9+105.7[1-\exp(-22.8\varepsilon_p)]$	99.30%	0.631%	2.146	290.9
多项式	$-1.7E5\varepsilon_p^4+1.04E4\varepsilon_p^3-2.33E4\varepsilon_p^2+2397\varepsilon_p+290$	99.51%	0.487%	1.797	290.0
Jeong	$400.8-125.9\exp(-10.78\varepsilon_p^{0.7306})$	99.92%	0.177%	0.707	274.9
Voce	$396.5-105.6\exp(-22.8\varepsilon_p)$	99.30%	0.631%	2.146	290.9

图 3.9 为参考应变率 0.001 s^{-1} 和参考温度 25 ℃下流变应力的模型预测结果与试验数据对比。其中，多项式模型只能根据试验数据对有限的塑性应变下的流变应力有很好的预测性，而不能拓展到超出试验数据的塑性应变的流变应力预测。Jeong 应变硬化函数具有较多的拟合参数，增加了模型的复杂性。Ludwik 本构模型的 $\sigma(\varepsilon_p=0)$ 超过 Al6061/SiCp/30p 复合材料条件屈服应力的 10%。Voce 和 Shin 本构模型本质上没有差异，鉴于拟合参数 A 的优选级，选取 Shin 模型作为 Al6061/SiCp/30p 复合材料的应变硬化函数形式。

对于热软化函数形式的确定，采用与应变硬化函数类似的确定过程，从表 3.5 选取热软化函数对准静态加载条件下不同塑性应变下流变应力 - 温度曲线进

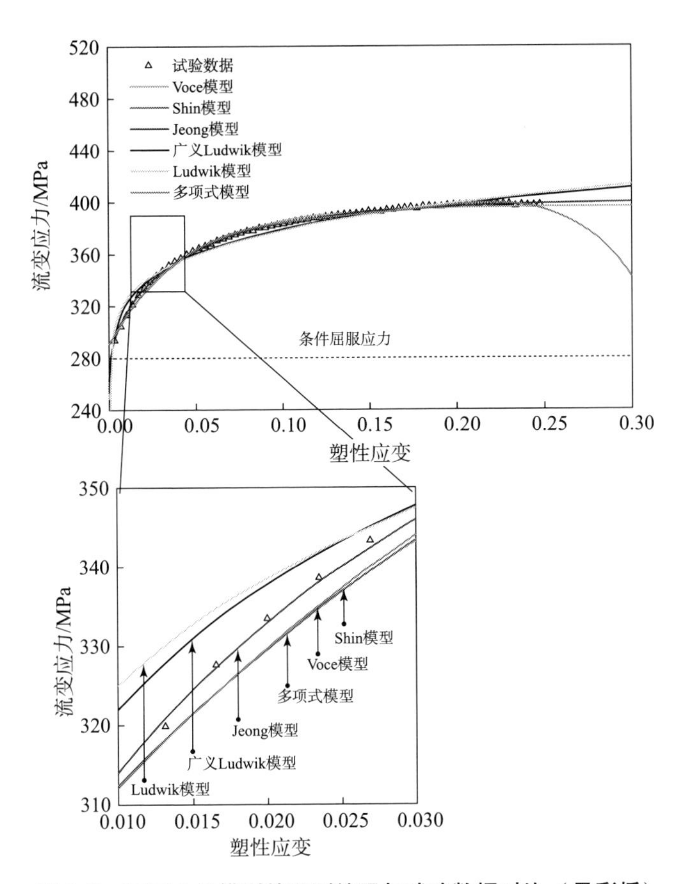

图 3.9　不同本构模型的预测结果与试验数据对比（见彩插）

行多目标拟合，确定了具有最佳拟合效果的热软化函数形式，其拟合平均相对偏差为 6.6%，渐近拟合标准差为 20.12 MPa，拟合优度 R^2 为 98.5%，多目标拟合确定的热软化函数为带权重的扩散型热软化函数形式。

$$T_h = W_d \exp[-G(T^*)^{n_3}] + (1 - W_d) \tag{3.39}$$

$$T^* = \begin{cases} 0; & T < T_{ref} \\ (T - T_{ref})/(T_{melt} - T_{ref}); & T_{ref} \leqslant T \leqslant T_{melt} \\ 1; & T_{melt} < T \end{cases} \tag{3.40}$$

上述两步即确定了准静态加载条件下 Al6061/SiCp/30p 复合材料的本构模型基本形式 $\hat{\sigma}(\varepsilon_p, \dot{\varepsilon} = \dot{\varepsilon}_0, T)$。

$$\hat{\sigma}(\varepsilon_p, \dot{\varepsilon} = \dot{\varepsilon}_0, T) = [A + B_1[1 - \exp(-B_2\varepsilon_p)]] \\ [W_d \exp[-G(T^*)^{n_3}] + (1 - W_d)] \tag{3.41}$$

式中，A 为初始屈服应力；B_1 为应变硬化系数；B_2 为应变硬化指数；W_d 为权重系数；n_3 为热软化系数；T_{melt} 和 T_{ref} 分别为熔点和参考温度。

模型预测与试验数据的对比结果如图 3.10（a）所示，由此确定的本构模型过高估计了流变应力，这暗示了应变硬化行为的温度依赖性，这从上述力学行为分析中也已获知。因此，需要将热软化效应引入 Al6061/SiCp/30p 复合材料应变硬化行为表征中。选择耦合温度的应变硬化函数，通过加权的多目标拟合确定能同时较好地拟合所有准静态条件下的流变应力曲线，其本构模型函数形式为：

$$\hat{\sigma}(\varepsilon_p, \dot{\varepsilon} = \dot{\varepsilon}_0, T) = [A + B_1[1 - \exp(-B_2\varepsilon_p)][1 - (T^*)^{n_1}]]T_h \quad (3.42)$$

其拟合质量为：平均相对偏差为 4.3%，渐近拟合标准差为 7.78 MPa，拟合优度 R^2 为 99.7%。在准静态条件下，模型预测曲线与试验数据的对比结果如图 3.11（b）所示，这充分表明了这种基于相关性集成的本构建模方法的灵活性和准确性。

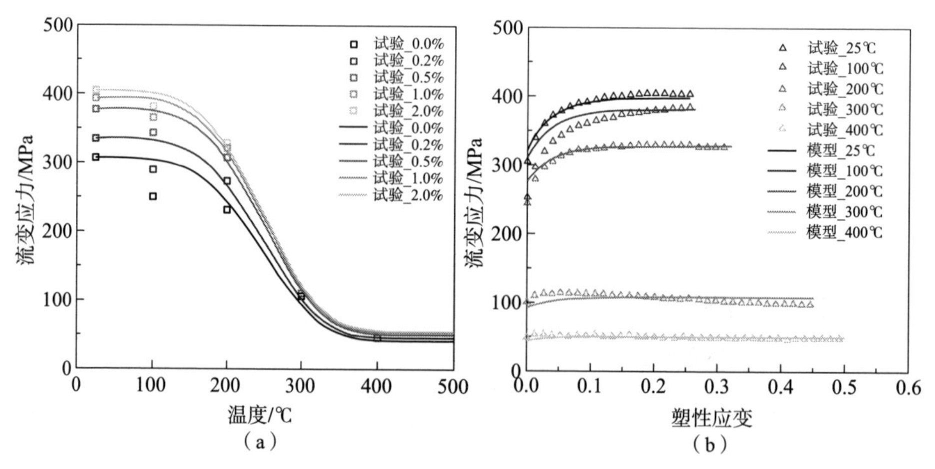

图 3.10　准静态加载模式下的试验数据与模型预测对比（见彩插）

（a）应变硬化和热软化项确定；（b）准静态本构模型确定

100 ℃时模型预测与试验数据存在小的偏差，在该温度下试验得到的流变应力曲线表现出比其他温度下较强的应变硬化特征，这种差异可能与扩散行为相关。为了降低在应变率敏感性函数确定过程中温度的干扰，取常温小塑性应变 0.0%、0.2%、0.5%、1.0% 下应变率 - 流变应力数据进行多目标拟合。图 3.11（a）为动态加载条件下试验数据和多目标拟合结果，并确定了 Cowper - Symonds

应变率模型为应变率硬化函数形式，如式（3.43）所示。其拟合质量为：平均相对偏差为 2.52%，渐近拟合标准差为 7.74 MPa，拟合优度 R^2 为 94%。

$$\hat{\sigma}(\varepsilon_p,\dot{\varepsilon},T=T_{ref})=\hat{\sigma}(\varepsilon_p,\dot{\varepsilon}=\dot{\varepsilon}_0,T)[1+(\dot{\varepsilon}/D)^{1/m}] \tag{3.43}$$

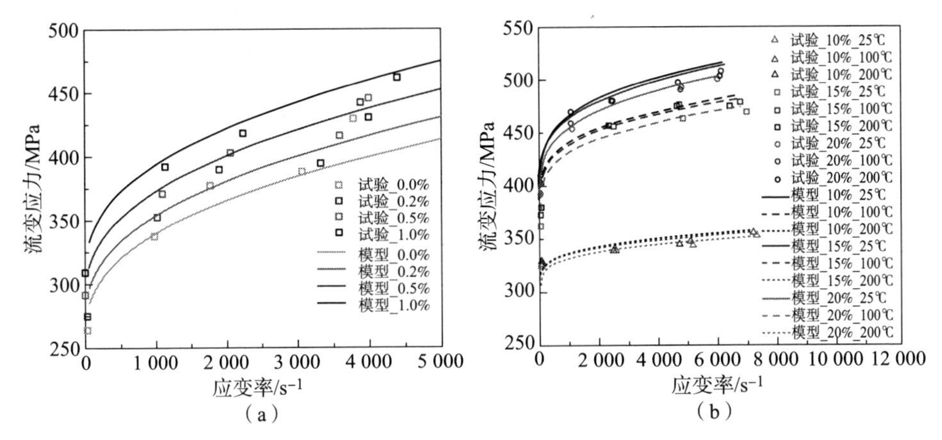

图 3.11　动态加载条件下试验数据和多目标拟合结果（见彩插）

（a）应变率硬化项确定；（b）应变率与温度耦合项确定

从图 3.11（a）过高估计的流变应力和不太高的拟合优度 R^2 值可看出，需要引入与温度的热软化效应来修正应变率敏感性函数以获得一个较高的拟合质量。因此，接下来的任务是要确定一个与温度耦合的应变率函数形式，使其能够捕捉应变率敏感性的一般趋势。

在成形温度分别为 25 ℃、100 ℃、200 ℃条件下，取大塑性应变分别为 10%、15%、20%下的应变率 - 流变应力数据进行多目标拟合，确定应变率硬化与温度具体耦合形式，如式（3.44）所示。其对试验数据的拟合质量为：平均相对偏差为 1.38%，渐近拟合标准差为 4.74MPa，拟合优度 R^2 为 98.94%。

$$\hat{\sigma}(\varepsilon_p,\dot{\varepsilon},T)=\hat{\sigma}(\varepsilon_p,\dot{\varepsilon}=\dot{\varepsilon}_0,T)[1+(1-T^*)^{n_2}(\dot{\varepsilon}/D)^{1/m}] \tag{3.44}$$

至此，建立了一个用于预测 Al6061/SiCp/30p 复合材料力学行为的尝试性本构模型的基本形式。由于上述本构模型具体形式的确定过程是基于局部试验数据，而非针对所有试验数据，因此，需要对所有试验数据拟合本构模型基本形式确定模型参数。

根据相关统计信息加权的多目标优化方法，利用准静态和动态所有加载条件下的试验数据拟合步骤十确定唯象本构模型的基本形式，见式（3.45），得到相应的本构模型材料参数，如表 3.7 所示，从而确定唯象本构模型的具体形式。至此，一个具有高拟合精度的且准确预测准静态和动态力学行为的关于 Al6061/SiCp/30p 复合材料的本构模型已经建立。其拟合质量为：拟合优度 R^2 为 99.62%，平均相对偏差为 2.34%，渐近拟合标准差为 8.913 8 MPa。在准静态、常温动态、变温动态工况下 Al6061/SiCp/30p 复合材料的力学试验数据与模型预测的对比结果分别如图 3.12，图 3.13（a）和图 3.13（b）所示。

$$\sigma = [A + B_1[1 - \exp(-B_2\varepsilon_p)][1-(T^*)^{n_1}]][1+(1-T^*)^{n_2}(\dot{\varepsilon}/D)^{1/m}]T_h \tag{3.45}$$

表 3.7 Al6061/SiCp/30p 复合材料复合材料多目标拟合结果

参数	A	B_1	B_2	n_1	W	n_3	n_2	D	m	G
值	314.2	74.45	24.84	1.387	0.141 6	4.652	2.385	1 034 000	4.389	72.82
FSPE	1.306	1.245	0.787	0.105	0.003	0.044	0.081	191 850	0.164	3.224

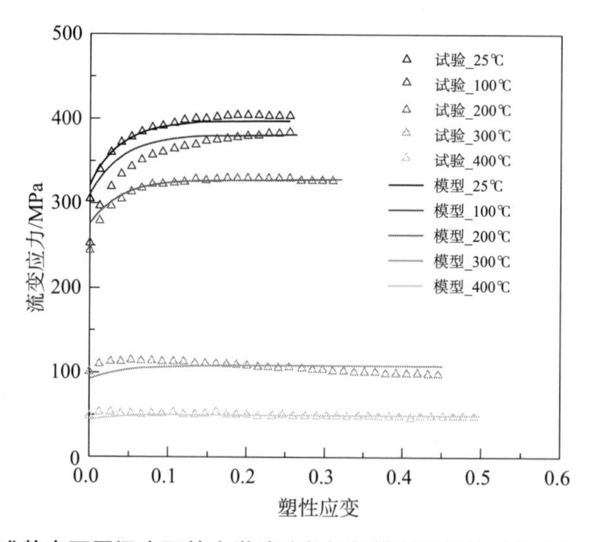

图3.12 准静态不同温度下的力学试验数据与模型预测的对比结果（见彩插）

基于相关性集成的本构建模方法的灵活性还在于引入其他可观测或测量的物理/力学性质。Li 等在其 A356/SiCp 复合材料的黏塑性变形和压缩损伤研究中，发现压缩损伤与宏观变形行为相关联，一旦 SiC 颗粒发现失效，颗粒将不在对基体的塑性流动起到约束作用，但仍然起着填充介质的作用，承受一些必要的载荷传递，但无法起到增强作用。SiCp/Al 复合材料从等效塑性应变一开始，就会在

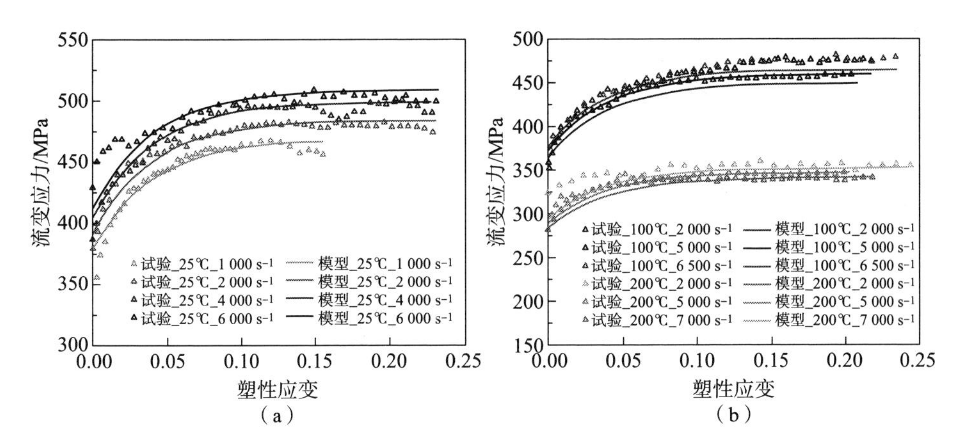

图 3.13　动态加载条件下力学试验数据与模型预测的对比结果（见彩插）

（a）常温；（b）高温

缺陷或与基体结合较弱的界面处形成孔洞，进而引起其周围基体产生次级孔洞，随着次级孔洞的不断聚积，应变硬化程度逐渐减弱。如图 3.14 所示颗粒脱黏、颗粒断裂两种失效形式的颗粒不起到任何强化作用，只起到传递载荷的作用。因此，有效颗粒体积随着颗粒损伤逐渐减小，可通过式（3.46）确定其变形过程中有效增强颗粒的体积分数。

$$\bar{f}(\varepsilon) = (1 - P_f)f_0 \tag{3.46}$$

式中，f_0 为未损伤前复合材料的初始增强颗粒的体积分数；$\bar{f}(\varepsilon)$ 为有效增强相体

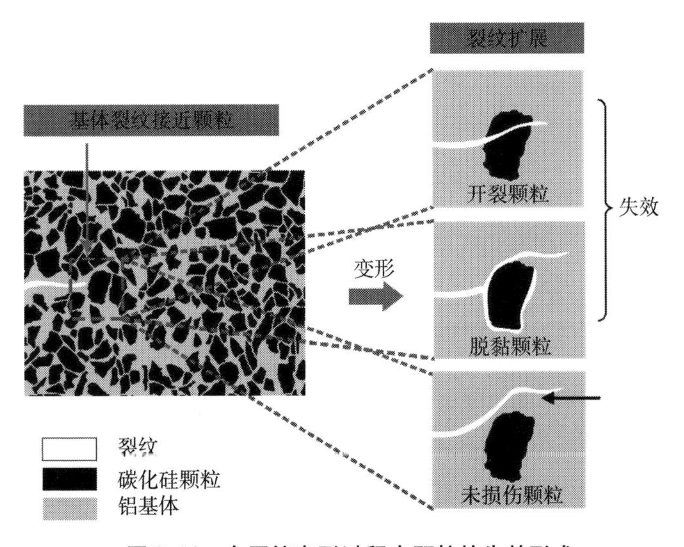

图 3.14　在压缩变形过程中颗粒的失效形式

积分数；P_f为损伤体积分数（P_f = 失效增强颗粒体积/初始增强颗粒的体积）。

根据 Weibull 最弱链模型确定 SiC 颗粒的失效概率：

$$P_f = 1 - \exp\left[-\frac{d^3}{d_N^3}\left(\frac{\sigma_p}{\sigma_0}\right)^q \right] \tag{3.47}$$

由于 σ_0 为材料常数，流变应力本身可表示为塑性应变的幂函数形式，因此可将式（3.47）化简为：

$$P_f(\varepsilon) = 1 - \exp\left(-\frac{d^3}{d_N^3}\varepsilon^q \right) \tag{3.48}$$

式中，d 为颗粒直径；d_N为材料参数。

利用式（3.48）构造的随应变变化的 SiC 颗粒的失效概率模型拟合试验数据，发现其能较好地预测随应变变化的 SiC 颗粒损伤体积分数，如图 3.15 所示。因此，可以用有效增强颗粒的体积分数表征 SiCp/Al 复合材料损伤演化的宏观效应，有效增强颗粒的体积分数为：

$$\bar{f}(\varepsilon) = f_0 \exp\left[-\frac{d^3}{d_N^3}\varepsilon^q \right] \tag{3.49}$$

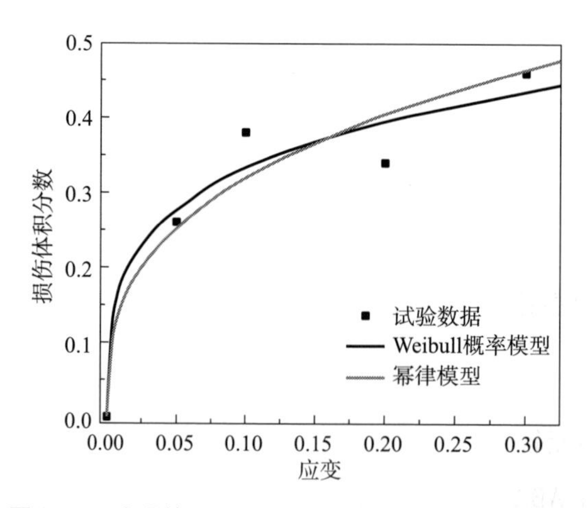

图 3.15　改进的 Weibull 最弱链模型预测与颗粒损伤体积分数试验数据对比

为了在 SiCp/Al 复合材料本构模型中引入其压缩损伤效应，结合式（3.45），基于模型预测对试验数据的拟合质量，可确定最终的包含压缩损伤效应的本构模型：

$$\sigma = [A + B_1[1 - \exp(-B_2\varepsilon_p)][1 - (T^*)^{n_1}]]g(\bar{f})[1 + C\bar{f}(\varepsilon_p)\ln(\dot{\varepsilon}^*)]T_h \tag{3.50}$$

$$g(\bar{f}) = 1 + a\bar{f} + b\bar{f}^2 + c\bar{f}^3 \tag{3.51}$$

式中，正则化的应变率 $\dot{\varepsilon}^* = \dot{\varepsilon}/\dot{\varepsilon}_0$，$\dot{\varepsilon}$ 为应变率，$\dot{\varepsilon}_0$ 为参考应变率；a、b、c 为多项式近似的待拟合参数；C 为应变率硬化系数；$g(\bar{f})$ 为损伤演化项。

根据加权的多目标优化方法，利用准静态和动态所有加载条件下的试验数据拟合式（3.50）确定唯象本构模型的基本形式，得到含有压缩损伤演化 Al6061/SiCp/30p 复合材料的本构模型材料参数，如表 3.8 所示，从而确定 Al6061/SiCp/30p 复合材料含损伤演化、与温度耦合应变硬化、与损伤耦合应变率硬化等相关性的唯象本构模型具体形式。所建立的本构模型的拟合质量为 $R^2 = 99.17\%$，AARE = 3.15%，AFSE = 14.244 MPa。

表 3.8　含有压缩损伤演化 Al6061/SiCp/30p 的本构模型材料参数

参数	A	B_1	B_2	n_1	W	n_3	d	q	G	a	b	c	C
值	297	84.6	10	0.68	0.14	3.98	9.45	0.398	42.1	4.78	−35	−9.6	0.18
FSPE	4.2	2.16	1.5	0.08	0.004	0.04	0.18	0.05	1.86	0.73	8.5	2.82	0.01

3.3　SiCp/Al 复合材料高速车削仿真及试验验证

3.3.1　高速车削建模

基于式（3.50）所确定的 Al6061/SiCp/30p 复合材料的本构模型，将其本构形式以一种为有限元软件 ABAQUS 可用的数学形式来描述变形过程中材料的力学行为。本小节通过 ABAQUS 用户材料子程序（VUHARD）开发实现用户材料本构模型的定义。J－C 剪切损伤准则用于描述切屑损伤萌生，Hillerborg 断裂能准则用于模拟切屑的损伤演化。采用有减缩积分线性四边形连续平面应变单元 CPE4RT 进行 Al6061/SiCp/30p 复合材料车削热力耦合分析，对整个模型进行增强的沙漏控制。刀具采用与实际刀具一致的几何参数：刀具前角 γ_0 为 6°，后角 α_0 为 6°，刃口半径为 10 μm。为了优化仿真中的刀具－工件接触，采取与文献类似的几何建模方法，建立了一个 Al6061/SiCp/30p 复合材料的二维正交自由车削模型，其具体几何、边界条件和网格划分详见图 3.16（a）。为进一步评估基于半唯象等效均质模型的可靠性和有效性，根据 SiC 体积分数和粒径的统计分析结果，建立 Al6061/SiCp/30p 复合材料细观力学模型，如图 3.16（b）所示。工件、刀具材料参数与接触属性如表 3.9 所示。

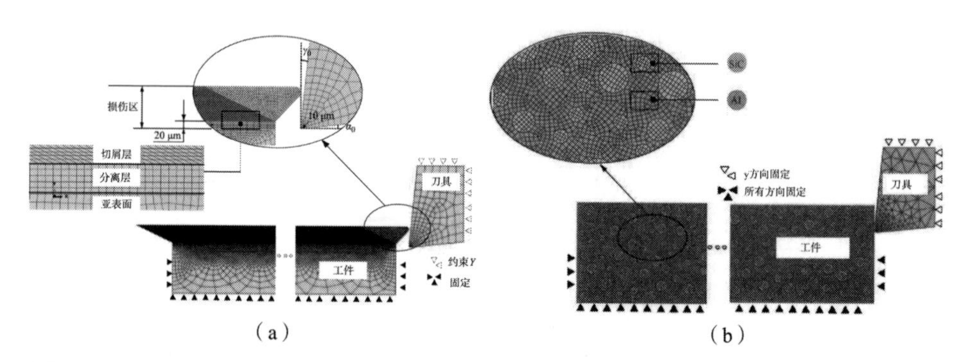

图 3.16　Al6061/SiCp/30p 复合材料的二维正交自由车削模型几何、边界条件和网格划分

（a）等效均质模型；（b）细观力学模型

表 3.9　工件、刀具材料参数与接触属性

参数性质	工件	车刀（PCD）
材料		
密度，$\rho/(\mathrm{kg\cdot m^{-3}})$	2 790	3 520
弹性模量，E/GPa	93.2	
泊松比，ν	0.265	
比热容，$C_p/(\mathrm{J\cdot kg^{-1}\cdot ℃^{-1}})$	849	
导热系数，$\lambda/(\mathrm{W\cdot m^{-1}\cdot ℃^{-1}})$	201	
热膨胀系数，$\alpha_d/℃^{-1}$	2.2×10^{-5}	9×10^{-6}
熔点/℃	640	
室温/℃	25	25
非弹性热体积分数	0.9	
接触		
界面热传导系数，$k_{\mathrm{interface}}/(\mathrm{W\cdot m^{-2}\cdot ℃^{-1}})$	7×10^4	
热分配系数	0.5	
摩擦系数	0.5	

二维正交自由车削模型的计算采用显示求解程序。采用显式积分算法和主对角线质量矩阵实现其显式求解程序。具体为：采用显式中心差分积分算法对运动公式进行积分。

$$\begin{cases} u^{(i+1)} = u^{(i)} + \Delta t^{(i+1)} \dot{u}^{(i+1)} \\ \dot{u}^{(i+1/2)} = \dot{u}^{(i-1/2)} + \dfrac{1}{2}[\Delta t^{(i+1)} + \Delta t^{(i)}] \ddot{u}^{(i)} \end{cases} \tag{3.52}$$

式中，u、$\dot{u}$、$\ddot{u}^{(i)}$ 分别为位移、速度、加速度；i、$i+1/2$、$i-1/2$ 是增量步编号。

$$\ddot{\boldsymbol{u}}^{(i)} = \boldsymbol{M}^{-1} \cdot (\boldsymbol{F}^{i} - \boldsymbol{I}^{i}) \tag{3.53}$$

式中，$\boldsymbol{M}$ 为集中质量矩阵；$\boldsymbol{F}$ 为施加作用力矢量；$\boldsymbol{I}$ 为内力矢量。

由于显示积分算法是条件稳定的，所以积分时间增量 Δt 必须满足下列关系：

$$\Delta t \leqslant \frac{2}{\omega_{\max}} \tag{3.54}$$

式中，$\omega_{\max}$为单元最大特征值。稳定时间增量 Δt 通常根据所有单元的最小 $\omega_{\max}$进行估计，其稳定性极限表示如下：

$$\Delta t = \min\left(\frac{L_e}{c_d}\right) \tag{3.55}$$

式中，L_e为网格的特征单元尺寸；c_d为材料当前等效膨胀波速度。

Zorev 模型认为刀具和切屑间有两个不同接触力学区域，近刀尖位置为黏着区，其剪切应力 τ_f等于材料的屈服剪切应力 τ_{crit}；而在远离刀尖的滑动区，摩擦应力低于屈服剪切应力：

$$\tau_f = \begin{cases} \mu p, \mu p \leqslant \tau_{crit} \\ \tau_{crit} = m\sigma/\sqrt{3}, \mu p > \tau_{crit} \end{cases} \tag{3.56}$$

通过 von Mises 准则计算屈服剪切应力的上边界：

$$\frac{1}{6}[(\sigma_1 - \sigma_2)^2 + (\sigma_2 - \sigma_3)^2 + (\sigma_3 - \sigma_1)^2] \leqslant \tau_Y^2 = \sigma_Y^2/3 \tag{3.57}$$

式中，σ_1 、σ_2 、σ_3 是材料主应力；σ_Y、τ_Y 分别为材料在拉伸、剪切模式下的屈服应力。但是，当摩擦系数相对较小时，最大剪切应力位于接触表面之下。如果以这个最大剪切应力定义极限剪切应力，那么在表面材料达到这个极限值之前，位于接触表面以下的材料就已经发生屈服，因此，这个极限剪切应力的准确定义是十分重要的。

图 3.17（a）为切屑与刀具的接触动力学示意图。工件固定，刀具以切削速度 V_c从右向左进行切削运动。为分析接触力学条件，选取刀具－切屑接触界面的一微元进行研究，其相对滑动速度为 V_{chip}，单位长度的法向力为 P_c。为便于理解和建模，对刀具－切屑接触模型进行合理简化，如图 3.17（b）所示，接触模型包含一个平面滑块（切屑），该平面滑块沿着一个曲面轮廓以恒定的切屑流动速度 V_{chip}从左到右运动。对于无摩擦弹性接触，当接触尺寸与接触体尺寸相比较小时（赫兹假设），该接触问题可通过赫兹理论进行求解。根据赫兹接触理论，平面应变问题相当于两个圆柱体之间的接触，如图 3.17（c）所示，其中 a 为两圆柱体接触宽度的一半，p_0 为接触中心的最大压力。值得注意的是，接触压力沿着 X 轴在［$-a$，a］之间呈半椭圆形分布。在一个简单拉伸或剪切试验中，材料开始屈服时的载荷与较软材料（工件）的屈服极限相关。

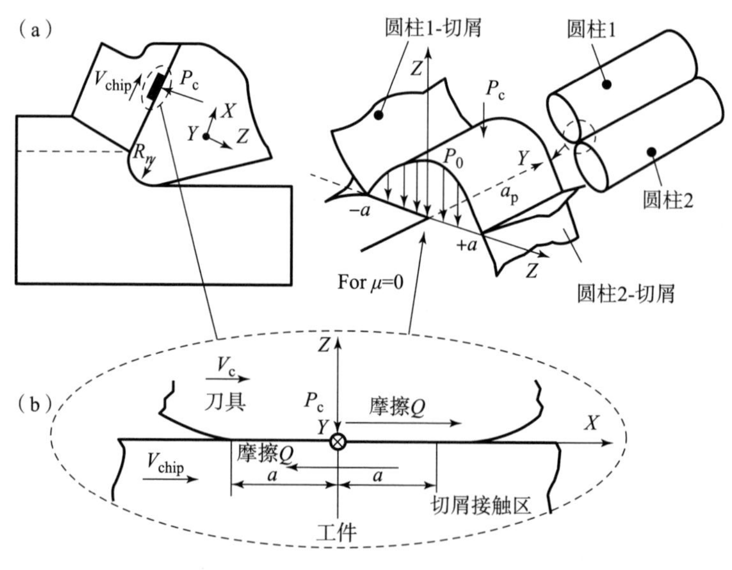

图 3.17　简化的刀具－切屑的接触动力学示意图

根据接触力学理论，在法向载荷 P_c作用下，摩擦系数很小或无摩擦作用时，切屑中应力分布可通过下列公式表示：

$$
\begin{cases}
(\sigma_x)_p = -\dfrac{p_0}{a}\left[m_1\left(1+\dfrac{z^2+n_1^2}{m_1^2+n_1^2}\right)-2z\right] \\
(\sigma_z)_p = -\dfrac{p_0}{a}m_1\left(1-\dfrac{z^2+n_1^2}{m_1^2+n_1^2}\right) \\
(\sigma_y)_p = \nu((\sigma_x)_p+(\sigma_z)_p) \\
(\tau_{xz})_p = -\dfrac{p_0}{a}n_1\left(\dfrac{m_1^2-z^2}{m_1^2+n_1^2}\right) \\
(m_1^2)_p = \dfrac{1}{2}\{[(a^2-x^2+z^2)^2+4x^2z^2]^{1/2}+(a^2-x^2+z^2)\} \\
(n_1^2)_p = \dfrac{1}{2}\{[(a^2-x^2+z^2)^2+4x^2z^2]^{1/2}-(a^2-x^2+z^2)\}
\end{cases}
\tag{3.58}
$$

在平面应变状态下，切屑接触区的主应力可表示为：

$$
\begin{cases}
\sigma_{1,2} = \dfrac{(\sigma_x)_p+(\sigma_z)_p}{2} \pm \sqrt{\left(\dfrac{(\sigma_x)_p+(\sigma_z)_p}{2}\right)^2+(\tau_{xz})_p} \\
\sigma_3 = (\sigma_y)_p = \nu((\sigma_x)_p+(\sigma_z)_p)
\end{cases}
\tag{3.59}
$$

在摩擦条件下，切向力 Q_c 作用的切屑中的应力场分布描述为：

$$
\begin{cases}
(\sigma_x)_q = \dfrac{q_0}{a}\left[n_1\left(2-\dfrac{z^2-m_1^2}{m_1^2+n_1^2}\right)-2x\right] \\
(\sigma_z)_q = \dfrac{q_0}{p_0}(\tau_{xz})_p \\
(\sigma_y)_q = \nu((\sigma_x)_q+(\sigma_z)_q) \\
(\tau_{xz})_q = \dfrac{q_0}{p_0}(\sigma_x)_p
\end{cases}
\tag{3.60}
$$

式中，q_0 为切向摩擦力，$q_0=\mu p_0$；下标 p 和 q 分别表示由正压力和切向摩擦力引起的应力分量。根据赫兹理论假设，切向摩擦力对正应力不产生影响，则在有摩擦存在情况下，在 XZ 平面内的应力场分布可表示为：

$$
\begin{cases}
\bar{\sigma}_x = (\sigma_x)_q+(\sigma_x)_p \\
\bar{\upsilon}_y - (\upsilon_y)_q+(\upsilon_y)_p \\
\bar{\tau}_{xz} = (\tau_{xz})_q+(\tau_{xz})_p
\end{cases}
\tag{3.61}
$$

图 3.18 为当摩擦系数分别为 0、0.15、0.30、0.45、0.56、0.70 时切屑接触

区剪切应力分布。在无摩擦条件下，最大剪切应力位于接触表面以下，其位置大约在接触表面下方 0.387 7p_0；当摩擦系数为 0.20，其最大剪切应力增大、位置上移，随着摩擦系数进一步增大直至 0.56 时，其最大剪切应力位置逐渐向刀具 - 切屑接触表面移动，其表面最大接触应力为 0.577p_0，此时接触表面剪切应力最大，且等于$1/\sqrt{3}$的材料屈服应力。当摩擦系数为 0.74 时，最大剪切应力位置不再发生变化。综上所述，当切屑 - 刀具间摩擦系数小于 0.56 时，有必要定义刀具 - 切屑接触表面剪切应力为其极限剪切应力。

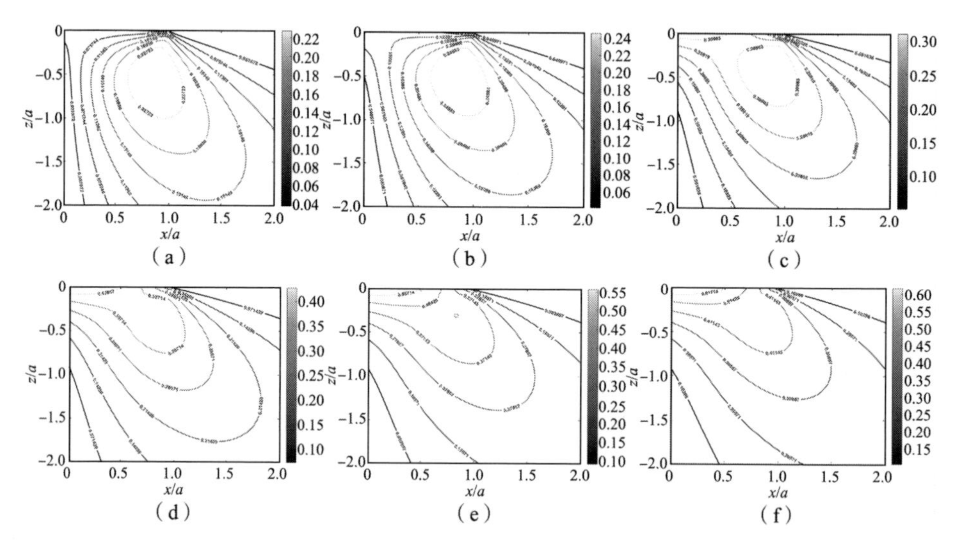

图 3.18 摩擦系数分别为 0、0.15、0.30、0.45、0.56、0.70 时切屑接触区剪切应力分布云图

(a) $\mu=0$；(b) $\mu=0.15$；(c) $\mu=0.3$；(d) $\mu=0.45$；(e) $\mu=0.56$；(f) $\mu=0.7$

3.3.2 正交车削试验设置

为了保证对 SiCp/Al 复合材料的直角自由车削，预先把工件切出两个直径不同、宽度为 3 mm 的圆环。依据试验装置和条件，车刀采用郑钻提供的聚晶金刚石（PCD）刀具。车削试验时采用 PCD 车刀侧刃对圆环部分进行去除，保证直角自由车削的实现。直角自由车削试验机床为 HAWK TC - 150 数控车削加工中心，配置有 Kistler 9257B 测力仪，试验设置如图 3.19 所示。车削试验参数：进给量$f=0.1$ mm/r，车削深度 $a_p=1$ mm，车削宽度 $a_w=3$ mm，切削速度 V_c分别取 50 m/min、100 m/min、200 m/min，干车削。

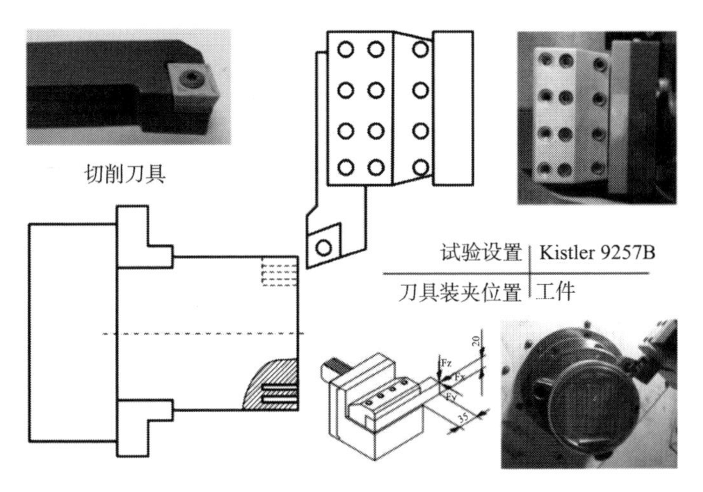

图 3.19　SiCp/Al 复合材料直角自由车削试验设置

3.3.3　模拟结果分析与试验验证

切屑的形成机理问题是切削过程最基本的科学问题，是研究材料动态行为的有效手段之一。采用不同切削速度研究切削过程中 SiCp/Al 复合材料切屑形成，并验证所开发的强非连续 SiCp/Al 复合材料的本构模型的可靠性和准确性。

图 3.20 为切削速度为 100 m/min 时车削 Al6061/SiCp 复合材料的切屑形成过程。从图中可见，车削 Al6061/SiCp 复合材料的切屑为锯齿形，而且呈碎屑状非连续切屑，这种切屑是因为切屑自由表面形成的微裂纹向切屑背面扩展形成的，并不是像一些导热性差的材料因热塑性而产生锯齿形切屑形貌，尽管绝热剪切带也存在锯齿形切屑中，但 Al6061/SiCp 复合材料的切屑中的绝热剪切带是由于切屑局部失效造成的，而非绝热剪切带导致其锯齿形切屑形成。由于 Al6061/SiCp 复合材料内部非均匀连续性，而且高体积分数 SiC 颗粒引起该材料硬度显著增加，流动性变差，表现为一定的脆性特征，这样在切削过程中造成刀具作用切屑自由表面与背面流动性差异，导致切屑自由表面局部脆性断裂而萌生裂纹。因此，Al6061/SiCp 复合材料锯齿形切屑形成是表面裂纹周期性萌生引起的。这也能从图 3.21 试验观察的锯齿形切屑微观照片清楚地观察到。图 3.21 为由细观损伤作用机制引起的锯齿形切屑的仿真与试验对比，由基于相关性集成的唯象本构建模方法所开发的 Al6061/SiCp 复合材料本构模型建立的正交自由车削模型能成

功预测切屑形成及切屑形貌。

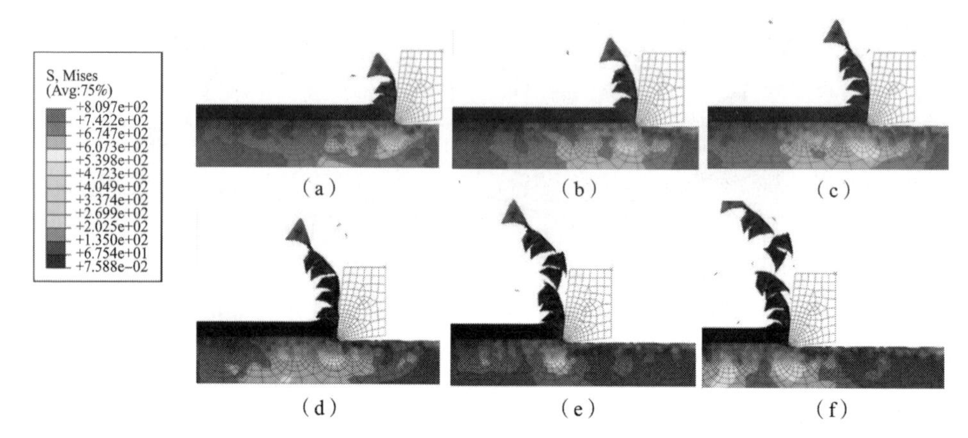

图 3.20 切削速度为 100 m/min 时车削 SiCp/Al 复合材料的切屑形成过程

(a) 0.000 101 s; (b) 0.000 119 s; (c) 0.000 121 s; (d) 0.000 128 s;
(e) 0.000 137 s; (f) 0.000 145 s

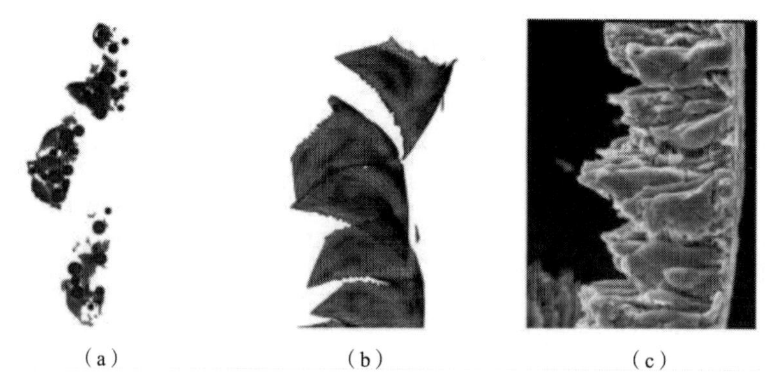

图 3.21 车削 SiCp/Al 复合材料锯齿形切屑仿真与试验对比

(a) 细观力学模型; (b) 等效均质模型; (c) 试验观察

在刀具作用切屑自由表面与背面流动性差异，导致切屑自由表面局部脆性断裂而萌生裂纹。Al6061/SiCp 复合材料锯齿形切屑本质上是由塑性滑移造成的，因此，利用上述已验证的正交车削模型研究切削速度对 Al6061/SiCp 复合材料切屑形成的影响。在刀具高速冲击下，Al6061/SiCp 复合材料达到塑性损伤准则而萌生裂纹，因此无论是仿真还是试验观察都可在切屑的锯齿表面发现滑移线，即裂纹从切屑自由表面向着切削刃方向扩展并引起切屑周期性整体脆断。不同切削速度下车削 Al6061/SiCp/30p 复合材料的锯齿形切屑形貌如图 3.22 所示。

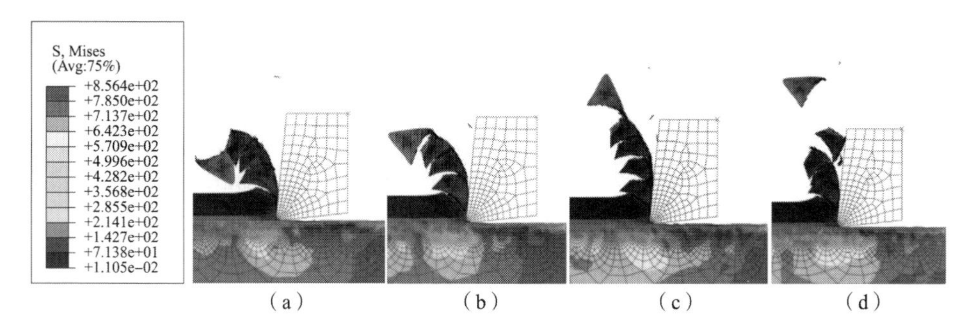

图 3.22　不同切削速度下车削 Al6061/SiCp/30p 复合材料的锯齿形切屑形貌

(a) 50 m/min；(b) 100 m/min；(c) 200 m/min；(d) 400 m/min

不同切削速度车削 Al6061/SiCp 复合材料的切削力仿真与试验对比如图 3.23 所示。F_z方向上切削力不论是仿真预测还是试验结果均随着切削速度的增加而增大。等效均质模型预测切削力的精度要明显高于细观力学模型，与试验测量值之间相对误差范围为 3.07% ~11.06%，平均误差低于 10%，在工程应用可接受的范围内。利用经验证的高速车削仿真模型优化切削工艺参数，指导实际的生产工艺，这也验证了通过相关性集成唯象本构建模方法开发的 Al6061/SiCp 复合材料本构模型和基于此所建立的直角自由切削模型的可靠性和准确性。

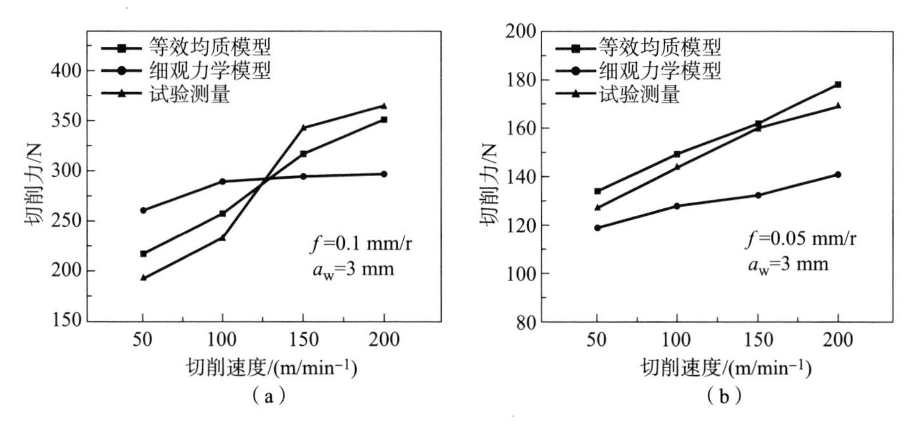

图 3.23　不同切削速度车削 Al6061/SiCp/30p 复合材料的切削力仿真与试验对比

(a) $f=0.05\ \mathrm{mm\cdot r^{-1}}$；(b) $f=0.1\ \mathrm{mm\cdot r^{-1}}$

3.4 本章小节

针对塑性本构模型开发中，塑性应变和应变率、变形温度及一些试验或材料变量之间的耦合关系难以科学定义，而且本构模型的准确表达往往取决于开发者的经验，造成材料本构开发的不确定性和非统一性等问题，提出了基于相关性的集成唯象本构建模方法，结合基于测量误差加权的本构模型材料参数拟合的多目标优化方法，并引入其他两个权重因子以消除每条流动曲线试验点数量与静态、动态本构公式待拟合参数不同以及静态和动态加载模式下流动曲线数量不同对塑性本构材料参数拟合的影响。该方法考虑塑性变形诱导的温升和瞬时的应变率变化，是一种能考虑热力耦合作用的多目标优化的参数拟合方法。基于拟合优度等统计学指标实现塑性本构模型具体形式及其材料参数的高效、快速、准确的确定，能同时准确地预测准静态和动态变形模式下材料的力学响应。以 Al6061/SiCp/30p 复合材料的塑性本构模型确定为例，应用基于相关性集成的唯象本构建模方法方便、灵活地建立其连续性塑性本构模型和考虑颗粒损伤失效的非连续性塑性本构模型。开发了非连续性塑性本构模型的用户材料子程序，对 SiCp/Al 复合材料高速车削过程实现了仿真模拟，将仿真的切屑形貌和切削力与试验对比，验证了基于相关性集成的唯象本构建模方法建立的强非连续 SiCp/Al 复合材料塑性本构模型的可靠性和准确性。

第 4 章 SiCp/Al 复合材料多尺度力学行为研究

切削加工机理的解析和仿真研究都有赖于对材料动态力学特性的掌握。SiCp/Al 复合材料是一种具有微观结构敏感性的金属基复合材料，其微损伤与增强颗粒尺寸及形状密切相关，如尖颗粒尖角处容易应力集中而导致颗粒断裂/脱黏，大尺寸颗粒（ >10 μm）易发生断裂，而小尺寸颗粒（ <5 μm）易产生界面脱黏。SiCp/Al 复合材料微损伤的形式复杂多样，无论是基体和颗粒的初始缺陷还是在弱结合界面处初始孔洞的萌生都极易引发周围次级孔洞的形成，在一定的条件下孔洞发生融合而诱发断裂。这些微观损伤机制也影响材料去除机理，直接决定了切削加工表面质量。SiCp/Al 复合材料的力学响应依赖于 Al 基体与 SiC 颗粒的微观组织结构以及界面结合强度，因此有必要从细观损伤力学的角度研究多相 SiCp/Al 复合材料的多尺度力学行为特性。

4.1 基于真实微观结构的多尺度建模方法

高速切削加工是在高应变率和高温下发生的材料动态变形行为，温度对亚表面质量（残余应力、硬度）有着显著的影响，因而需开展变温 SHPB 试验研究其动态力学行为，但是变温 SHPB 试验存在着测量程序复杂烦琐、成本高、试样尺寸无统一的参考标准、信噪比引起的测量误差大、数据波动性大等问题。随着计算机能力的不断提升，利用数值计算模拟材料的动态力学行为成为可能，可极大地减小试验成本和测试数据误差，从微观尺度上揭示复合材料的力学行为与强化机制，有效建立复合材料真实微观结构和力学行为之间的关系。对于复合材料而言，损伤失效总是具有局部性，在细观层次上，微裂纹、微孔洞、位错等缺陷存在于或外界载荷作用下启动于/聚集在两相界面处或晶界处。与其对应的金属材料相比，SiCp/Al 复合材料的动态力学特性受到增强颗粒的体积分数、形状、尺寸及相界面效应等更多增强颗粒相关因素的影响。对于 SiC 颗粒和 Al 基体的相界面效应，应当从分子尺度上结合微观损伤理论进行 Al－SiC 界面建模。研究颗粒形状、尺寸、体积分数等增强相参数的影响及其对基体的强化作用则属于微观尺度层面上的问题。因此，SiCp/Al 复合材料的细观力学模型具有尺度特征，需要借助多尺度的建模技术分析和理解 SiCp/Al 复合材料的变形行为。图 4.1 为多尺度框架图及不同尺度的数值方法。

对于金属基复合材料微观组织建模，大多数研究集中于简化的含有一个增强相的单胞模型，或有规则几何形状（圆形、椭圆形、多边形等）增强相的 RVE 模型，或基于增强相体积分数、数量、近邻距离和大小等统计信息构建的随机微观结构 SVE 模型。SiCp/Al 复合材料的微观结构如 SiC 颗粒形貌、大小、分布、含量等以及界面对复合材料的整体性能有着十分重要的影响。真实不规则颗粒的增强效果比圆形、多边形等规则颗粒的增强效果更强，原因如下：①颗粒角上的应力集中将引起应变和应变率的附加增强效果；②颗粒的约束导致基体中产生很大静水压力，导致较大的载荷传递到增强相中。因此，怎样建立基于实际的有限元模型至关重要。颗粒增强金属基复合材料与传统的均质金属材料有着明显的不同，增强相颗粒与基体之间的材料属性有着十分明显的差异，因此无法忽略其材料内部的结构，通过传统的等效均质材料模型建立的有限元模型所得到的仿真结果难以令人信服。当前对于颗粒增强复合材料的有限元建模技术主要集中于统计学分析，通过统计材料内部的颗粒形貌、大小和位置分布等信息，利用随机数进行建模。但是不同批次的材料之间，不同厂家生产的同种材料之间，由于各种原因，往往存在着细微的差异，此时基于统计信息建立起的有限元模型往往不能够准确反映材料的真实内部结构。

为准确反映颗粒增强的金属基复合材料的材料变形机理，需要基于真实微观组织准确建立 SiC 颗粒真实的微观几何及其在基体中的空间分布、界面等微观特征，并结合分子动力学确定的 Al－SiC 内聚力模型用以描述其界面力学行为，从而实现 SiCp/Al 复合材料的细观力学多尺度建模。这有助于更深入地理解 SiCp/Al

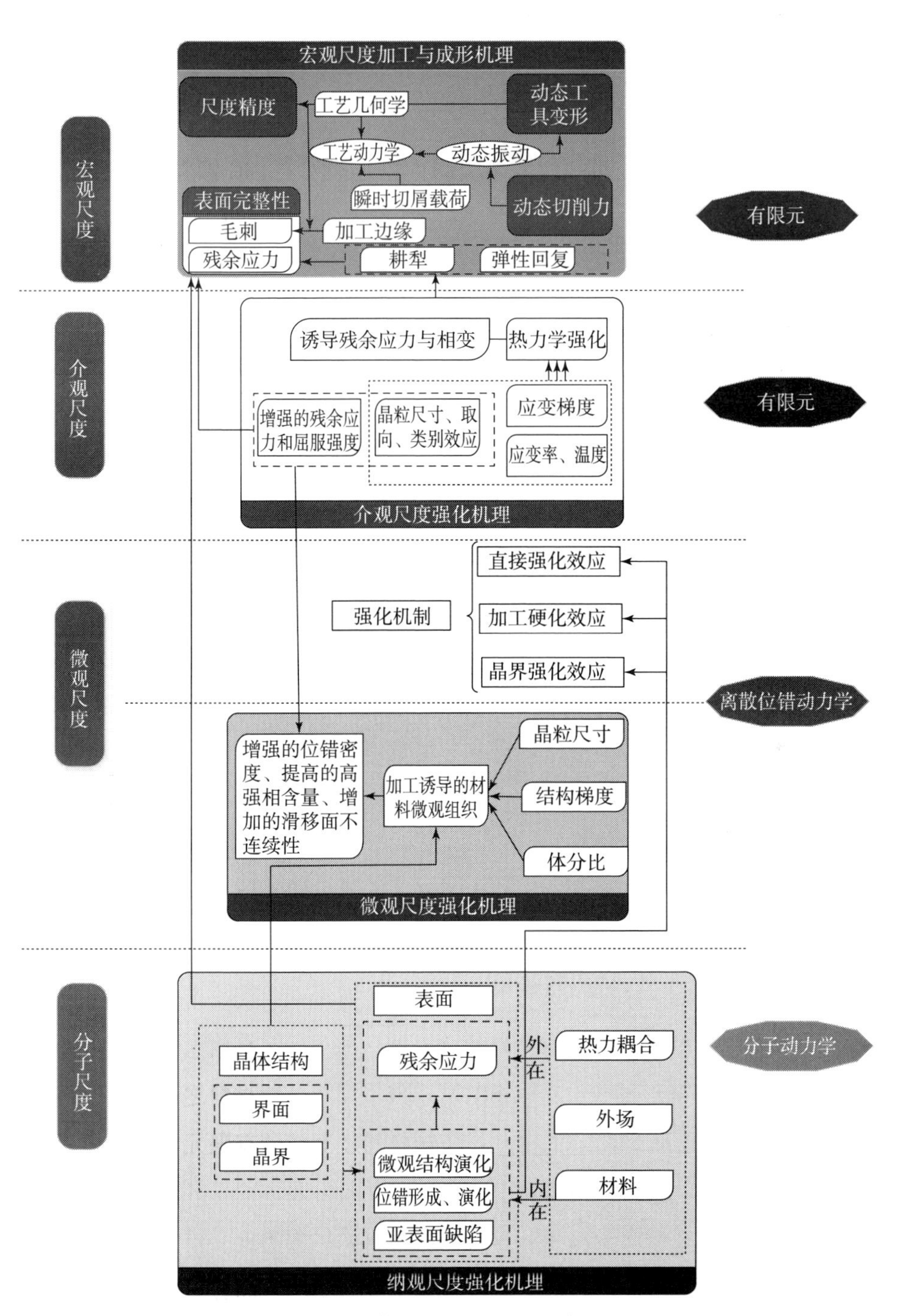

图 4.1　多尺度框架图及不同尺度的数值方法

复合材料变形的微观机制，并建立起一个连接微观组织和材料本构性质的一个多尺度力学模型。

4.2 基于像素理论的颗粒增强复合材料细观模型

4.2.1 基于微观结构图像像素-有限元网格映射的建模方法

为了能够更加准确地建立颗粒增强复合材料的有限元模型，改变现有的基于统计学的建模方法的效率低下、操作繁杂、不能准确反映材料的真实微观组织结构等问题，提出了一种基于微观结构数字化图像像素与有限元网格映射的有限元建模方法，通过扫描电子显微镜以及高倍率的光学扫描显微镜，扫描材料不同截面的微观结构，可很清晰地区分微观组织不同相在复合材料中具体的分布情况。对数字/光学图像进行一系列的图像处理，将图片的像素点映射为仿真模型的网格单元，并根据 ABAQUS 语法规则，利用 Matlab 语言实现在 ABAQUS 仿真环境中基于真实微观组织的复合材料细观力学模型的自动构建，为模拟真实的微观结构提供快速、简洁的途径。提出一种基于像素理论的颗粒增强复合材料有限元建模方法，包括以下步骤：

1）提取颗粒增强复合材料的微观组织形貌数字图像，为后续数字化图像处理工作做准备。针对所使用的具体复合材料，对其进行线切割、研磨、抛光、超声振动清洗相关加工工序之后得到材料截面，提取具体复合材料的微观组织形貌图像，要求拍摄前应保证材料表面氧化、腐蚀区域去除干净，拍摄时选取增强相颗粒均匀分布的典型区域，所拍摄的图像清晰且满足预设对比度要求，能够清楚地表现出颗粒的边缘，为后续数字化图像处理工作做准备。提取具体复合材料的微观组织形貌图像优选利用扫描电子显微镜或光学显微镜提取。

2）利用图像处理软件对微观组织形貌数字图像进行预处理。提取的颗粒增强复合材料的微观组织形貌数字图像因为夹杂着杂质和阴影导致其难以通过图像处理软件进行自动处理，因此为了能够更加准确快速地识别强化相颗粒，必须利用图像处理软件对其进行预处理。具体实现方法为：

i. 图像裁剪。利用图像处理软件提取颗粒增强复合材料的微观组织形貌数字图像中增强相颗粒分布均匀的矩形区域，矩形区域的长宽应满足有限元仿真的具体尺寸要求或与有限元仿真的具体要求尺寸等比例。

ii. 颗粒分割以及背景去除。利用图像处理软件对上一步中所得到的微观组织形貌数字图像进行处理，去除与增强相颗粒颜色相近的影响两相分割的杂质、缺陷等特征以及小面积的增强相特征，使基体与颗粒之间有较明显的对比度，颗粒的边缘清楚，并且分割紧邻的颗粒，要求相邻的两个颗粒之间必须具有三个像素点以上的距离，得到颗粒分割以及背景去除后的微观组织形貌数字图像，完成对微观组织形貌数字图像的预处理。

3）分割增强相和基体，提取复合材料增强相颗粒和基体特征。

将步骤 2 中得到的微观组织形貌数字图像导入 Matlab 中进行数字图像处理，清晰地描绘颗粒的轮廓，并去除在有限元分析忽略不计的细小颗粒和特征，最终提取所需要的增强相颗粒的轮廓特征，为后续的计算拟合做准备。所述的数字图像处理包括灰度处理、二值化处理、孔洞填充。具体实现方法为：

i. 灰度处理。将步骤 2 预处理后的微观组织形貌图像导入 Matlab 中，对其进行灰度处理，将其转化为像素点值在 0 到 255 之间的灰度图像，并增强其对比度值以进一步提升其轮廓的清晰度，再利用中值过滤方法去除噪点。

ii. 二值化处理。增强相颗粒轮廓更加清晰之后，对微观组织形貌数字图像进行二值化处理，利用 Matlab 对其阈值进行自动识别，将图像中的增强相颗粒与基体材料分割开来，得到的增强颗粒的灰度值为 0，表现为黑色，基体的灰度值为 1，表现为白色。

iii. 孔洞填充。去除小面积特征，完成提取复合材料增强相颗粒的轮廓特征。对于所得到的二值图像，利用孔洞填充指令修补增强相内部的小面积缺陷，并利用结合膨胀和腐蚀的开闭运算的方法去除小面积的增强相特征，在不影响计算精度的前提下对有限元模型进一步进行简化，便于网格的划分和降低计算成本，完成提取复合材料增强相颗粒和基体特征。所述的小面积根据网格划分精度需求而定。

4）基于像素理论调整步骤 3 中提取复合材料增强相颗粒和基体特征后的数字图像的像素，为提取有限元几何模型坐标信息做准备。数字图像像素越大，像素点越多，对应的有限元仿真模型单元越多，节点及单元坐标信息越多，模型越能精确反映实际工件，仿真结果越准确，但数字图像处理及后续仿真效率越低；

数字图像像素越小，像素点越少，对应的有限元仿真模型单元越少，节点和单元坐标信息越少，数字图像处理及后续仿真效率越高，但模型与实际工件差异越大，仿真结果越不准确。因此需根据实际工况和精度要求综合考虑效率及准确性的因素调整数字图像的像素，平衡效率和仿真结果准确性的矛盾，直至满足预设效率和仿真结果准确性的要求，为提取有限元几何模型坐标信息做准备。

5）提取有限元几何模型坐标信息，为建立有限元几何模型做准备。具体实现方法为：

i. 计算像素点大小，以保证有限元几何模型大小与步骤 1）获得的颗粒增强复合材料的微观组织形貌数字图像大小相符。数字图片中每一个像素点都是边长为 L 的正方形，每一个像素点都对应仿真模型中的网格单元，其中 L = 图像长（或宽）/相应边上的像素点数，调整像素后相应的 L 值也会发生变化，以保证有限元几何模型大小与步骤 1 提取的颗粒增强复合材料的微观组织形貌数字图像大小相符。因此需按照指定格式分别存储增强相颗粒和基体的坐标信息于文本文件中，以便编写相应的有限元几何模型，坐标信息主要包括建模所需要的节点坐标及编号、网格单元坐标及编号；根据像素值的不同将网格单元划分为增强相和基体两个集合，提取增强相单元编号集合和基体单元编号集合。即完成提取有限元几何模型坐标信息，为建立有限元几何模型做准备。

ii. 存储增强相颗粒和基体的节点坐标信息及编号。以数字图像最左上的点为坐标原点，向右为 X 轴，向下为 Y 轴，则在 Matlab 中表示为 $P\times T$ 的数字图像对应的模型节点数为 $(P+1)\times(T+1)$ 个，节点坐标为 (x, y)，x 为 1 到 $P+1$ 的整数乘以 L，y 为 1 到 $T+1$ 的整数乘以 L，节点编号为按照左到右，从上到下的顺序保存为 1 至 $(P+1)\times(T+1)$，存储坐标编号及所有节点坐标。

iii. 存储增强相颗粒和基体的网格单元坐标及编号。以数字图像最左上的点为坐标原点，向右为 X 轴，向下为 Y 轴，则在 Matlab 中表示为 $P\times T$ 的数字图像对应的模型单元数为 $P\times T$ 个，则任意一像素点 (m, n) 对应的正方形网格单元的四个节点的坐标编号按照上一步的编号，以左上节点为第一个点按照逆时针的顺序表示为：

$$(m-1)\times(T+1)+n,\ m\times(T+1)+n,$$

$$M\times(T+1)+n+1,\ (m+1)\times(T+1)+n+1$$

iv. 提取增强相单元编号集合和基体单元编号集合。分别存储像素点值为 0 的增强相单元编号和像素点值为 1 的基体单元编号于两个文件中，两个文件中的单元编号互相无重复且编号总数为图像像素点总数。

6）基于步骤 5）提取的几何模型坐标信息建立颗粒增强复合材料有限元模型。

利用建模脚本，基于步骤 5）提取的增强相颗粒和基体的节点坐标信息及编号、增强相颗粒和基体的网格单元坐标及编号、增强相单元编号集合和基体单元编号集合信息编写有限元几何模型文件，在有限元仿真软件中建立几何模型，完成装配，在有限元软件中分别赋予增强相集合和基体集合相应的材料属性以定义基体和增强相，最终完成有限元建模。

i. 建立有限元几何模型。利用建模脚本，基于步骤 5）提取的增强相颗粒和基体的节点坐标信息及编号、增强相颗粒和基体的网格单元坐标及编号、增强相单元编号集合和基体单元编号集合信息编写有限元几何模型文件。

ii. 装配设置。对基体材料、增强相颗粒以及颗粒界面按照坐标位置进行装配。

iii. 材料设置。根据基体、增强相颗粒两个部分材料性质各不相同的情况，设置两种相对应的材料，并分别赋予基体、增强相颗粒。

至此，基于像素理论完成建立颗粒增强复合材料有限元模型。

传统复合材料有限元仿真模型中增强相颗粒轮廓不准确，从而导致有限元仿真结果精度低和可靠性差，与传统颗粒增强复合材料有限元建模方法相比，本节提出的一种基于像素理论的颗粒增强复合材料有限元建模方法，在传统颗粒增强复合材料有限元模型材料的定义的基础上，基于像素理论的方法建立增强相颗粒几何模型，能够准确反映增强相轮廓，平衡效率和仿真结果准确性的矛盾，提高颗粒增强复合材料有限元模型仿真准确性和可靠度，进而解决颗粒增强复合材料领域工程问题。基于像素理论的颗粒增强复合材料有限元建模方法，采用 Matlab 脚本实现在 ABAQUS 有限元软件中复合材料真实微观结构的自动建模，提高仿真模型的准确性的同时极大地简化了有限元的建模操作，具有简化数字化图像处理以及有限元软件建模的繁杂度的优点，可用于研究包括复合材料在内任意多相材料微观结构与力学性能的映射关系。图 4.2 为基于像素理论的真实微观结构自动建模流程图。上述过程均可通过 Matlab 脚本语言自动实现。

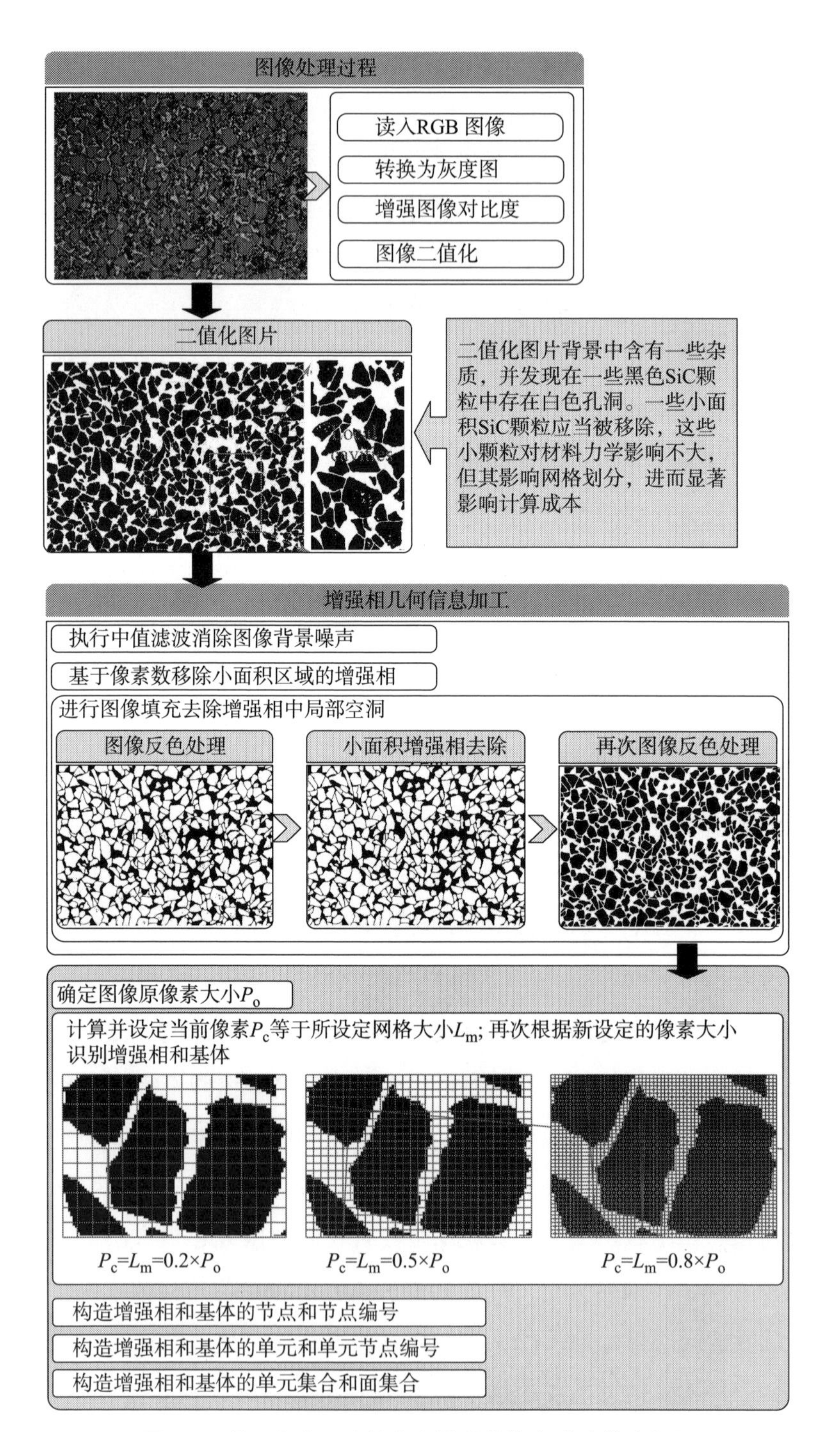

图 4.2　基于像素理论的真实微观结构自动建模流程图

4.2.2　SiCp/Al 复合材料细观模型建立

微观长度尺度要远小于宏观结构或特征的特征长度，宏观特征长度导致载荷在不同区域变化。通常，在不同长度尺度的控制特征长度具有以下关系：

$$l_{\text{discrete}} \ll l_{\text{micro}} \ll l_{\text{macro}} \tag{4.1}$$

基于代表性体积元（RVE）的材料建模方法可准确构建材料微观结构，并确定材料本构性质，避免直接数值模拟。RVE 被广泛用于研究一定体积含有必要微观结构特征的材料的平均力学响应。根据均匀化理论 RVE 模型需要满足下列条件，才能准确预测宏观等效均质材料响应。

$$L \gg l \gg d_{\text{p}} \tag{4.2}$$

式中，L 为宏观尺度的特征长度；l 为微观尺度 RVE 模型的大小；d_{p} 为微观结构的特征长度尺度（对于复合材料而言，这里指颗粒的大小）。因此，RVE 模型需要足够大以容纳尽可能多的微观特征，所描述的微观结构才能准确地反映材料的宏观力学行为。根据上述假设，只有当 $l/d_{\text{p}} \to \infty$，RVE 的细观模型才能准确地预测材料整体的力学响应。但是，这种 RVE 模型大小已经脱离了 RVE 数值方法的初衷，而且计算成本也非常大。通常 RVE 模型大小可根据无量纲的微观参数 δ 确定：

$$\delta = l/d_{\text{p}} \tag{4.3}$$

采用材料不同位置的微观结构建立的 RVE 模型进行数值计算发现，当 $\delta \approx 20$ 时，力学响应的不确定性和离散性可以忽略。因此所建立的 RVE 模型的大小为 $20d_{\text{p}}$。

根据颗粒形貌统计的颗粒形状因子和分形维数确定 SiC 颗粒的等效直径，并依此确定用于 RVE 模型构建的 SiCp/Al 复合材料的微观结构图像的尺寸，如图 4.3（a）所示。首先增强灰度图像的对比度值以提高微观组织增强相颗粒轮廓的清晰度，并对图像进行中值滤波以去除噪点，再对所确定的 SiCp/Al 复合材料微观结构数字照片进行图像处理包括灰度处理、二值化处理，并去除小面积的特征，这些特征对数值模拟结果影响不大，但增大计算成本，经图像处理后如图 4.3（b）所示。图 4.3（c）观察到黑色 SiC 颗粒处存在二值化后形成的空洞。

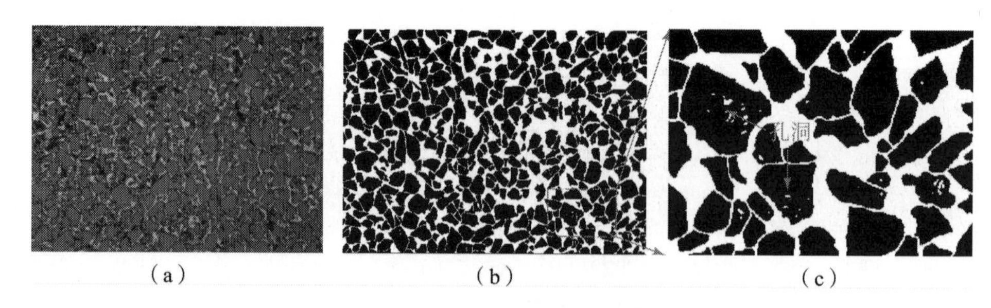

图 4.3　SiCp/Al 复合材料图像二值化处理

(a) 微观照片；(b) 二值化后微观照片；(c) 二值化图片局部空洞

对于所得到的微观组织形貌二值图像，对 SiC 颗粒内部的小面积缺陷进行孔洞填充以保证 SiC 颗粒中无空洞（如图 4.4（b）），并利用去除微观组织形貌二值图像中面积在几个像素点以下的对象，忽略极小 SiC 对仿真的影响，以便在不影响计算精度的前提下对有限元模型进一步进行简化，降低计算成本，去除小面积特征。完成提取 SiCp/Al 复合材料 SiC 颗粒的轮廓特征后的图像，如图 4.4（c）所示。

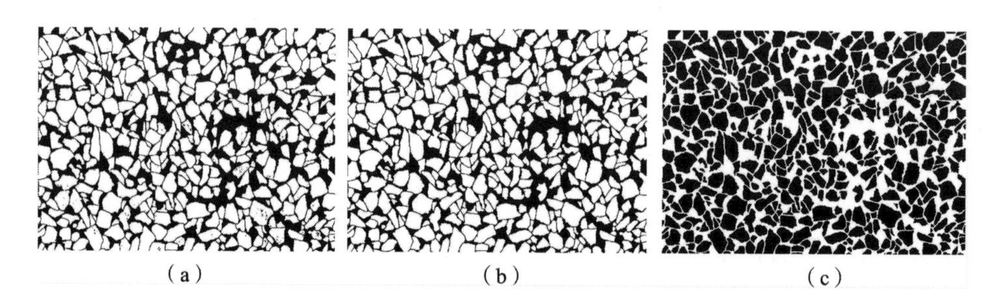

图 4.4　微观图像中 SiC 颗粒小面积区域和空洞去除

(a) 图像反色处理；(b) 消除空洞和小面积区域；(c) SiC 颗粒轮廓特征

根据数值模拟精度和计算成本要求综合考虑，调整 SiCp/Al 复合材料微观结构图像像素，如图 4.5 所示。根据上述图像像素设置后得到的 SiCp/Al 复合材料微观结构形貌如图 4.6 所示。调整像素后的数字图像与图 4.4（c）相比 SiC 颗粒尺寸不同，细节也存在略微不同，图 4.6（c）为调整像素为原图像像素 0.2 倍的数字图像。当图像像素大小调整为原像素大小的 0.2 倍时，由于像素点面积过大会导致 SiC 颗粒细节有一些失真。

根据像素理论的颗粒增强复合材料建模方法结合 ABAQUS 语法规则，利用

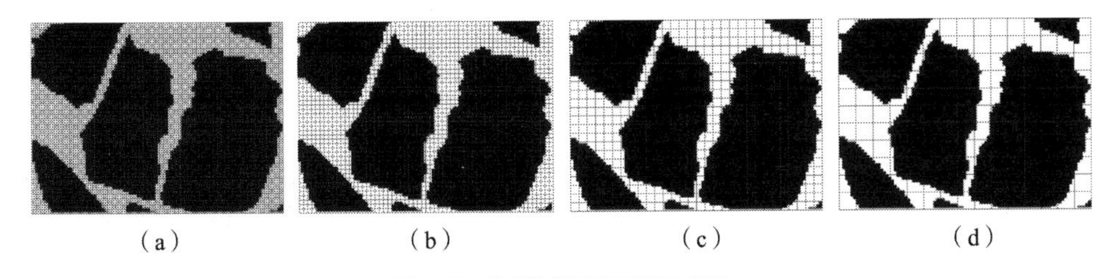

图 4.5　图像像素调整示意图

(a) 原像素大小；(b) 0.8×；(c) 0.5×；(d) 0.2×

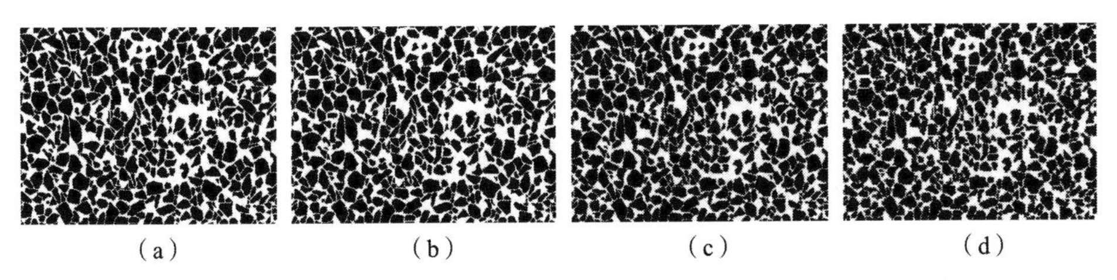

图 4.6　经过像素调整后不同分辨率的颗粒轮廓形貌

(a) 原像素大小；(b) 0.8×；(c) 0.5×；(d) 0.2×

Matlab 语言实现在 ABAQUS 仿真环境中基于真实微观结构的复合材料细观力学模型的自动构建的脚本文件。最终在 ABAQUS 仿真环境中构建的有限元仿真模型如图 4.7 所示。随着像素的增加，基于真实微观结构的复合材料细观力学模型能更准确地描述 SiC 颗粒的微观细节，但同时其网格数量也大幅增加了计算成本。需综合考虑计算精度和计算成本，对像素大小做出合理选择。

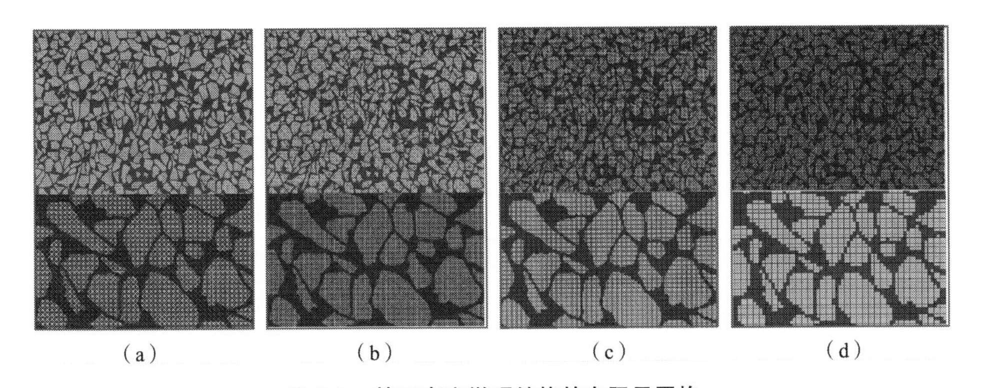

图 4.7　基于真实微观结构的有限元网格

(a) 原像素大小；(b) 0.8×；(c) 0.5×；(d) 0.2×

同时，基于微观结构图像像素 - 有限元网格映射的真实微观结构建模方法，可很容易构建三种不同的界面模型：①界面共节点；②界面不共节点；③界面插入黏性单元。界面不共节点，可通过界面共节点模型界面节点的复制来实现，具体做法为：对界面节点进行复制，复制后节点编号改为当前节点编号 + 总节点数，因此在图 4.8（b）中可看到在界面处有两个重叠在一起的节点编号。界面插入黏性单元，可将界面不共节点模型中 SiC 一侧相邻节点与对应的 Al 一侧的节点按照 ABAQUS 软件的单元构造规则进行黏性单元创建，如图 4.8（c）。界面不共节点模型适合建立基于面的黏性接触模拟界面行为，而界面插入黏性单元模型适合采用黏性单元模拟界面应力 - 位移响应。

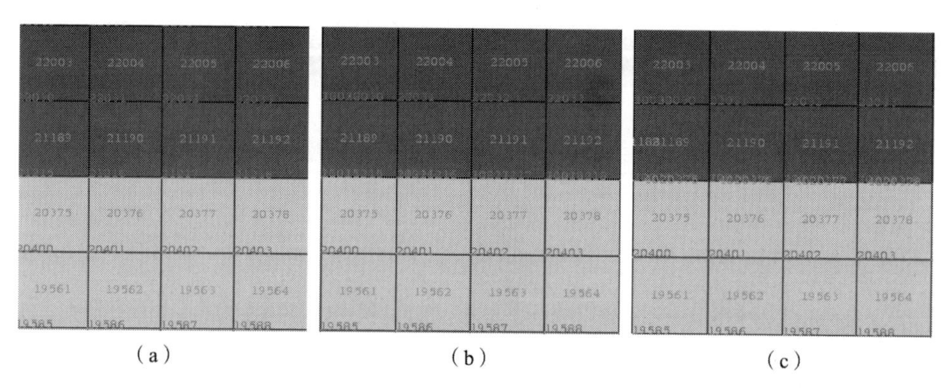

图 4.8　三种不同界面构造方法

（a）界面共节点；（b）界面不共节点；（c）界面插入黏性单元

综合计算成本和颗粒形状表征的准确性，选择 0.5 倍的图像原像素大小进行的 SiCp/Al 复合材料真实微观结构建模。为了获取 SiC 颗粒的微观几何特征及其在 Al 基体中的分布，结合光学 - 数字图像处理和有限元建模方法，提出了真实微观结构图像像素 - 有限元网格映射的建模方法。这种基于图像像素的细观力学建模方法的优势在于它的适用性，可用于任一多相材料，包括多相钢、钛合金和复合材料等，可实现任何多相材料的快速、自动建模处理。随着多相材料的微观组织结构的复杂化，这种方法的技术优势会很显著。此外，基于真实微观组织图像像素 - 有限元网格映射的建模方法结合跨尺度模拟将有助于多相材料变形机理的深入理解，并建立从微观组织结构到宏观力学行为的联系。

4.3　塑性变形中的尺寸效应

4.3.1　SiCp/Al 复合材料中的尺寸效应

试验研究发现，颗粒增强铝基复合材料的基体中存在高密度的位错，通常基体中位错密度比未增强铝合金的位错密度高 10 ~ 100 倍。产生如此高的位错密度主要是由于增强体颗粒与基体合金之间热膨胀系数存在很大差异造成的。复合材料的制备通常是在高温下进行的，冷却到室温时，基体与增强体之间会产生热错配应力，当热错配应力超过基体的屈服强度时，便会以向基体中释放位错环的形式松弛。

颗粒增强金属基复合材料在制备过程中热应力足够在材料内导致几何必须位错的集聚，并且在界面处的位错密度要远大于其他部分；高密度的热生成位错有助于提高复合材料的硬度和屈服强度。几何必须位错集聚所形成的应力场会产生新的位错源，在更小的剪切力作用下会发生位错缠结，降低了材料刚度，但其强度和硬度得到提高。

鉴于颗粒增强的金属基复合材料高速切削时高温、大变形和高应变率的特点，将细观损伤力学相关理论用于复合材料中颗粒破碎的研究。根据高温变形中位错 - 粒子交互作用相关理论，位错到达数量大于以 Orowan 环形式攀移过粒子而消失的位错数量时，粒子将会断裂，Humphreys 等提出导致颗粒断裂的临界应变速率为：

$$\dot{\varepsilon}_{c} = \frac{K\exp[-Q/(RT)]}{d^{3}T} \tag{4.4}$$

式中，$K = \alpha GabD_{0v}/k$，其中 G 为基体切变模量，a 为基体原子体积，b 为基体柏氏矢量，D_{0v}是随温度变化的扩散系数，k 是玻尔兹曼常数；Q 是体扩散的活化能；R 是气体常数；T 为绝对温度；d 为增强颗粒直径。

金属基复合材料相对于它的基体材料的强化主要通过载荷传递、非均匀塑性变形过程中梯度强化效应、晶格错配引起的几何必须位错强化等实现的。同时，在不同长度尺度作用的变形机制是相互作用的，而不同变形机制的强化效应将引起不同的材料强化效应。对于多相材料，特别是金属基复合材料，在机械加载过程中需要几何必须位错累积以适应相界处变形非协调性，界面处几何必须位错密度相比于基体其他位置要大得多，形成几何必须位错密度梯度，从而引起随动硬化，如图 4.9 所示。将几何必须位错密度和应变梯度塑性相联系的 Taylor 非局部塑性模型应用到连续介质力学中，从而拓展了连续介质力学在不同尺度中的应用。

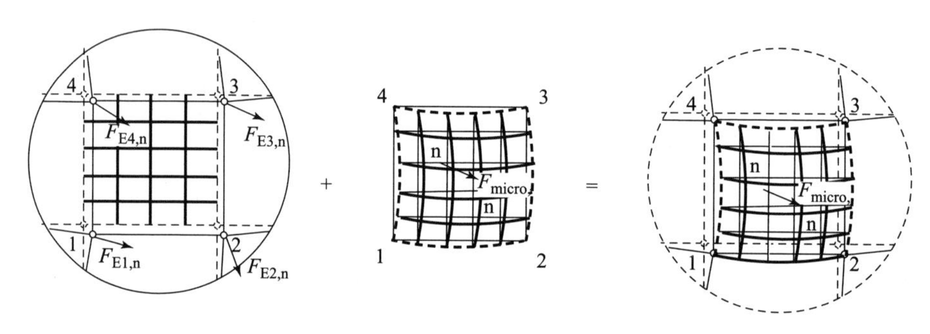

图 4.9　相界处塑性变形非协调性及微观应变梯度

在多相材料中，需要几何必须位错的积累以实现不同相变形在晶界或界面变形的协调性，特别是颗粒增强的金属基体复合材料在发生大塑性变形时伴随有塑性应变梯度的产生。SiCp/Al 复合材料的几何必须位错主要来源于以下两方面：①当 SiCp/Al 复合材料从加工温度冷却下来时，SiC 颗粒与 Al 基体热膨胀系数不匹配诱导的几何必须位错；②在 SiCp/Al 复合塑性变形过程中，SiC 颗粒与 Al 基体模量不匹配诱导的塑性应变梯度。在微观尺度上，由热错配和几何错配诱导的几何必须位错对颗粒增强的金属基复合材料的强化效应有着显著影响。

4.3.2　热错配诱导几何必须位错的强化

为了表征材料制备淬火过程中热错配诱导的几何必须位错的强化效应，Taya 提出了颗粒增强的金属基复合材料位错冲压机制，如图 4.10（a）所示。温度改变引起热错配应变可以表示为棱柱位错环阵列均匀黏附在颗粒/基体界面处。当热应力超过基体的屈服强度时，这些位错环就会冲进复合材料基体中一定距离以松弛热应力，图 4.11（b）为在颗粒增强的金属基复合材料位错冲压区示意图。

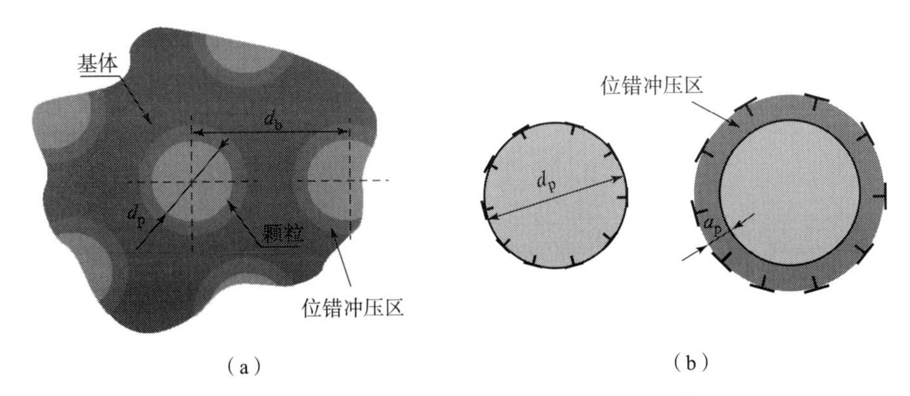

图4.10　颗粒增强金属复合材料位错冲压区示意图

(a) 位错冲压机制；(b) 位错冲压形成

根据塑性能耗和 Eshelby 夹杂理论确定由热错配引起的几何必须位错冲压区的大小，结合参考文献［129］的方法并考虑颗粒体积分数，确定位错冲压区的距离。

$$a_p = \frac{d_p}{2}\left\{\left[\frac{B(1-2Pf+\sqrt{B^2(1-2Pf)^2+16(\tau_m/G_m)PB})}{4(\tau_m/G_m)}\right]^{1/3}-1\right\} \tag{4.5}$$

式中，d_p 为增强相直径；f 为增强相体积分数；系数 B、P 可根据 Lame 常数和热膨胀系数进行确定。

$$B = \frac{(1+\nu_m)|\Delta\mathrm{CTE}\cdot\Delta T|}{1-\nu_m} \tag{4.6}$$

$$P = \frac{2(1-2\nu_m)(3\bar{\lambda}+2\bar{G})}{(1-\nu_m)\left\{(1-f)(3\bar{\lambda}+2\bar{G})\left(\frac{1+\nu_m}{1-\nu_m}\right)+3[f(3\lambda_p+2G_p)+(1-f)(3\lambda_m+2G_m)]\right\}} \tag{4.7}$$

式中，下标 m、p 分别表示基体和颗粒；ΔCTE 为基体和颗粒热膨胀系数之差；ΔT 为温度变化量；ν_m为基体泊松比；λ、G 为 Lame 常数，$\bar{\lambda}=\lambda_p-\lambda_m$，$\bar{G}=G_p-G_m$，分别为增强相和基体 Lame 常数的错配度。

假设在位错冲压区的位错密度均匀分布，则由热错配诱导的几何必须位错密度为：

$$\rho_{\mathrm{GND}}^{\mathrm{CTE}} = \frac{6\sqrt{2}\Delta\mathrm{CTE}\cdot\Delta T\cdot r^2}{b\cdot(R^3-r^3)} = \frac{12\sqrt{2}\Delta\mathrm{CTE}\cdot\Delta T}{b\cdot d_p}\frac{F_p}{1-F_p} \tag{4.8}$$

式中，$R = d_p/2 + a_p$；$F_p = [d_p/(2R)]^3$；b 为基体柏氏矢量（对于 Al，$b = 0.283$ nm）。

因此，在位错冲压区由热错配诱导的几何必须位错引起的复合材料基体的强化根据 Taylor 关系有：

$$\Delta\sigma_{GND}^{CTE} = M\alpha G_m b\sqrt{\rho_{GND}^{CTE}} \tag{4.9}$$

式中，M 为 Taylor 因子（对于面心立方晶体 Al，$M = 3.06$）；α 为经验常数（对于 Al，$\alpha = 0.248$）。

4.3.3 模量错配诱导几何必须位错的强化

颗粒增强的金属基复合材料塑性变形时，模量错配导致塑性变形过程中在相界处塑性应变梯度，从而在复合材料基体中诱导几何必须位错，如图 4.11 所示。根据 Eshelby 等效夹杂原理，由颗粒和金属基体弹性模量错配诱导的几何必须位错密度可表示为：

$$\rho_{GND}^{EM} = \frac{6f}{bd_p}\varepsilon_p \tag{4.10}$$

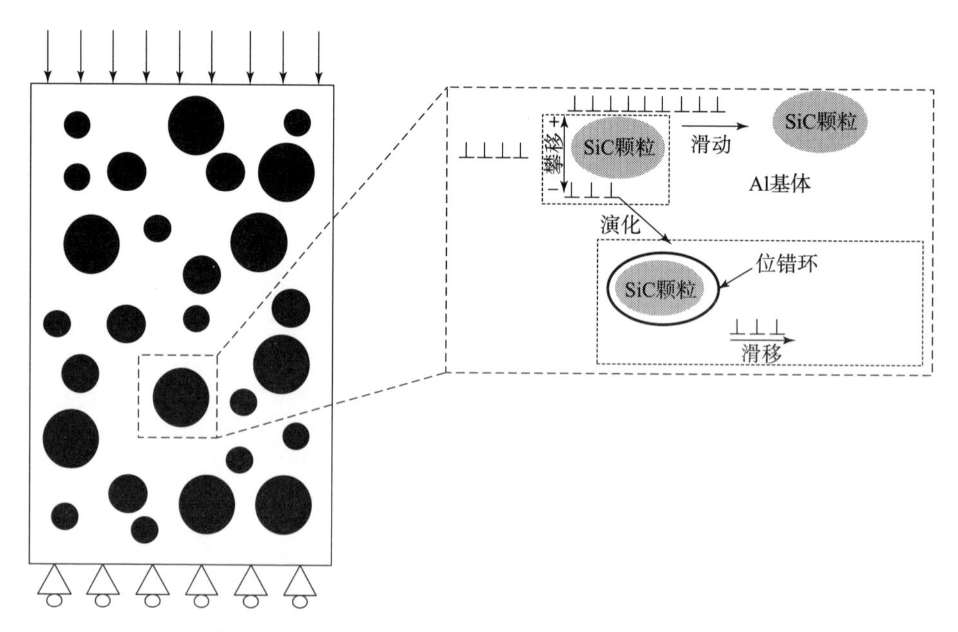

图 4.11 塑性变形过程中模量错配诱导几何必须位错

根据 Nix 和 Gao 通过几何必须位错推广的广义 Taylor 关系，金属基体的流变应力与位错密度的关系为：

$$\sigma_{\text{flow}} = M\tau = M\alpha G_{\text{m}} b\sqrt{\rho_{\text{SSD}} + \rho_{\text{GND}}^{\text{EM}}} = M\alpha G_{\text{m}} b\sqrt{\rho_{\text{SSD}} + l\eta^{\text{p}}} \tag{4.11}$$

$$l = M^2 \bar{r} \alpha^2 \left(\frac{G_{\text{m}}}{\sigma_{\text{ref}}}\right)^2 b \tag{4.12}$$

式中，$\bar{r}$ 为 Nye 因子（对于面心立方晶体 Al，$M = 1.9$）；η^{p}为等效塑性应变梯度。

当 $\eta^{\text{p}} = 0$，根据流变应力与材料应力 - 应变曲线的关系得：

$$\rho_{\text{SSD}} = [\sigma_{\text{ref}} f(\varepsilon_{\text{p}})/(M\alpha G_{\text{m}} b)]^2 \tag{4.13}$$

在复合材料淬火过程中，由于热膨胀系数的不匹配和晶格错配引起的几何必须位错，导致复合材料相界附近残余应力，并伴随有基体应变硬化行为。高密度位错通过 TEM 在 SiCp/Al 复合材料相界处被观察到。由于制备过程中热错配诱导的位错密度不属于塑性变形引起的尺寸效应，因此，热错配诱导的位错密度需要叠加到统计存储位错密度。金属基体考虑颗粒尺寸效应的流变应力表示为：

$$\sigma_{\text{flow}} = \sqrt{[\sigma_{\text{ref}} f(\varepsilon_{\text{p}}) + \Delta\sigma_{\text{GND}}^{\text{CTE}}]^2 + 6M^2\alpha^2 G_{\text{m}}^2 f \frac{b}{d_{\text{p}}} \varepsilon_{\text{p}}} \tag{4.14}$$

式中，σ_{ref}为未增强的基体屈服应力；$f(\varepsilon_{\text{p}})$ 和 $\Delta\sigma_{\text{GND}}^{\text{CTE}}$分别表示统计存储位错和几何必须位错对流变应力的贡献。未增强的 Al6063 基体的应力 - 应变关系采用 J - C 塑性本构模型表示。

$$\sigma_{6063\text{-un}} = \sigma_{\text{ref}} f(\varepsilon_{\text{p}}) = (A + B\varepsilon^n)\left[1 + C\ln\left(\frac{\dot{\varepsilon}}{\dot{\varepsilon}_0}\right)\right]\left[1 - \left(\frac{T - T_0}{T_{\text{melt}} - T_0}\right)^m\right] \tag{4.15}$$

4.4 SiC 与 Al 界面内聚力模型

SiCp/Al 复合材料等材料存在着难以避免的界面损伤，材料从等效塑性应变一开始，就会在缺陷或与基体结合较弱的界面形成孔洞，进而引起其周围基体产生次级孔洞，随着次级孔洞的不断聚积，应变硬化程度逐渐减弱，因此损伤引起的应变软化逐渐成为主导，直至材料失效，经典 J - C 本构模型无法准确反映材料损伤对本构行为的这种影响，因此需要考虑这种应变损伤效应，建立基于细观力学微缺陷损伤的应变软化的 SiCp/Al 复合材料本构模型。Chawla 等用基于

SiCp/Al 复合材料微观组织的有限元模型获得与试验观察相一致的力学行为，并发现 SiC 颗粒与 Al 基体的界面结合强度对复合材料的强度和变形行为起着至关重要的作用，特别是对高体积分数 SiC 颗粒增强的金属基复合材料。

4.4.1 SiC－Al 界面势函数选择

界面脱黏参数的研究将采用分子动力学方法，而分子动力学顺利实施的关键是势函数的选取和参数。SiCp/Al 复合材料的 EHM 本构模型研究和切削过程的多相二维仿真中都将采用基于真实微观组织的细观力学模型，为了更好地反映介观尺度中界面对于材料力学特性的显著作用，在细观力学模型中引入相界，以便能够与金属材料的多相组织和颗粒增强复合材料的多相结构更加接近，提高仿真预测的精度。基于 Al 和 SiC 两相界面分子动力学模型推导出界面应力－位移关系，借助于内聚力模型表征的界面应力－张开位移关系。

类似于有限元中的本构方程，势函数的准确性同样决定分子动力学模拟的准确性和可靠性。而表示 SiCp/Al 复合材料各组成原子相互作用的势函数主要包括 Al 原子间相互作用，SiC 原子间相互作用以及两相界面处 SiC 和 Al 原子间的相互作用。对于基体 Al 原子间作用，采用由 Winey 等开发的如式（4.16）所示的嵌入原子势。

$$E_{\mathrm{EAM}} = \frac{1}{2}\sum_{ij}\Phi_{ij}(r_{ij}) + \sum F_i(\bar{\rho}_i) \tag{4.16}$$

式中，Φ_{ij} 为与原子间距离 r_{ij} 有关的对势；F_i 为与第 i 个原子周围的电子密度 $\rho_i(r_{ij})$ 有关的嵌入原子能；$\bar{\rho}_i$ 表示为周围原子电子密度 ρ_j 之和。

$$\bar{\rho}_i = \sum_{j\neq i}\rho_j(r_{ij}) \tag{4.17}$$

关于 SiC 原子间作用，Erhart 和 Albe 在已开发的 Tersoff 势函数和键级势函数的基础上提出了基于分析键级势（ABOP）形式的势函数，它具有能描述二体系统和多体系统性质的能力，可准确反映 SiC 原子间共价键作用。

$$\phi(r_{ij}) = \sum_{i>j} f_{\mathrm{c}}(r_{ij})\left[V_{\mathrm{R}}(r_{ij}) - \frac{b_{ij}+b_{ji}}{2}V_{\mathrm{A}}(r_{ij})\right] \tag{4.18}$$

式中，$\phi(r_{ij})$ 是 ABOP 势函数，它表示系统内原子间吸引和排斥作用贡献的势能总和：

$$V_{\mathrm{R}}(r) = \frac{D_0}{S-1}\exp[-\beta\sqrt{2S}(r-r_0)] \tag{4.19}$$

$$V_{\mathrm{A}}(r) = \frac{D_0}{S-1}\exp[-\beta\sqrt{2S}(r-r_0)] \tag{4.20}$$

式中，D_0和 r_0分别是二体势作用的势能和键长，截断半径由下式给出：

$$f_{\mathrm{c}}(r_{ij}) = \begin{cases} 1, r < R-D \\ 0, r > R-D \\ \frac{1}{2}-\frac{1}{2}\sin\left(\frac{\pi}{2}\frac{r-R}{D}\right), |R-r| \end{cases} \tag{4.21}$$

式中，R 和 D 分别为截断区域的位置和宽度，键序 b_{ij}可定义为：

$$b_{ij} = (1+\chi_{ij})^{-1/2} \tag{4.22}$$

$$\chi_{ij} = \sum_{k(\neq i,j)} f_c(r_{ik})\exp[2\mu(r_{ij}-r_{ik})g(\theta_{ijk})] \tag{4.23}$$

其中，键角函数 $g(\theta)$ 为：

$$g(\theta) = \lambda\left(1+\frac{c^2}{d_2}-\frac{c^2}{d_2+(h+\cos\theta)^2}\right) \tag{4.24}$$

表 4.1 列举了用于描述 Si－Si，C－C，Si－C 原子间作用的 ABOP 势函数参数。

表 4.1　ABOP 势函数参数

原子	D_0 /eV	r_0 /Å[①]	S	β /Å^{-1}	r	c	d	h	R /Å	D /Å
Si－Si	3.24	2.222 0	1.570	1.476	0.092 5	1.136 81	0.634	0.335	2.9	0.15
C－C	6.00	1.427 6	2.167	2.019	0.112 3	181.910	6.284	0.556	2.0	0.15
Si－C	4.36	1.790 0	1.847	1.699	0.011 9	273 987	180.3	0.680	2.4	0.20

理想情况下，用于表示任一界面原子间作用力的模型都应该包括两体和三体相互作用。在 SiC 与 Al 的界面中，两体相互作用是 Al－Si 原子和 Al－C 原子之间的相互作用，而三体相互作用涉及 Al－Si－C，Al－C－Si，Al－Si－Al 和 Al－C－Al 等三体相互作用。由于缺乏相应的多体势函数，需要对所构建分子动力学模型进行假设，以便允许采用 Al－C 和 Al－Si 的两体对势来描述 SiC 和 Al 原子

① 1 Å = 0.1 nm。

间作用。假设一是 Al – Si – C 和 Al – C – Si 的平衡角设定为 109.47°，此时三体相互作用可近似为0；假设二是截断半径的选取必须保证 Al – C – Al 和 Al – Si – Al 的第二近邻相互作用而产生的力也为零。采用 Morse 对势近似描述 SiC 和 Al 原子间复杂的界面作用，其 Al – Si 和 Al – C 的 Morse 对势函数参数详见表 4.2。

$$V = D_0\left[e^{-2\alpha(r-r_0)} - e^{-\alpha(r-r_0)} \right] \tag{4.25}$$

表 4.2 Al – Si 和 Al – C 的 Morse 对势函数参数

参数	系统	
	Al – C	Al – Si
D_0/eV	0.469 1	0.482 4
α/Å	1.738	1.322
r_0/Å	2.246	2.920

4.4.2 SiC – Al 界面分子模型建立

用于 SiC/Al 界面行为研究的分子动力学仿真模型如图 4.12 所示。仿真模型的规模很大程度上决定了仿真结果的有效性，但受限于分子动力学仿真软件本身的尺度与现有计算资源的计算能力，建立微米级别的 SiC 和 Al 的界面整体结构会大大增加模拟的计算量，因而并不适合，也难以实现，故采用分子动力学建模中的周期性边界条件进行建模。采用周期性边界条件研究原胞内粒子的运动规律时，分析原胞周围的边界条件，然后通过计算便可以得出原胞粒子运动情况，无需考查宏观工件材料中每个粒子的受力及运动，极大地减少了计算量，节省了仿真时间。在 x 长度方向和 z 厚度方向上使用周期边界条件，而在 y 方向上使用非周期性边界条件。模型各方向上尺寸的选取远大于任何原子间作用力截断半径，从而有效防止原子与周期性镜像原子的干涉作用，坐标系中 x、y、z 轴分别与晶体三个晶向 [0 1 0]，[1 0 0] 和 [0 0 1] 重合。

Al 和 SiC 的晶格常数分别为 4.05 Å 和 4.36 Å，晶格错配度为 7.52%，因此如果在 x，z 方向武断地选择周期性盒子尺寸将会引起系统在周期性复制过程中产生原子堆叠或过大的间隙，从而使系统在弛豫过程中产生大的能量波动，同时在系统平衡过程中还会引起大的热振动，导致模拟体系难以达到平衡状态或弛豫

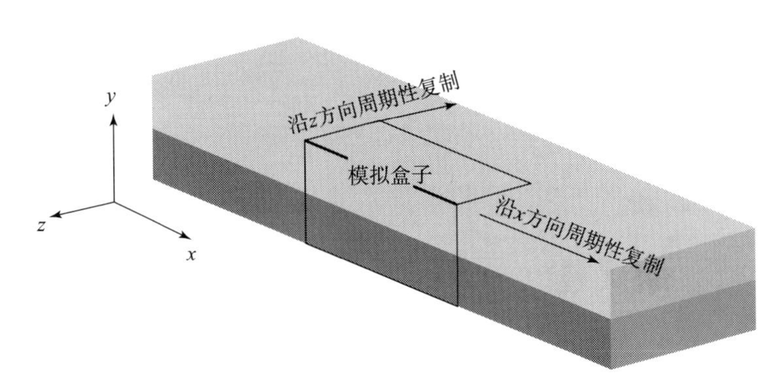

图 4.12　SiCp/Al 界面分子动力学仿真模型

过缓，从而影响数值计算结果的准确性。此外，在系统能量最小化过程中，由此引起的原子构型变化在很大程度上会导致一些非物理现象的产生，从而影响变形机理的揭示。采用文献［136］关于不同晶格材料的周期性建模方法，确定模拟盒子中在 z 轴厚度方向上 Al、SiC 晶胞数分别为 42、39 个，在 x 轴长度方向上 Al、SiC 晶胞数分别为 224、208 个，最终确定的在 x、z 方向周期性的 SiC/Al 界面分子模型几何，如图 4.13 所示。界面分子模型划分为四个区域：SiC 边界层、SiC 牛顿层、Al 边界层、Al 牛顿层。图 4.14 清楚显示了 SiCp/Al 界面模型在 x、z 方向周期性实现。

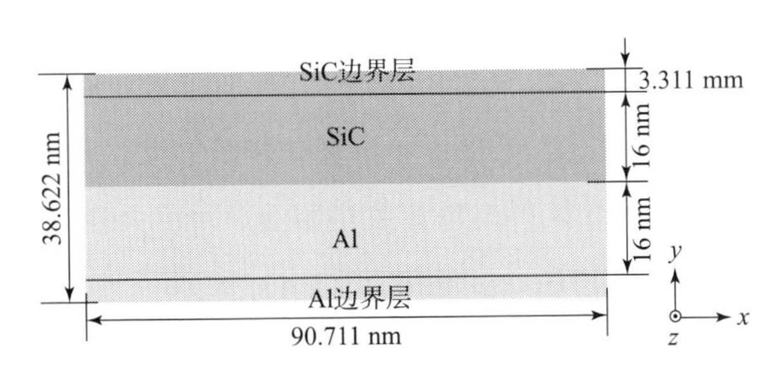

图 4.13　SiCp/Al 界面分子模型几何

SiCp/Al 界面拉伸是通过系统的均匀拉伸实现的，即在每个时间步内以一定的应变增量沿着 y 方向均匀移动每个原子相应的距离以模拟界面的Ⅰ型拉伸断裂。SiCp/Al 界面剪切是通过边界层原子的均匀拉伸实现的，即在每个时间步内以一定的应变增量沿着 x 方向均匀移动 SiC 边界层每个原子相应的距离，同时 Al 边界层被固定以模拟界面的Ⅱ型剪切断裂。在界面拉伸或剪切加载前，对多组分

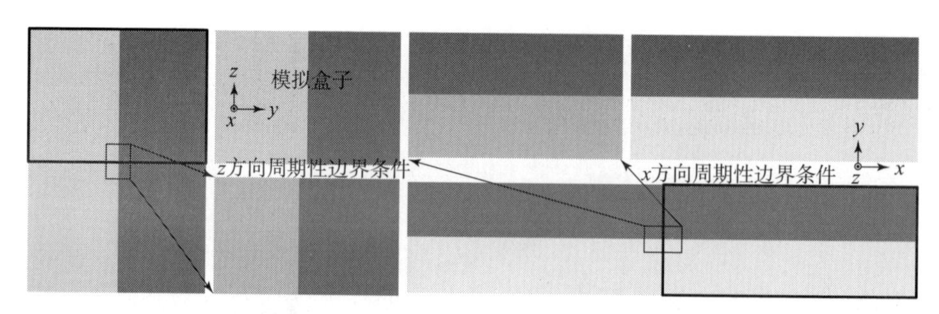

图 4.14 SiCp/Al 界面在 x 方向和 z 方向的周期性实现

的分子系统在相应的温度下进行弛豫 40 ps，以松弛晶格错配引起的内应力。界面模型中 SiC 一侧为 Si 原子截断方式，即界面处与 Al 原子最近邻的原子为 Si 原子，由第一性原理计算和试验测量的 Al—Si 平衡键长为 2.445 ~ 2.92 Å，而在弛豫后的界面平均原子间距落在这个范围内，进一步验证所构建 Al - SiC 界面模型的准确性。所有的分子模型均采用 $10^7\ s^{-1}$ 的应变率进行加载，并分别在 300 K、473 K、673 K 不同温度下进行 SiC/Al 界面 Ⅰ 型拉伸、Ⅱ 型剪切模拟。

4.4.3 SiC - Al 界面力学行为

图 4.15 所示为 Ⅰ 型拉伸断裂过程。图 4.15（a）显示，在拉伸起始阶段，整个分子体系发生弹性变形，Al 基体一侧被均匀拉伸；当分子系统拉伸到界面处 Al 侧有塑性变形发生时（如图 4.15（b）），界面进入屈服阶段，并伴随有少量界面裂纹萌生；如图 4.15（c）所示，随着拉伸的继续，大量裂纹在界面附近萌生，先前萌生的裂纹继续扩展，部分发生聚合。最终，这些裂纹随着拉伸扩展、聚合，导致界面完全脱黏，如图 4.15（d）所示，界面不再能有效传递载荷。

图 4.16 所示为 Ⅱ 型剪切断裂过程。与 Ⅰ 型拉伸模型一样，在剪切起始阶段，复合材料分子体系整体发生弹性变形，可看到 Al 基体一侧被均匀剪切。靠近 Al 侧的原子层由上而下依次沿 x 方向发生均匀剪切变形，如图 4.16（a）所示。随着剪切的继续，紧邻 SiC 的 Al 原子仍随着 SiC 同步运动，但整个 Al 原子层由上而下存在变形梯度，这表明 Al 原子层已经发生了塑性变形，如图 4.16（b）所示。随着剪切运动继续至界面开始分离时，区域由于较强的范德华力作用，界面

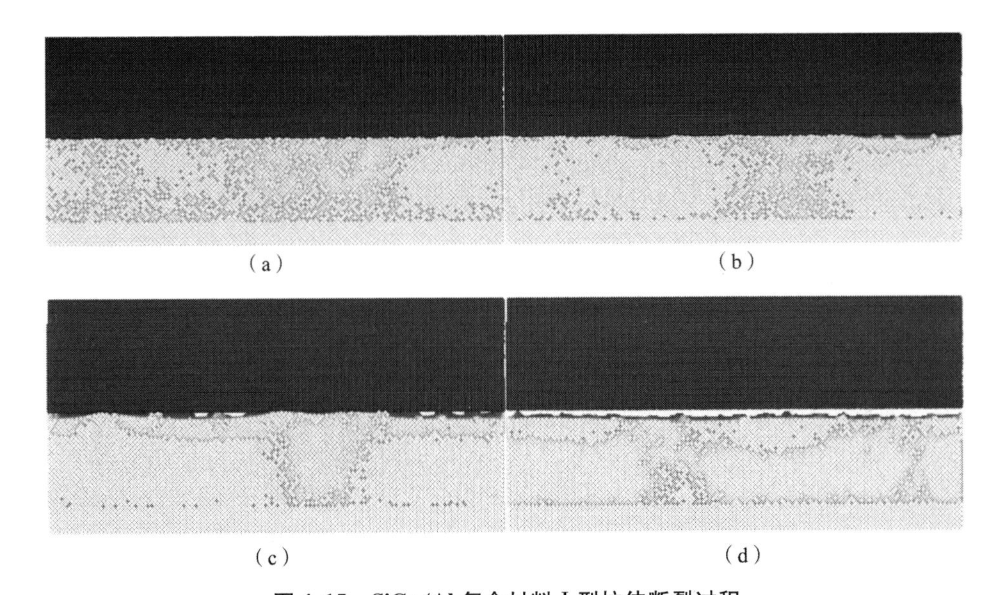

图 4.15　SiCp/Al 复合材料 I 型拉伸断裂过程

(a) 弹性变形阶段；(b) 塑性变形、少量界面裂纹；(c) 裂纹扩展、大量界面裂纹；(d) 界面完全脱黏

SiC 一侧对分离的右侧 Al 原子形成一定黏附，并伴随有少量剪切滑移带和裂纹形成，与 SiC 已分离的 Al 侧原子层发生弹性回复，如图 4.16（c）所示。随着剪切的进行，紧邻 SiC 的 Al 原子层部分黏附在 SiC 上，随着界面脱黏区域的增大，界面处的 Al 塑性变形更加剧烈，如图 4.16（d）。

在 300 K、473 K、674 K 温度下进行 Al - SiC 界面 I 型拉伸断裂、II 型剪切断裂分子动力学模拟，以计算内聚力模型中应力 - 位移的关系。对于拉伸应力 σ_{yy} 和剪切应力 σ_{xy} 的确定采用基于 Clausius 和 Maxwel 的位力应力表示，位力应力张量定义为：

$$\sigma(r) = \frac{1}{\Omega}\langle -\sum_i m_i \boldsymbol{v}_i \otimes \boldsymbol{v}_i + \frac{1}{2}\sum_{i,j\neq i} \boldsymbol{r}_{ij} \otimes \boldsymbol{f}_{ij}\rangle \tag{4.26}$$

式中，Ω 为体系的总体积；m_i 为原子 i 的质量；$\boldsymbol{v}_i$ 是原子 i 的速度矢量；$\otimes$ 是叉积；$\boldsymbol{r}_{ij}$ 为原子 i 和 j 的位置矢量 $\boldsymbol{r}_i$ 和 $\boldsymbol{r}_j$ 之间的距离；$\boldsymbol{f}_{ij}$ 原子 j 作用在原子 i 上的原子间作用力。裂纹张开位移定义为 $\Delta\boldsymbol{r} = \sqrt{\Delta\boldsymbol{x}^2 + \Delta\boldsymbol{y}^2}$，$\Delta\boldsymbol{y}$ 为法向张开位移，$\Delta\boldsymbol{x}$ 为切向张开位移。

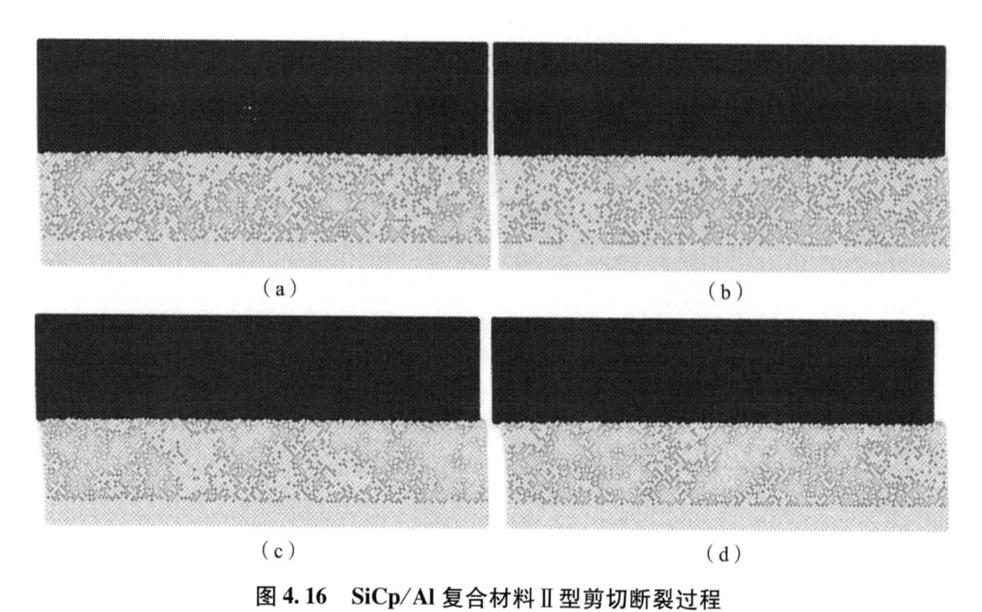

图 4.16　SiCp/Al 复合材料Ⅱ型剪切断裂过程

（a）弹性变形阶段；（b）塑性变形；（c）裂纹萌生；（d）界面部分脱粘

图 4.17 为在 300 K、473 K、674 K 温度下 Al－SiC 界面Ⅰ型拉伸断裂和Ⅱ型剪切断裂的内聚力－张开位移关系。不论 Al－SiC 界面分子系统的温度和界面断裂模式如何，界面应力－应变均表现为界面应力增大至峰值应力而后逐渐下降的力学行为。在Ⅰ型拉伸断裂和Ⅱ型剪切断裂模式下，界面应力均随着温度从 300 K 升高至 673 K 而逐渐降低，在界面达到峰值应力后出现损伤软化，界面软

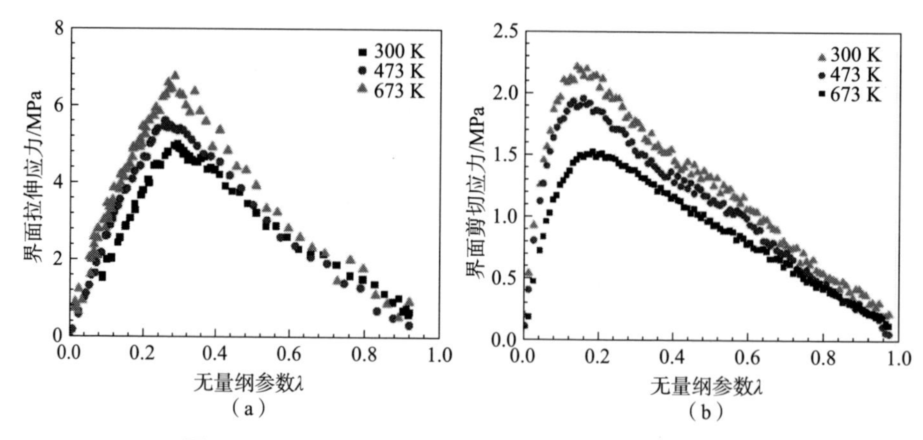

图 4.17　SiCp/Al 复合材料界面内聚力－张开位移关系

（a）Ⅰ型拉伸断裂；（b）Ⅱ型剪切断裂

化阶段力学响应近似为指数型损伤形式。Al - SiC 界面行为采用内聚力模型进行描述。表 4.3 为不同断裂模式下最大界面应力分子动力学仿真结果。

表 4.3　不同断裂模式下最大界面应力分子动力学仿真结果

#	模拟温度/K	Ⅰ型最大界面应力/GPa	Ⅱ型最大界面应力/GPa
1	300	6.59	2.24
2	473	5.57	1.97
3	673	4.95	1.58

界面损伤采用二次名义应力准则，无量纲参数 λ 将法向张开位移 u_n 和切向张开位移 u_t 和最大许可法向位移 δ_n 和最大许可切向位移 δ_t（97 Å）相联系。当二次名义应力比之和 λ 达到 1 时，黏结单元损伤起始，二次名义应力准则表示如下：

$$\lambda = \left[\left(\frac{\langle u_n\rangle}{\delta_n}\right)^2 + \left(\frac{u_t}{\delta_t}\right)^2\right]^{1/2} \tag{4.27}$$

根据 Al - SiC 界面分子动力学模拟结果，最大许可法向位移 δ_n 为 38 Å，最大许可切向位移 δ_t 为 97 Å。

界面应力 - 张开位移关系采用 Needleman 提出的内聚力模型来表征：

$$T(\lambda) = A\sigma_{max}\lambda\exp(-B\lambda)(1.3 - 0.001\theta) \tag{4.28}$$

式中，< >为麦考利括号，表示纯压缩变形不导致任何损伤；σ_{max} 为界面最大内聚力；θ 为界面温度（K）。通过对 Al - SiC 界面Ⅰ型拉伸断裂和Ⅱ型剪切断裂的内聚力 - 张开位移分子动力学模拟结果进行拟合得到 $A=22.03$，$B=4.84$。

为了描述 Al - SiC 界面在拉伸 - 剪切混合变形模式下的损伤演化，采用 Camaho 和 Davila 的二次等效位移描述界面分离：

$$\delta_m = \sqrt{\langle\delta_n\rangle^2 + \delta_s^2} \tag{4.29}$$

则基于界面等效位移的指数型损伤软化准则用标量损伤变量 D 表示为：

$$D = 1 - \left(\frac{\delta_m^0}{\delta_m^{max}}\right)\left[1 - \frac{1 - \exp\left(-\alpha\dfrac{\delta_m^{max} - \delta_m^0}{\delta_m^f - \delta_m^0}\right)}{1 - \exp(-\alpha)}\right] \tag{4.30}$$

式中，δ_m^{max} 为加载历史等效位移的最大值；δ_m^f 为完全失效时的等效位移；δ_m^0 为内聚力最大时对应的等效位移；α 为无量纲的材料常数，用来定义损伤演化率。

4.5 SiCp/Al 复合材料多尺度有限元模拟

在高应变率加载中，材料变形往往涉及局部化的高绝热剪切。SiC 颗粒的本构行为和损伤演化采用 Johnson - holmqusit（JH - 2）模型描述。表 4.4 为 SiC 的 JH - 2 本构模型材料参数。通过微观结构图像像素 - 有限元网格映射方法建立基于真实微观结构的 Al6063/SiCp 复合材料的细观力学模型。基于 4.3 节推导出的关于 Al 基体的细观本构模型和 4.4 节通过分子动力学模拟得到的 Al—SiC 界面内聚力模型，结合微观结构图像像素 - 有限元网格映射方法建立的基于真实微观结构 Al6063/SiCp 复合材料的细观力学模型以模拟高体积分数 Al6063/SiCp 复合材料在高应变率塑性应变和失效阶段应变局部化的细观特征。上述 Al 基体和 SiC 颗粒的本构模型都是通过 Abaqus/Explicit 用户材料子程序开发实现的。采用 4 节点双线性有减缩积分和沙漏控制的平面应变单元（CPE4R）模拟 Al 基体和 SiC 颗粒。

表 4.4 SiC 的 JH - 2 本构模型材料参数

ρ_0/(kg · m^{-3})	G/GPa	A_{jh2}	B_{jh2}	C_{jh2}	N	M	T_{max}/GPa	p_{HEL}/GPa	HEL/GPa	σ_i^{max}
3 215	193	0.96	0.35	0.0	0.65	1.0	0.75	5.13	11.7	1.24
σ_f^{max}	$\bar{\epsilon}_{f,min}^{pl}$	$\bar{\epsilon}_{f,max}^{pl}$	FS	IDg	D1	D2	K_1	K_2	K_3	$\dot{\epsilon}_0$
0.132	1.2	0.0	0.2	0	0.48	0.48	220	361	0	1.0

图 4.18 为 Al6063/SiCp 复合材料细观力学模型边界条件设置，通过 $x = L$ 上所有节点沿 $-x$ 轴施加节点速度 $\dot{u}_x$ 以模拟单轴压缩载荷，在 $x = L$ 上所有节点的 x 方向位移 u_x 被约束，RVE 细观模型的上、下边界采用周期性边界条件，施加周期性边界条件能增强细观力学模拟的准确性。

$$u_x(0,y) = 0, x = 0 \tag{4.31}$$

$$\dot{u}_x(L,y) = \dot{\varepsilon}_y(L + u_x(L,y)), x = L \tag{4.32}$$

图 4.19 为在应变率为 2 000 s^{-1}时压缩变形过程中 SiCp/Al 复合材料 von Mi-

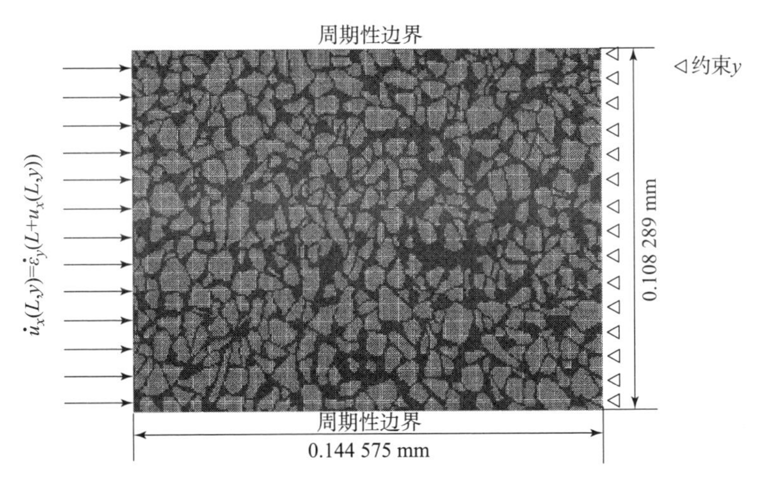

图 4.18　Al6063/SiCp 复合材料细观力学模型边界条件设置

ses 等效应力分布。由应力分布云图可知，SiC 颗粒承载了大部分压缩载荷，SiC 颗粒有尖角处存在应力集中，且载荷传递路径比较复杂，这均与 SiC 颗粒在基体中的分布相关。

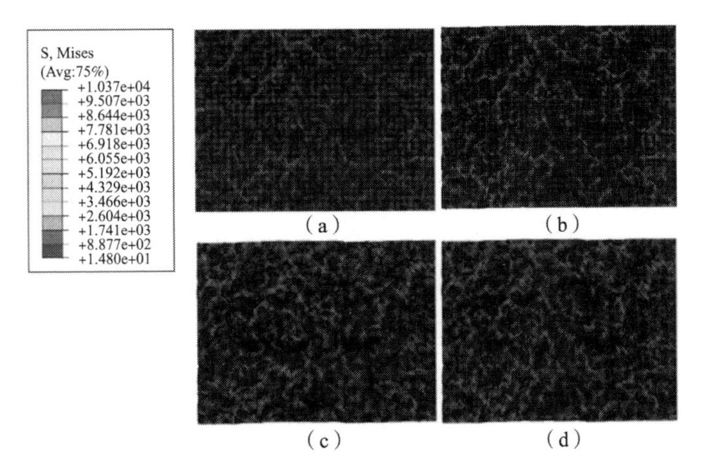

图 4.19　2 000 s^{-1}应变率下压缩变形过程中 SiCp/Al 复合材料 von Mises 等效应力分布

Al6063/SiCp 复合材料动态的力学性能是通过霍普金森压杆获得的。动态条件下的力学行为模拟是通过基于真实微观组织结构的 Al6063/SiCp 复合材料细观力学模型实现的。图 4.20 为在不同载荷工况下试验和有限元模拟的应力 - 应变曲线对比，所建立的基于真实微观结构的多尺度细观力学模型能较好地预测

Al6063/SiCp 复合材料应力 - 应变响应。验证模型正确性后可以研究在大应变率下材料内部应力的分布情况，结合实际断口微观组织图像，分析材料的断裂机制。

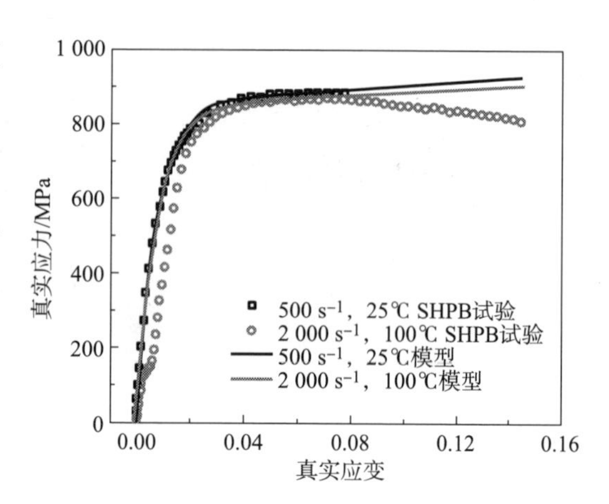

图 4.20 不同载荷工况下试验和有限元模拟的应力 - 应变曲线对比

图 4.21 为在准静态压缩变形过程中 Al6063/SiCp 复合材料 SiC 颗粒的失效。随着 Al6063/SiCp 复合材料的压缩，材料中较大直径的 SiC 颗粒在剪切作用下首先发生部分界面脱黏，随着界面裂纹扩展至界面完全脱黏，最后被邻近的 SiC 颗粒挤压至脆性断裂。不同于纯 SiC 陶瓷材料的变形，SiCp/Al 复合材料中 SiC - Al 界面及较柔软 Al 基体的存在，在很大程度上影响了 SiCp/Al 复合材料中 SiC 颗粒的断裂方式。

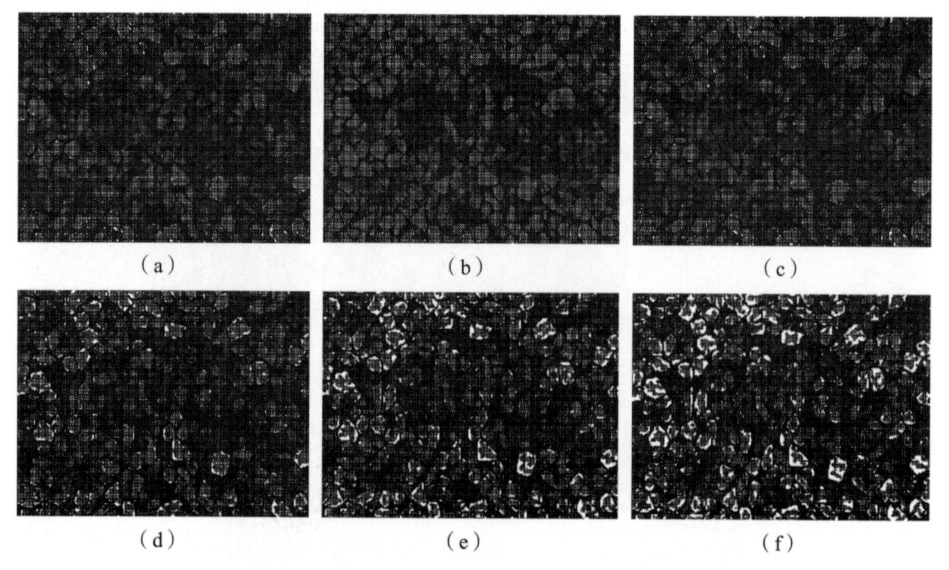

图 4.21 在准静态压缩变形过程中 Al6063/SiCp 复合材料 SiC 颗粒的失效

(a) 0.000 001 71 s；(b) 0.000 001 90 s；(c) 0.000 002 23 s；
(d) 0.000 004 91 s；(e) 0.000 008 95 s；(f) 0.000 013 62 s

图 4.22 为不同应变率动态压缩下 SiC 颗粒的失效分布。在低应变率下 SiCp/Al 复合材料的断裂失效区域整体化，而随着应变率的增加，SiC 颗粒的损伤、断裂趋于局部化，且 SiC 颗粒损伤数量越来越少。这也能从图 4.23 所示的 Al6063/SiCp 复合材料整体断裂形貌看出。细观力学过程在不同尺度下相互作用，引起永久的塑性变形、SiC 损伤累积，并最终导致复合材料失效。因此，通过构建微观结构尺度上 SiC 颗粒特征、颗粒/基体界面的多尺度连续介质模型，能够捕捉塑性变形阶段 SiCp/Al 复合材料局部的尺度效应、损伤效应。

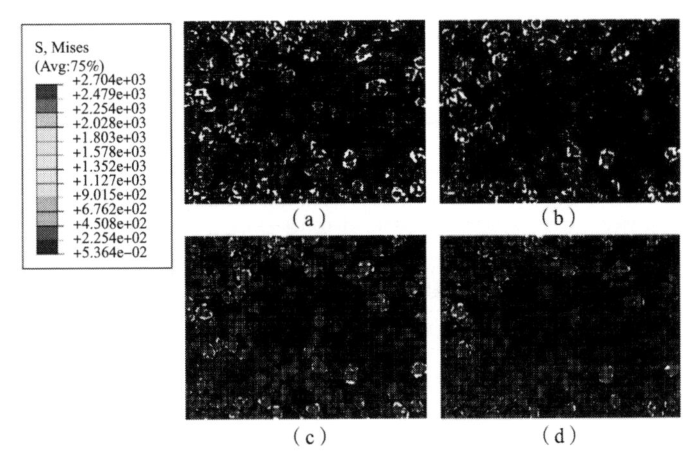

图 4.22　不同应变率动态压缩下 SiC 颗粒的失效分布

(a) 4 000 s^{-1}; (b) 6 000 s^{-1}; (c) 8 000 s^{-1}; (d) 10 000 s^{-1}

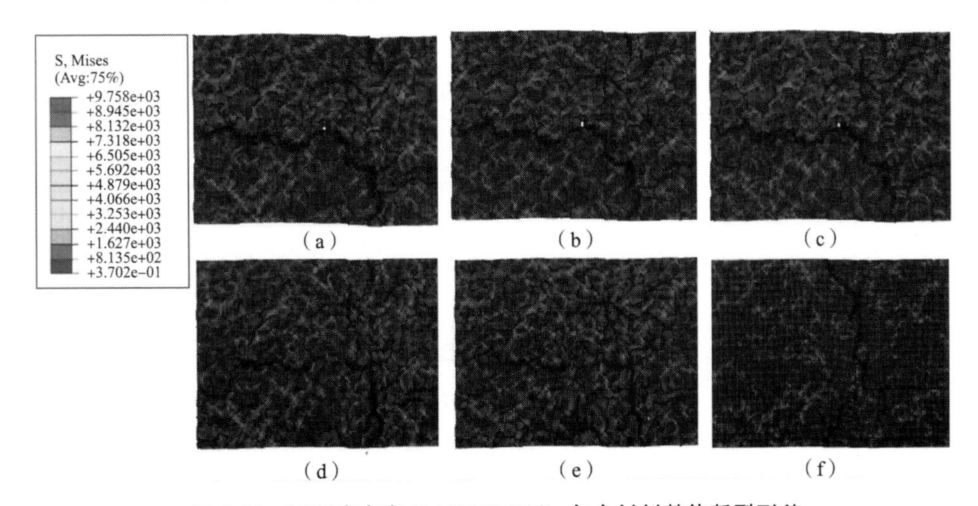

图 4.23　不同应变率下 Al6063/SiCp 复合材料整体断裂形貌

(a) 500 s^{-1}; (b) 2 000 s^{-1}; (c) 4 000 s^{-1}; (d) 6 000 s^{-1}; (e) 8 000 s^{-1}; (f) 10 000 s^{-1}

4.6 本章小结

作为一种微观结构敏感的铝基复合材料，SiCp/Al 的细观力学行为除与 SiC 颗粒的形状、大小、体积分数和在基体中的分布有关外，还与 Al 基体和 Al - SiC 界面强度密切相关。本书提出了基于数字图像分析技术的微观结构图像像素 - 有限元网格映射方法，实现了对任一多相材料真实微观结构（含相界）的有限元模型的自动生成。通过分子动力学模拟建立了在不同温度下 Ⅰ 型拉伸和 Ⅱ 型剪切模式下的 Al - SiC 界面的内聚力模型，用于表征 SiC 颗粒脱黏的界面应力 - 张开位移的关系；在 Al 基体本构建模中，考虑了材料制备过程中由热错配诱导的基体强化和塑性变形过程中由模量错配诱导几何必须位错引起的 Al 基体流动强化作用。将依赖于颗粒尺寸、体积分数的基体流动强化的本构模型、表征 Al - SiC 界面损伤演化的内聚力模型以及基于真实微观组织的几何建模方法综合应用于 SiCp/Al 复合材料多尺度细观力学模型中。动态力学试验和细观力学模拟的应力 - 应变曲线对比表明，基于 SiCp/Al 复合材料真实微观结构的分层多尺度细观力学模型能准确预测 SiCp/Al 复合材料的动态力学行为，建立起了一个从离散原子尺度到连续介质尺度的分层多尺度细观力学模型，逆向确定了高体积分数 SiCp/Al 复合材料的微观结构与其本构性质之间的关系。在此基础上，开展了在不同高应变率下 Al6063/SiCp 复合材料的微观损伤演化研究，发现随着应变率的提高，应变和损伤更趋局域化，为高体积分数 Al6063/SiCp 复合材料高速切削加工表面形成的非协调机制起主导作用的理论分析奠定了基础。

第 5 章

SiCp/Al 复合材料切削加工性研究

近年来，高体积分数的颗粒增强金属基复合材料，尤其以颗粒增强铝/钛基复合材料为典型代表，已经成为在各领域中逐渐推广应用的先进复合材料。由于软的金属基体中加入了高体积分数的高硬度、高强度、脆性大的增强相颗粒，因此颗粒增强金属基复合材料的可切削加工性下降，具体表现为材料在切削加工中变形复杂、亚表面损伤严重、加工表面完整性差、刀具磨损严重，严重制约着此类复合材料的推广应用。

5.1 SiCp/Al 复合材料高速铣削性能分析

目前，对于高体积分数 SiCp/Al 复合材料加工方法而言，由于 Al 基体中高体积分数 SiC 增强相的存在，用传统的铣削加工方法很难或者需要很高的成本才能达到所要求的加工精度和表面质量，成为典型的难加工材料，严重制约着该类复合材料的广泛应用。具体表现为：如图 5.1（a）所示，由于 SiC 增强相颗粒（1）的加入，复合材料切削的去除情况与普通弹塑性材料有所不同。如图 5.1（b）所示，切削过程中，在刀具（3）作用下 SiCp/Al 复合材料加工工件（8）发生弹塑性变形，基体材料包裹着增强相颗粒产生位错运动，并伴随着增强相颗粒的断裂破碎（4）、剥落（5）和未完全压入（6）现象，从而形成质量较差的已加工表面（7）。如果增强相颗粒在加工前就存在微裂纹等缺陷，那么就可能发生颗粒的破碎，颗粒断裂或破碎剪切区的金属基体（2）在局部区域产生位错滑移，形成微小的剪切变形，此时，基体夹裹着部分碎屑在剪切应力的作用下向前滑移形成切屑。增强相颗粒对基体材料的位错运动产生的阻碍作用导致应力集中，当应力达到增强相颗粒断裂强度之前，界面可能已经断裂并发生颗粒剥落，处于切削加工路径上方的增强相颗粒会在刀具的作用下被拔出基体，脱落的颗粒还可能与已加工表面之间形成滑擦磨损并在已加工表面上形成划痕，在划痕附近产生微裂纹并向四周的基体扩展，而处于切削加工路径下方的增强相颗粒，在刀具的作用下发生旋转并在合金基体中滑移而留下沟痕，最后在基体中形成颗粒压入现象，最终形成质量较差的加工表面。

因此，现有传统加工方式在切削高体积分数 SiCp/Al 复合材料方面存在以下不足：由于增强相颗粒的大小、形状、排列分布以及缺陷和强度存在很多不均匀性和随机性，因此实际加工过程存在不可控性，随着加工表面上颗粒断裂、剥落和压入，演变为增强相断裂破碎、增强相剥落形成的表面局部凹坑以及增强相未完全压入形成的表面局部凸起等缺陷，使得该类金属基复合材料加工表面质量较差、亚表面损伤严重。

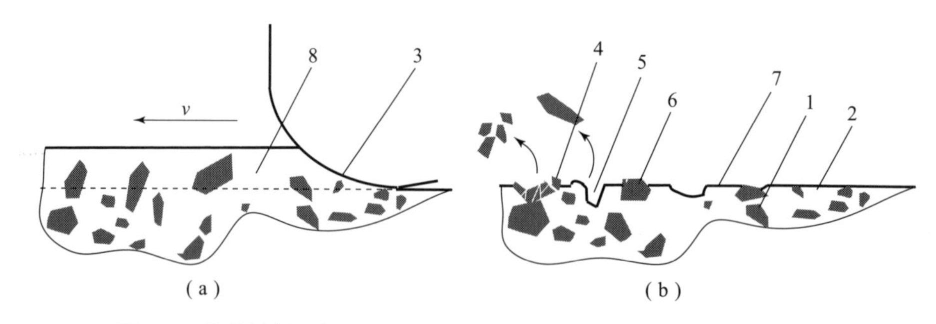

图 5.1 传统铣削颗粒增强型金属基复合材料加工表面缺陷形成示意图

(a) 切削前；(b) 切削后

1—增强相；2—金属基体；3—常规铣刀；4—增强相断裂破碎缺陷；5—增强相剥落的凹坑缺陷；6—增强相未完全压入的凸起缺陷；7—常规切削后的加工表面；8—加工工件

在加工大尺寸 SiC 颗粒增强的铝基复合材料过程中存在更多的缺陷，由于 SiCp/Al 复合材料已加工表面大量微缺陷的存在，已加工表面上诱导的热应力和弹性恢复应力大部分被释放掉。对于小尺寸 SiC 颗粒增强的铝基复合材料，当它们的基体 - 增强相界面强度很好时，加工过程中表面材料将经历非常剧烈的塑性变形，同时在表层以下存在较大的弹性变形。在加工后，较高的加工表面质量和高密度 SiC 增强相的约束作用使热应力和弹性恢复应力的释放受到限制，最终导致小颗粒 SiC 颗粒增强的铝基复合材料已加工表面有较大的残余压应力的产生。加工大尺寸 SiC 颗粒增强的铝基复合材料的过程中，大部分热应力和弹性恢复应力因为加工缺陷的存在被极大地释放；对于小尺寸 SiC 颗粒增强的铝基复合材料，较高的加工表面质量导致已加工表面有压应力产生。

严重的刀具磨损也是制约该类高体积分数材料加工质量提升和增加加工成本的一个重要原因。加工高体积分数 SiCp/Al 复合材料会造成严重的刀具磨损，并使处于切削加工路径上方的纤维和颗粒在刀具的作用下从基体被拔出，脱落的颗粒与刀具后刀面、已加工表面之间组成三体磨损并在已加工表面上形成划痕，在划痕附近产生微裂纹并向四周的基体扩展。当刀具磨损到一定程度时，会使工件的加工精度降低，表面粗糙度增大，并导致切削力和切削温度上升，甚至会产生加工振动，导致不能正常进行切削直至失去切削能力。因此，研究适合于颗粒增强金属基复合材料高速切削的刀具材料，分析刀具磨损形态和刀具磨损机理等基础问题，是实现高体积分数 SiCp/Al 复合材料切削加工技术的关键。

因此，对于高体积分数 SiCp/Al 复合材料而言，用传统的加工方法很难或者需要很高的成本才能达到所需的加工精度和表面质量，而针对高体积分数 SiCp/Al 复合材料表面质量差、刀具磨损等问题，引入新的高效、高质量加工技术与工艺的研究显得尤为必要和迫切。高速切削加工技术作为具有发展潜力的先进制造技术之一，成为解决该类复合材料加工难点的有益探索。

5.1.1　高速铣削试验方案

高速铣削试验所加工材料为由真空压力浸渗法制备的 Al6063/SiCp/65p 复合材料。图 5.2（a）为 Al6063/SiCp/65p 复合材料的微观组织形貌，深色的 SiC 颗粒均匀地嵌在浅色的 Al6063 基体中，其微观组织中并没有发现明显的团聚现象和织构。图 5.2（b）为 Al6063/SiCp/65p 复合材料的 X 射线能谱分析（EDAX）结果。

在 DMU 80monoBLOCK 加工中心上，采用 PCD 铣刀进行 Al6063/SiCp/65p 复合材料的高速铣削试验。加工所用的 PCD 铣刀为两块 PCD 刀片钎焊在硬质合金刀柄上组成的端铣刀。图 5.3 详细说明了 Al6063/SiCp/65p 复合材料的装夹、刀

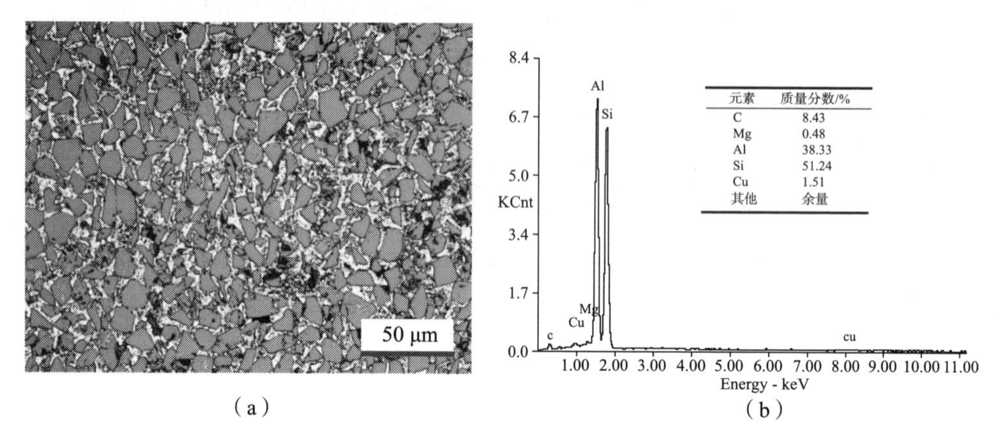

图 5.2　Al6063/SiCp/65p 复合材料的微观结构与 EDAX 分析结果

（a）微观组织；（b）X 射线能谱分析

具和铣削加工示意。Kannan 研究结果发现，冷却液的加入会导致 SiCp/Al 复合材料表面有损伤的 SiC 颗粒被冲刷走，导致表面形成大量孔洞和点蚀缺陷，因此，本章所有高速铣削试验都采用干切削加工。表 5.1 详细列出了 Al6063/SiCp/65p 复合材料高速铣削试验刀具结构和具体的切削加工条件。图 5.4 为 Al6063/SiCp/65p 复合材料高速切削工艺研究路线。

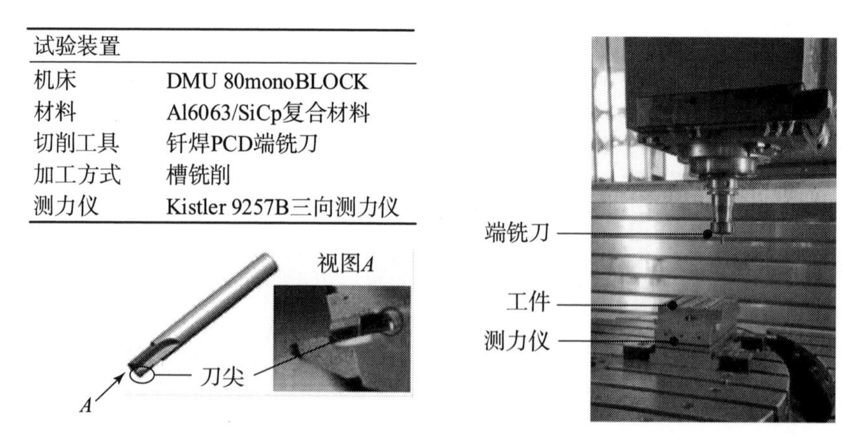

图 5.3　Al6063/SiCp/65p 复合材料的装夹、刀具和铣削加工示意

表 5.1　Al6063/SiCp/65p 复合材料高速铣削试验刀具结构和具体的切削加工条件

试验项目	内容
刀具	
刀尖材料	聚晶金刚石（PCD）
刀体材料	硬质合金
PCD 晶粒尺寸 D_g/μm	10
PCD 刀尖半径 R_n/mm	0.1
铣刀直接 d/mm	6
前角/(°)	2
后角/(°)	10
主偏角/(°)	90
工件	
材料	Al6063/SiCp/65p
厚度/mm	2
加工条件	
加工方式	端铣
切削速度/V_c(m · min^{-1})	100，170，240，300，380，400，500
每转进给量 f_z/(mm · r^{-1})	0.02，0.025，0.04，0.05，0.06，0.075，0.08，0.1
轴向切深 a_p/mm	0.02，0.05，0.075，0.1，0.125，0.15
切削环境	干切削

周期性地中断铣削加工以测量加工后试样的表面完整性和刀具磨损情况。使用 Kistler 9257B 三向测力仪采集铣削力分量（F_x，F_y，F_z），图 5.5（a）为其切削力测量示意图。采用 Zeiss Stereo Discovery V12 体视显微镜测量试验中薄壁工件的变形。在表面粗糙度表征方面，*Ra* 仍被广泛用于评价 SiCp/Al 复合材料的加工表面粗糙度，这里选取 *Ra* 作为其表面粗糙度的评价标准。通过 Talysurf CCI 非接触式白光干涉仪器测量加工表面的粗糙度，每组切削参数下的表面粗糙度值为进给方向上的 5 个位置处的测量值的平均值。图 5.5（b）为表面粗糙度测量方法的示意图。

由于至今还未公布关于通过 X 射线衍射（XRD）方法测量该复合材料残余

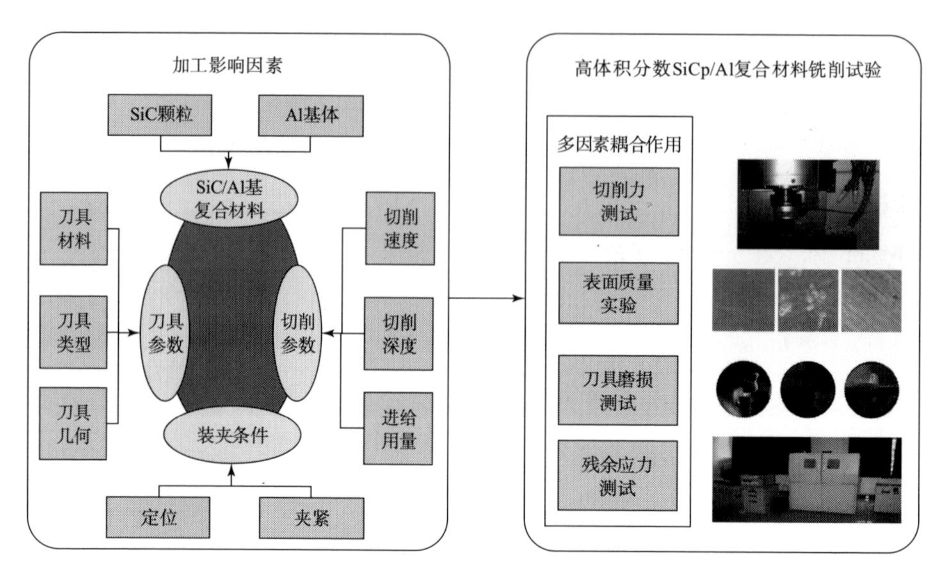

图 5.4　Al6063/SiCp/65p 复合材料高速切削工艺研究路线

应力的相关标准，本研究采用 X 射线 $\sin^2\psi$ 方法对加工表面残余应力进行测量。另外，选取的残余应力测量参数为：Al（2 2 2）反射晶面和 Cr Kα 靶。残余应力为每组铣削条件下加工表面 3 个不同位置的残余应力测量结果的平均。

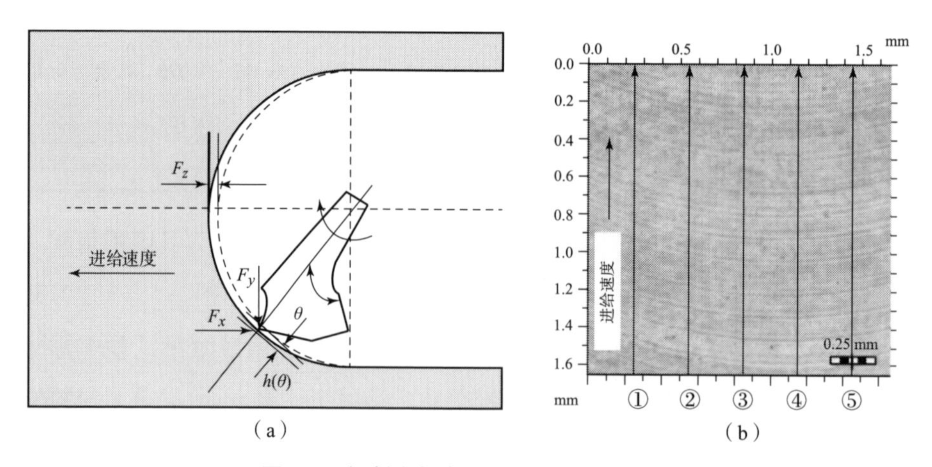

图 5.5　切削力与表面粗糙度测量示意图

（a）端铣切削力测量；（b）表面粗糙度测量

5.1.2　铣削力分析

铣削力关系到铣削过程中能量消耗和铣削工艺系统的变形，而且对加工表面质量、刀具磨损等都有直接的影响，是研究 Al6063/SiCp/65p 复合材料切削性能的一个重要参数。图 5.6 为在高速铣削 Al6063/SiCp/65p 复合材料时每转进给量、轴向切削深度和铣削速度对铣削力的影响。所有方向的铣削力都随着进给速度和轴向切削深度增加。随着铣削速度从 100 $m \cdot min^{-1}$ 增加到 300 $m \cdot min^{-1}$，z 向（垂直于铣削表面）铣削力 F_z 呈缓慢下降的趋势，铣削速度达到 300 m/min 后铣削力 F_z 开始增加。随着切削速度的增加，切削高温软化 Al 基体，复合材料的热软化效应凸显；而随着切削速度进一步提高，绝热剪切作用仅仅导致局部热变形效应明显，并且在刀具作用下，高密度 SiC 颗粒挤压 Al 基体引起应变硬化效应明显。与另外两个切削工艺参数相比，铣削速度对铣削力的影响是最小的。

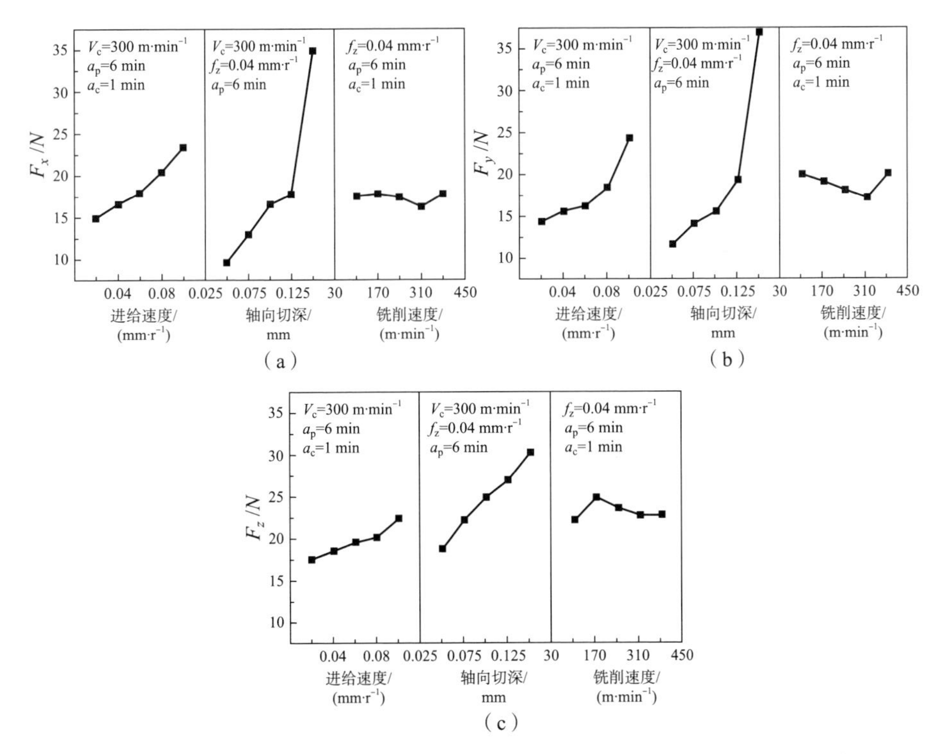

图 5.6　进给速度、轴向切削深度和铣削速度对铣削力 F_x、F_y、F_z 的影响

（a）x 向切削力；（b）y 向切削力；（c）z 向切削力

根据铣刀几何结构和槽铣削几何参数（如图 5.7 所示），建立切削参数解析模型预测 Al6063/SiCp/65p 复合材料高速铣削力。当瞬时未切削厚度大于最小切削厚度时，切削区被认为是剪切主导区。切削机理与宏观的相似，所有加工后的材料形成切屑并被去除。根据高速铣削试验中采用的端铣刀切削刃几何结构（如图 5.7（a）所示），在铣削位置 θ 处，作用于切削刃上的三个铣削力分量切向力 $F_{tk}(\theta)$、径向力 $F_{rk}(\theta)$ 和轴向力 $F_{ak}(\theta)$ 分别表示为：

$$\begin{cases} F_{tk}(\theta)=[K_{tc}t_{cj}(\theta)+K_{te}]d_a \\ F_{rk}(\theta)=[K_{rc}t_{cj}(\theta)+K_{re}]d_a \\ F_{ak}(\theta)=[K_{ac}t_{cj}(\theta)+K_{ae}]d_a \end{cases} \tag{5.1}$$

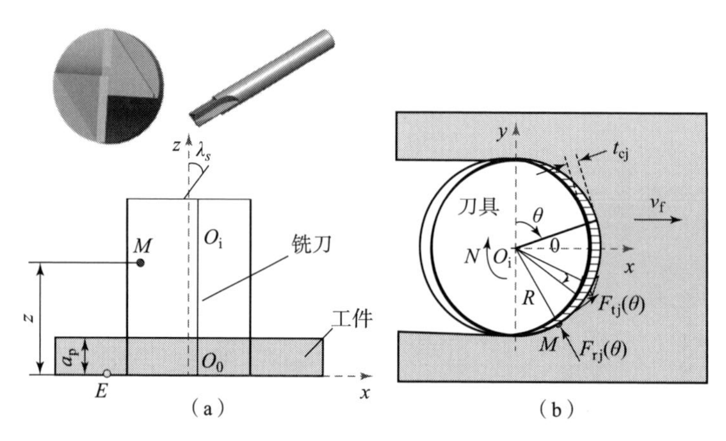

图 5.7　铣刀几何结构和端铣过程的加工几何参数示意图

（a）铣刀几何结构；（b）加工几何参数

式中，K_{tc}、K_{rc}和K_{ac}分别是切向、径向和轴向方向的剪切力系数；K_{te}、K_{re}、K_{ae}分别为切向、径向和轴向方向的犁切力系数；$t_{cj}(\theta)$ 是瞬时切削厚度。图 5.7（b）为槽铣在铣削转角 θ 处的瞬时切削厚度，其中 θ 为刀具以 y 轴为参考起始位置顺时针转过的角度。根据式（5.1）可计算其瞬时切削厚度 $t_{cj}(\theta)$：

$$t_{cj}(\theta)=f_z\sin\theta \tag{5.2}$$

式中，f_z为每齿进给量，且$f_z=f/(Nz)$，其中 f 为进给速度，N 为刀具转速，z 为齿数。

将式（5.1）柱坐标下的铣削力分量转换为笛卡儿坐标系下的铣削力分量，表示为：

$$\begin{pmatrix} F_{xk}(\theta) \\ F_{yk}(\theta) \\ F_{zk}(\theta) \end{pmatrix}=\begin{bmatrix} -\cos\theta & -\sin\theta & 0 \\ \sin\theta & -\cos\theta & 0 \\ 0 & 0 & 1 \end{bmatrix}\begin{pmatrix} F_{tk}(\theta) \\ F_{rk}(\theta) \\ F_{ak}(\theta) \end{pmatrix} \tag{5.3}$$

在 x、y、z 三个方向上的铣削力分量可进一步表示为:

$$\begin{cases}F_x(\theta)=[K_{tc}t_{cj}(\theta)+K_{te}]d_a\cos\theta+[K_{rc}t_{cj}(\theta)+K_{re}]d_a\sin\theta\\ F_y(\theta)=[K_{tc}t_{cj}(\theta)+K_{te}]d_a(-\sin\theta)+[K_{rc}t_{cj}(\theta)+K_{re}]d_a\cos\theta\\ F_z(\theta)=-[K_{ac}t_{cj}(\theta)+K_{ae}]d_a\end{cases} \tag{5.4}$$

铣削力系数的确定通常有试验和理论两种方法，试验方法存在对其数据依赖性强及适应性差等问题，考虑模型的通用性，采用理论方法确定高速铣削过程中剪切力和犁切力系数。基于 Armarego 提出的经典斜交切削力模型，其切向、径向、轴向剪切力系数分别表示为:

$$\begin{cases}K_{tc}=\dfrac{\tau}{\sin\phi_n}\dfrac{\cos(\beta_n-\alpha_n)+\tan i\tan\eta_c\sin\beta_n}{\sqrt{\cos^2(\phi_n+\beta_n-\alpha_n)+\tan^2\eta_c\sin^2\beta_n}}\\ K_{rc}=\dfrac{\tau}{\sin\phi_n\cos i}\dfrac{\sin(\beta_n-\alpha_n)}{\sqrt{\cos^2(\phi_n+\beta_n-\alpha_n)+\tan^2\eta_c\sin^2\beta_n}}\\ K_{ac}=\dfrac{\tau}{\sin\phi_n}\dfrac{\cos(\beta_n-\alpha_n)\tan i-\tan\eta_c\sin\beta_n}{\sqrt{\cos^2(\phi_n+\beta_n-\alpha_n)+\tan^2\eta_c\sin^2\beta_n}}\end{cases} \tag{5.5}$$

式中，τ 为剪切面上剪切流变应力；η_c是流屑角；i 是刃倾角；α_n是前角；β_n是等效摩擦角；ϕ_n是等效剪切角。根据 Stabler 准则可知，流屑角 η_c近似等于刃倾角 i。由于刃倾角 i 等于螺旋角 λ，根据所采用的铣刀结构螺旋角为0，式（5.5）可简化为:

$$\begin{cases}K_{tc}=\dfrac{\tau}{\sin\phi_n}\dfrac{\cos(\beta_n-\alpha_n)}{\sqrt{\cos^2(\phi_n+\beta_n-\alpha_n)+\tan^2\eta_c\sin^2\beta_n}}\\ K_{rc}=\dfrac{\tau}{\sin\phi_n}\dfrac{\sin(\beta_n-\alpha_n)}{\sqrt{\cos^2(\phi_n+\beta_n-\alpha_n)+\tan^2\eta_c\sin^2\beta_n}}\\ K_{ac}=-\dfrac{\tau}{\sin\phi_n}\dfrac{\tan\eta_c\sin\beta_n}{\sqrt{\cos^2(\phi_n+\beta_n-\alpha_n)+\tan^2\eta_c\sin^2\beta_n}}\end{cases} \tag{5.6}$$

基于切屑在刀尖的动量守恒分析，等效摩擦角 β_n 表示为:

$$\tan\beta_n=\frac{\xi+2}{4\mu(\xi+1)}\frac{\sin2(\phi_n+\beta_n-\alpha_n)}{\cos^2\beta_n}\left\{\xi\left[1-\left(\frac{\xi+2}{4\mu(\xi+1)}\frac{\sin2(\phi_n+\beta_n-\alpha_n)}{\cos^2\beta_n}\right)^{1/\xi}\right]+1\right\} \tag{5.7}$$

式中，ξ 为压力分布指数，取值3；μ 为滑动摩擦系数，取值0.8。

假设在正交切削中的剪切角等于斜交切削中的等效剪切角 ϕ_n。根据 Merchant 提出的剪切角模型计算等效剪切角：

$$\phi_{\mathrm{n}} = C_1 - C_2(\beta_{\mathrm{n}} - \alpha_{\mathrm{n}}) \tag{5.8}$$

式中，C_1、C_2 为模型常量。

当瞬时切削厚度减少到与微铣刀刃口半径相当时，出现了明显的犁切效应。犁切力系数采用 Waldorf 等提出的滑移线场模型（图5.8）进行确定。

$$\begin{cases} K_{\mathrm{te}} = \dfrac{\tau[\cos(2\eta_0)\cos(\phi_{\mathrm{n}} - \gamma_0 + \eta_0) + (1 + 2\alpha_0 + 2\gamma_0 + \sin(2\eta_0))\sin(\phi_{\mathrm{n}} - \gamma_0 + \eta_0)]R}{\sin\eta_0} \\ K_{\mathrm{re}} = \dfrac{\tau[(1 + 2\alpha_0 + 2\gamma_0 + \sin(2\eta_0))\sin(\phi_{\mathrm{n}} - \gamma_0 + \eta_0) - \cos(2\eta_0)\cos(\phi_{\mathrm{n}} - \gamma_0 + \eta_0)]R}{\sin\eta_0} \end{cases} \tag{5.9}$$

式中，η_0、γ_0、α_0和ρ_0是扇形场角，可通过几何和摩擦关系确定；R 为以点 M 为中心的扇形场半径，可表示为：

$$R = \left\{\left[r_{\mathrm{e}}\tan\left(\frac{\pi}{4} + \frac{\alpha_0}{2}\right) + \frac{\sqrt{2}R_0\sin\rho_0}{\tan\left(\dfrac{\pi}{2} + \alpha_0\right)}\right]^2\sin\eta_0 + 2(R_0\sin\rho_0)^2\right\}^{1/2} \tag{5.10}$$

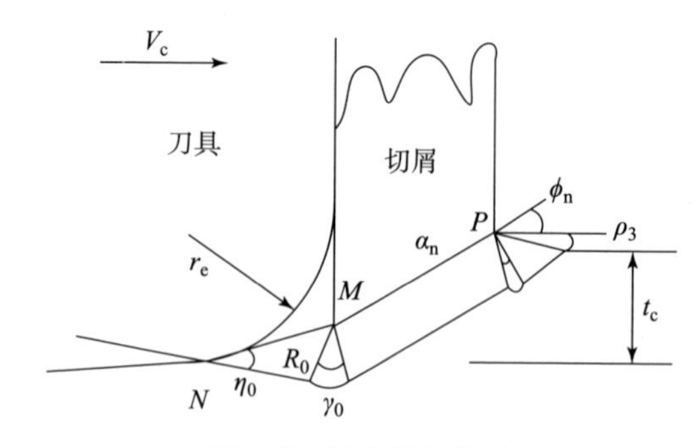

图5.8 滑移线场模型

由于高速切削相比于普通切削状态下材料的变形和温度历史有显著的不同，因此其切削力也呈现不同的变化趋势。在高速切削条件下，加工速率高、升温速度快，导致摩擦系数和流变应力都变小，使切屑变形系数降低，因此在高速铣削力的建模中，需要考虑材料变形状态，特别是热力耦合效应，这对于准确预测高速铣削力是非常重要的。而在以往的铣削力模型中，仅考虑了切削工艺参数、刀具几何参数和一些通过试验确定的切削常量来表征铣削力模型，尽管这在一定程度上能够针对特定的材料给出可行的预测精度，但缺乏材料属性相关的内在变量，不具备通用性。在高速铣削力的建模中，需要考虑材料变形状态，特别是热力耦合效应，这对于准确预测高速铣削力是非常重要的。因此把材料本构模型加入 Altinatas 切削力模型以修正剪切力模型。上述的剪切力系数确定涉及材料剪切流变应力 τ，而剪切流变应力与材料的塑性本构有关。针对高速切削的特点，采用对大应变率、大变形有很好适应性的 J－C 塑性材料模型，它包含应变硬化、应变率强化和热软化效应的影响。

$$\sigma_{\mathrm{JC}} = \left[A + B(\varepsilon_{\mathrm{p}})^{n}\right]\left[1 + C\ln\left(\frac{\dot{\varepsilon}_{\mathrm{p}}}{\dot{\varepsilon}_{0}}\right)\right]\left[1 - \left(\frac{T - T_{\mathrm{r}}}{T_{\mathrm{m}} - T_{\mathrm{r}}}\right)^{m}\right] \tag{5.11}$$

其 J－C 塑性本构模型参数详见第 2 章。在正交切削中，主剪切面上的等效塑性应变 ε_{p} 和等效塑性应变率 $\dot{\varepsilon}_{\mathrm{p}}$ 表示：

$$\begin{cases} \varepsilon_{\mathrm{p}} = \dfrac{\cos\alpha_{n}}{2\sqrt{3}\sin(\phi_{\mathrm{n}})\cos(\phi_{\mathrm{n}} - \alpha_{\mathrm{n}})} \\ \dot{\varepsilon}_{\mathrm{p}} = \dfrac{2V_{\mathrm{c}}\cos\alpha_{\mathrm{n}}}{\sqrt{3}(h_{0})\cos(\phi_{\mathrm{n}} - \alpha_{\mathrm{n}})} \end{cases} \tag{5.12}$$

式中，h_{0}为主剪切区厚度，近似等于 0.5h；V_{c} 为切削速度。

主剪切面上的温度 T 表示为：

$$\int_{T_0}^{T} \frac{\rho_{\mathrm{m}} C_{\mathrm{p}}}{1 - \left(\dfrac{T - T_{\mathrm{r}}}{T_{\mathrm{m}} - T_{\mathrm{r}}}\right)^{m}} \mathrm{d}T = \beta_{T}(A + B(\varepsilon)^{n})\left(1 + C\ln\frac{\dot{\varepsilon}_{\mathrm{p}}}{\dot{\varepsilon}_{0}}\right) \tag{5.13}$$

式中，ρ_{m}、C_{p} 分别是材料密度和比热容；β_{T}为主剪切面上的塑性变形能转换为热能的比例，根据材料属性，取值为 0.85～1。

材料的塑性力学行为决定了切削中材料的变形与温度历史，而高速切削具有大变形、高应变率、局部绝热高温等特点，因此需要将塑性本构模型引入高速铣削力模型的表征中。根据 von Mises 屈服准则，材料的剪切流变应力表示为：

$$\tau = \frac{1}{M}\sigma_{\mathrm{JC}} = \frac{1}{M}(A + B(\varepsilon)^{n})\left(1 + C\ln\left(\frac{\dot{\varepsilon}}{\dot{\varepsilon}_{0}}\right)\right)\left[1 - \left(\frac{T - T_{\mathrm{r}}}{T_{\mathrm{m}} - T_{\mathrm{r}}}\right)^{m}\right] \tag{5.14}$$

式中，M 为 Taylor 因子，表示单轴拉应力与剪应力的关系。

5.1.3 铣削表面完整性分析

表面形成机制的研究对提高 Al6063/SiCp/65p 复合材料的切削加工性能是十分重要的。图 5.9 为 Al6063/SiCp/65p 复合材料铣削加工表面的 SEM 照片。Al6063/SiCp/65p 复合材料的加工表面形成机制为：SiC 颗粒开裂或破碎引起的浅坑，SiC 颗粒压入形成的微凸起，SiC 颗粒被拉出形成的空腔、凹坑以及 SiC 颗粒的高频刮擦形成的划痕。图 5.9（a）为 Al6063/SiCp/65p 复合材料宏观加工表面形貌，除由进给速度形成周期性划痕，由于 Al 基体材料的高塑性和高温软化效应，在 Al6063/SiCp/65p 复合材料的高速铣削过程中，撕裂现象非常普遍，由图 5.9（a）可见其表面质量貌似很高。进一步放大 SEM 照片，如图 5.9（b）~（f）所示，其中在图 5.9（b）可观测到，由于 SiC 颗粒和铝基体之间界面脱黏，一些 SiC 颗粒很容易从表面被拔出，这也导致加工表面上形成孔洞，颗粒拔出形成的深坑缺陷直径约为 2.9 μm，且坑洞缺陷周围也比较粗糙。由于在高速铣削过程中可能产生高温，所以 Al 基体材料会发生侧流并在缺陷区域上形成基体涂覆。图 5.9（d）显示了 SiC 颗粒被切断，且颗粒断面较平整、光滑，其颗粒直径约为 8 μm，但是在垂直于切削速度方向的 SiC 颗粒一侧的 SiC－Al 界面出现裂纹损伤，这主要是由于在刀具的机械作用下，因复合材料两相协调变形机制，围绕刚性 SiC 颗粒的 Al 基体材料中的几何必须位错堆积，超过一定极限而形成了空隙。

沟槽的形成是由于 SiC 颗粒被拉出铝基体并被拖到加工表面上引起划痕，且划痕的宽度约为 5 μm，接近 SiC 颗粒的平均尺寸。图 5.9（e）显示了 SiC 颗粒被切碎，但颗粒断面粗糙，表明 SiC 颗粒发生了脆性断裂，其颗粒直径约为 12 μm。图 5.9（f）为从 Al 基体剥落的 SiC 颗粒或切碎的 SiC 颗粒重新压入 Al 基体中形成凸起缺陷，由于这种缺陷是在机械热力作用下形成的，因此其结合强度不高，这在使用过程中很容易剥落，而在表面形成凹坑作为失效裂纹源。Al 基体涂覆现象可能会在一定程度上改善其加工表面质量。

在 SiCp/Al 复合材料高速铣削过程中，铣削刀具交替切削软的 Al 基体和硬质 SiC 颗粒，从而引起切削过程中刀具的振动，这在高速切削中尤为明显。铣削表面的形成不仅受到进给速度和铣削速度结合运动的影响，而且还受到工件中硬质

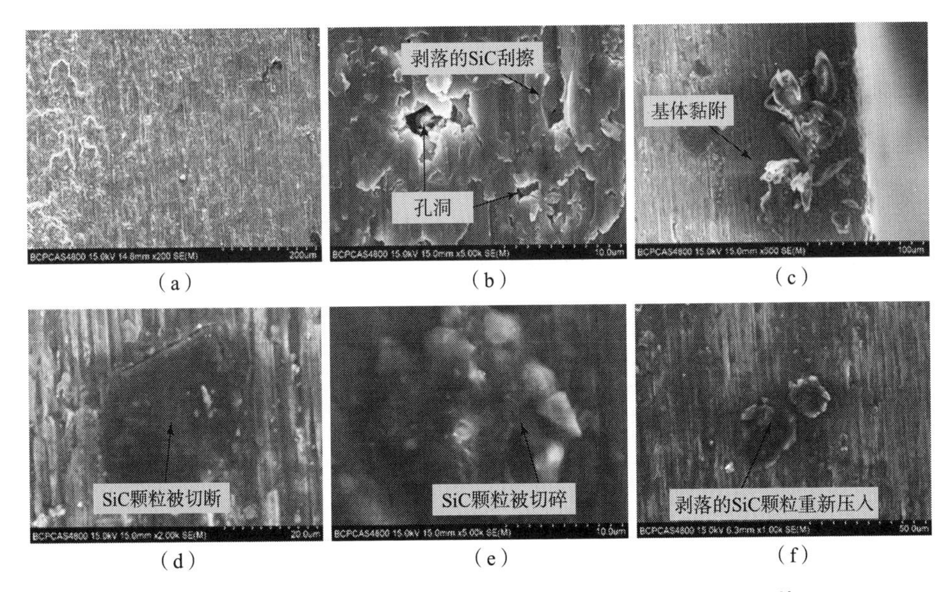

图 5.9　Al6063/SiCp/65p 复合材料铣削加工表面的 SEM 照片

(a) 宏观加工形貌；(b) SiC 剥落后的缺陷；(c) 基体黏附；(d) 宏观加工形貌；
(e) SiC 剥落后的缺陷；(f) 基体黏附

SiC 颗粒去除方式的影响。对比图 5.9 (d)、(e) 和 (f) 发现，大直径的 SiC 颗粒更容易加工，而小直径的 SiC 颗粒在合适的加工条件下易实现延性加工，加工表面质量更好。

进给速度、轴向切削深度和铣削速度对高速铣削 Al6063/SiCp/65p 复合材料表面粗糙度 Ra 的影响如图 5.10 所示。进给速度对表面粗糙度 *Ra* 的影响非常显著。随着进给速度从 0.02 $mm \cdot r^{-1}$增加到 0.10 $mm \cdot r^{-1}$时，表面粗糙度 *Ra* 增加 100%。高体积分数 SiCp/Al 复合材料的加工表面中随机分布大量的空腔和凹坑区域，这主要是因为嵌入在 Al 基体中的 SiC 颗粒部分剥离加工表面后形成各种形状的坑洞缺陷。同时还可观察到其中一部分剥落的 SiC 颗粒运动到刀具下方，沿着已加工表面移动，从而在加工表面形成各种尺度的沟槽，造成了不同形式的表面损伤。其中较长沟槽为刀具的走刀痕迹形成的，短沟槽为剥落的 SiC 颗粒划擦形成的。表面粗糙度 *Ra* 随着轴向切削深度增加，大轴向切深会产生较高的切削力，使 Al6063/SiCp/65p 复合材料发生脆性断裂，并导致表面粗糙度增加。小切削深度下可以提供大的静水压力，使 SiC 脆性材料可以发生塑性变形，实现塑性去除。为了保证加工表面的加工质量和加工效率，需要合理选择轴向切削深度使工件材料发生塑性变形而不是断裂而获得较大的材料去除率。

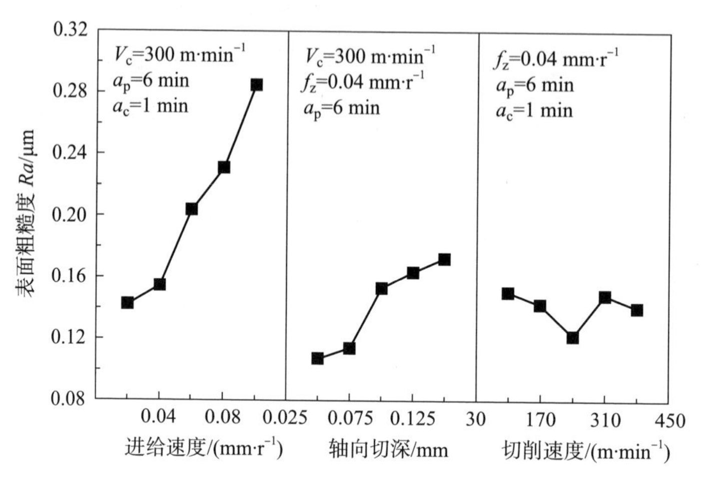

图 5.10　进给速度、轴向切削深度和铣削速度对表面粗糙度 *Ra* 的影响

铣削速度对表面粗糙度的影响相对复杂。高速铣削过程往往更加绝热，当采用中高切削速度（100～250 m · min^{-1}）铣削时，切削温度随切削速度增加而增加，切削高温软化 Al 基体，导致复合材料的应变硬化效应下降。而随着铣削速度进一步增大到 300 m · min^{-1}以上，不仅绝热剪切作用下局部热变形效应明显，而且在刀具作用下 SiC 颗粒更容易发生转动或者剥落，这会在加工表面上形成更多的凹坑并增加表面粗糙度。以下两个因素可能会同时影响高速铣削过程中的表面粗糙度：①高速铣削产生的高温可以促进晶界位错滑动，在一定程度上能降低表面粗糙度；②当超出一定的切削速度范围时，由于 SiC 颗粒去除方式发生变化，将增大表面粗糙度。因此，铣削速度对表面粗糙度影响是上述两个因素的综合影响，在一定范围内提高铣削速度有助于降低表面粗糙度，但超出此范围提高铣削速度反而使表面粗糙度增大。

SiCp/Al 复合材料的表面粗糙度除了受到刀尖刃口半径和进给速度的影响外，还取决于加工表面 SiC 颗粒去除方式的影响。对于 SiCp/Al 这类颗粒增强的金属基复合材料而言，其形貌结构微观尺度下具有高异质性和各向异性，这导致其加工过程比较复杂。表面质量与 SiC 颗粒的形状、体积、尺寸和在基体中的分布有密切关系。图 5.11 为在相同切削参数下尺寸约为 1 μm 的 SiC 颗粒的去除方式，分别为 SiC 颗粒脆性去除、脆塑性混合去除、塑性去除。尽管 SiC 颗粒尺寸相近，但是在切削路径上颗粒的位姿都有所差异，造成 SiC 颗粒的去除不尽相同（图 5.12）。由此可得到一个定性结论：要实现加工过程中大的静水压力，即轴向压力要远大于切向切削力，刀具应当尽量采用大的负前角。当 SiC 颗粒大部分位于切削路径以上时，由于 Al 基体相对柔软，因此在切削过程中 SiC 颗粒周围形成空隙，即界面部分脱黏，若界面结合作用较强，SiC 容易被脆性切碎。当 SiC 颗粒大部分位于切削路径以下时，SiC 易于实现塑性切断。在刀具负前角的条件下，加工过程中的法向切削力要远大于切向切削力。

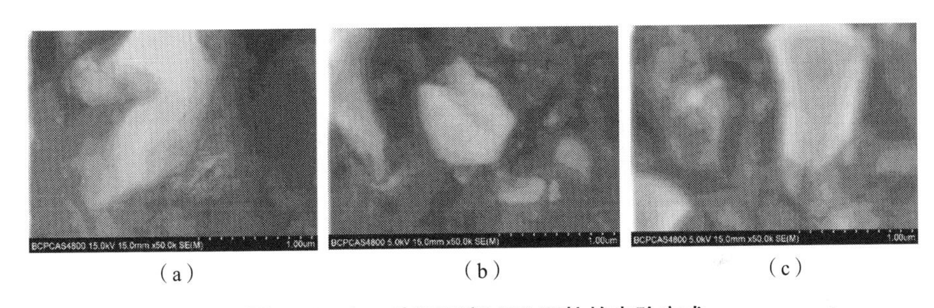

图 5.11　加工表面局部 SiC 颗粒的去除方式

（a）脆性去除；（b）脆塑性混合去除；（c）塑性去除

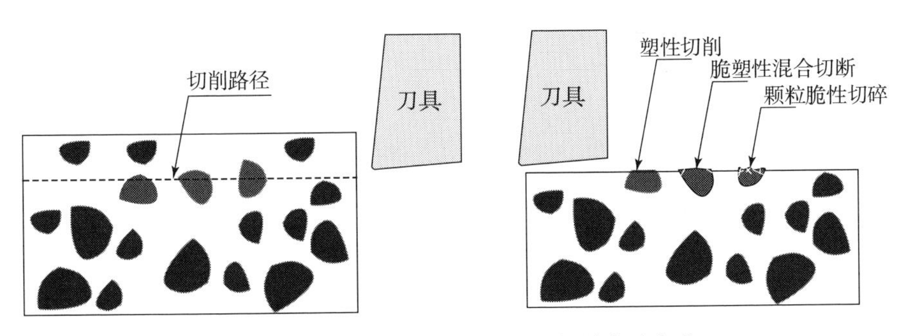

图 5.12　在切削路径上的 SiC 颗粒的去除方式

高速铣削形成的加工表面存在基体撕裂，SiC 颗粒断裂或完全脱黏后剥落形成空腔以及部分界面脱黏，因此，加工后 Al6063/SiCp/65p 复合材料存在表面和亚表面损伤。图 5.13 为在不同铣削速度下加工 Al6063/SiCp/65p 引起的表面和亚表面损伤。与 100 m · min^{-1} 的铣削速度相比，采用 240 m · min^{-1} 的铣削速度加工形成的表面和亚表面损伤区域面积较少，表明铣削速度对亚表面损伤深度有显著影响。这可能归因于不同铣削速度下的表面形成机制。图 5.14 为在不同铣削速度下 SiCp/Al 复合材料表面形成微观机制示意图。当采用相对较低的铣削速度加工 Al6063/SiCp/65p 复合材料时，在去除待加工表面过程中，由于变形的协调性，亚表面也随着待加工表面的去除而伴随有协同运动，由于 SiC 和 Al 基体弹性模量的巨大差异，界面局部脱黏，并形成微裂纹，在刀具进一步作用下形成的裂纹源进一步扩展，最终在亚表面区域出现基体开裂、颗粒脱黏等损伤。采用高速铣削时，与低速铣削中加工表面和亚表面的协调变形不同，由于较高的切削速率，待加工表面与已加工表面区域发生非协调变形，随着待加工表面的去除，已加工表面变形量较小，因此切削诱导的亚表面损伤较小。

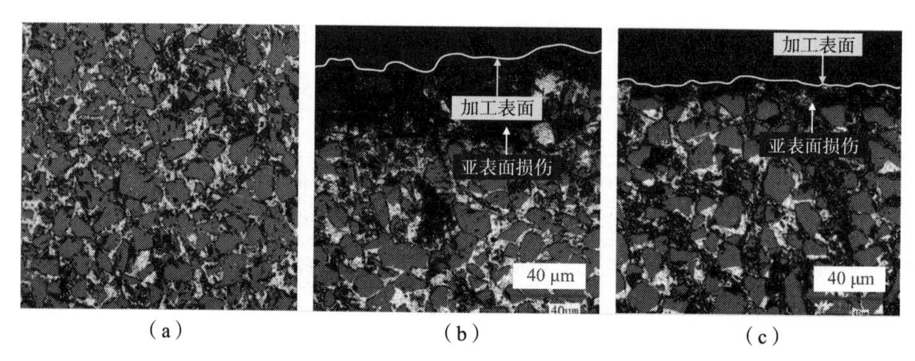

图 5.13 采用不同铣削速度加工的 Al6063/SiCp/65p 引起的表面和亚表面损伤

(a) 铣削前；(b) 100 m · min^{-1}；(c) 240 m · min^{-1}

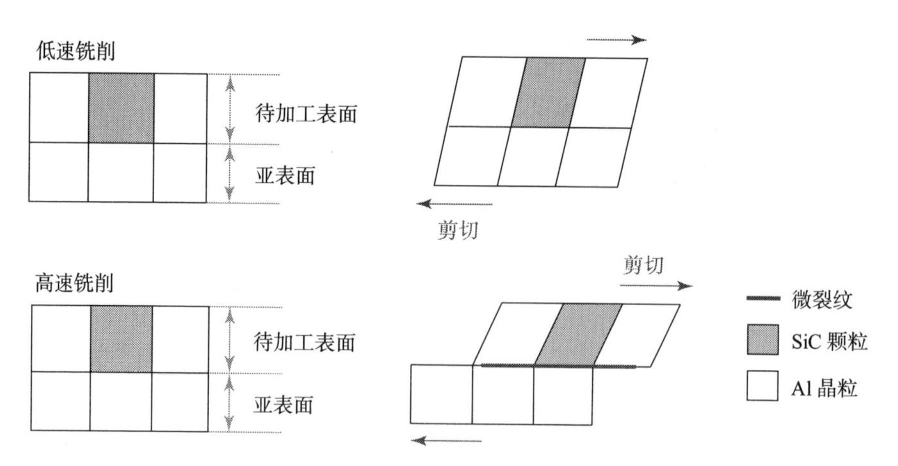

图 5.14 不同铣削速度下 SiCp/Al 复合材料的表面形成微观机制示意图

图 5.15 为每转进给量、轴向切削深度和铣削速度对表面残余应力的影响。Al6063/SiCp/65p 复合材料的铣削加工表面残余应力形式均为压应力，随着进给速度和轴向切削深度增大而增大。一般地，残余应力与塑性变形（机械）、热塑性流动（热）以及材料体积形状改（物理）变等三种主要机制相关。随着轴向切削深度增大至 0.1 mm 及以上，切削诱导的表面残余应力不再减小，这是由于切削加工表面的压应力主要是由刀具切削引起的塑性变形引起的，随着切削深度的增加，由铣刀切削导致的塑性变形量增加不大，但是切削热效应引起的拉伸残余应力在增加。与轴向切削深度影响规律类似，当进给速度增大至 0.06 mm · r^{-1} 及其以上时，表面残余应力增加缓慢。铣削速度对表面残余应力的影响不大。由于材料塑变产热量诱导显著的热效应，并随着铣削速度增大而增强，在较高铣削速度下，材料的热流动导致拉伸应力补偿，诱导产生更多拉伸残余应力，导致表面压力下降；而随着铣削速度进一步增加，在热塑性流动机制的反作用和增强颗粒产生的力学强化作用下，表面残余压应力又开始增大，这可能归咎于以下三个方面：①Al 基体超过一定温度时热流动具有局限性；②SiC 颗粒的挤压作用；③SiC 颗粒与铣刀对 Al 基体的压缩。具体表现为：在铣刀经过时，SiC 颗粒在刀具挤压作用下被压入复合材料表面，并产生垂直于加工表面向外的弹性回复力；当铣刀经过后，在加工表面形成平面压应力，这种压缩应力与刀具挤压程度有

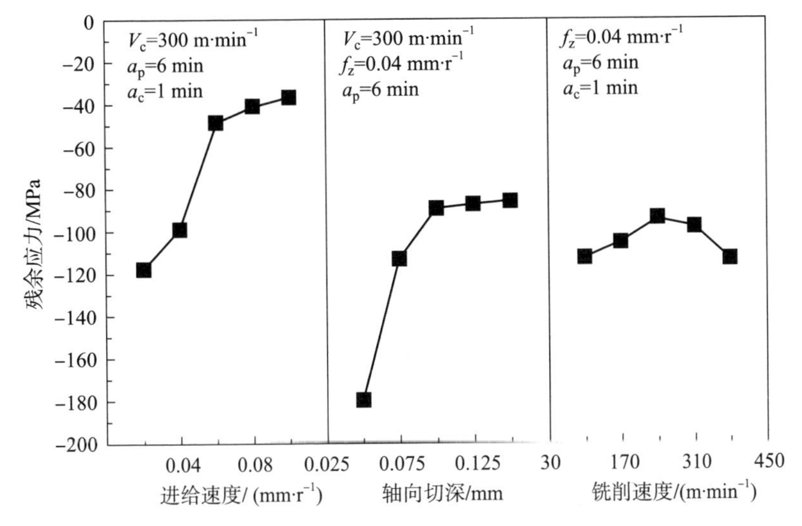

图 5.15　进给速度、轴向切削深度和铣削速度对表面残余应力的影响

关，将引起未变形切屑厚度增大和表面层 Al 基体的软化。

5.2 SiCp/Al 复合材料钻削性能分析

5.2.1 钻削试验方案

在本研究中，采用直径为 3mm 的硬质合金、聚晶金刚石（PCD）和化学气相沉积（CVD）金刚石涂层硬质合金刀具进行高体积分数强非连续 Al6063/SiCp/65p 复合材料钻削性能研究。不同于铣削加工，由于工艺上的显著差异，钻削高体积分数 Al6063/SiCp/65p 复合材料时不宜采用高速加工，否则很容易发生断刀现象。Al6063/SiCp/65p 复合材料钻削的加工参数如下：转速 $n = 2\ 000\ \mathrm{r \cdot min^{-1}}$，进给量 $f = 100\ \mathrm{mm \cdot min^{-1}}$，孔径为 3 mm，孔深为 2 mm，干钻削。利用三维激光扫描显微镜 VK－X200 观察金刚石刀具的磨损表面形貌，采用拉曼光谱检测加工过程中刀具表面的晶体结构转变。钻削过程中切削力的测量是通过一个旋转的四分量测力计（RCD）Kistler 9123 来进行的。

试验前期先采用硬质合金刀具对高体积分数 Al6063/SiCp/65p 复合材料进行试切，图 5.16 和图 5.17 分别为硬质合金刀具干钻削 6 个孔后的孔入口、出口表面形貌。从孔入口、出口微观图片可观测到，随着制孔数量的增加，孔出口、入口的棱边缺陷越来越大。到硬质合金钻头加工到第五个小孔后，其孔入口、出口质量由于快的刀具磨损（刀具磨损将在下一章节详细描述）而变得较差。孔壁表面分布着很多凹坑和空腔区域，从局部可清晰观察到微裂纹从加工表面开始扩展直到亚表面层；加工的孔棱边缺陷比较严重。硬质合金钻头在钻削高体积分数 Al6063/SiCp/65p 复合材料时磨损速度较快，切削刃磨钝后对工件塑性剪切能力降低、挤压作用增强，导致严重的棱边缺陷。

在加工高体积分数 Al6063/SiCp/65p 复合材料时，基于刀具寿命和加工质量等方面考虑，金刚石、金刚石涂层硬质合金和类金刚石刀具被认为是当前最优选的刀具。表 5.2 为所采用的 PCD 钎焊钻头和 CVD 金刚石涂层钻头刀具的几何参数。

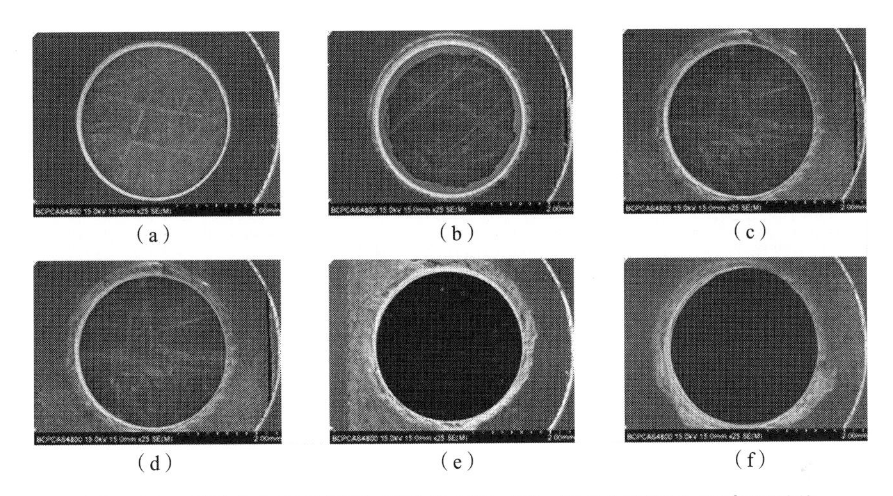

(a) (b) (c) (d) (e) (f)

图 5.16 硬质合金刀具钻削 Al6063/SiCp/65p 复合材料孔入口表面形貌

(a) 第 1 个孔；(b) 第 2 个孔；(c) 第 3 个孔；(d) 第 4 个孔；(e) 第 5 个孔；(f) 第 6 个孔

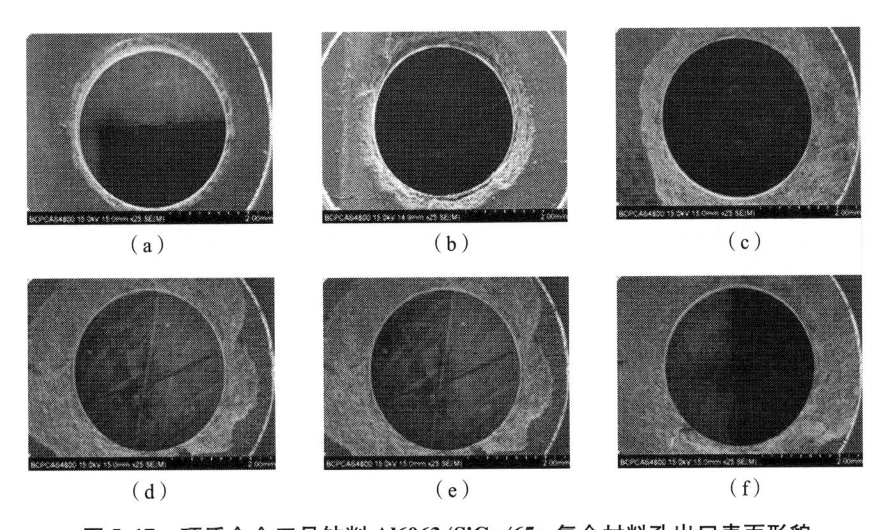

(a) (b) (c) (d) (e) (f)

图 5.17 硬质合金刀具钻削 Al6063/SiCp/65p 复合材料孔出口表面形貌

(a) 第 1 个孔；(b) 第 2 个孔；(c) 第 3 个孔；(d) 第 4 个孔；(e) 第 5 个孔；(f) 第 6 个孔

表 5.2 PCD 钎焊钻头和 CVD 金刚石涂层钻头刀具几何参数

参数	PCD 钎焊钻头	CVD 金刚石涂层钻头
刀尖材料	PCD 刀片	CVD 金刚石涂层
刀体材料	硬质合金	硬质合金
钻头直径/mm	3	3

续表

参数	PCD 钎焊钻头	CVD 金刚石涂层钻头
刀柄直径/mm	6	3
顶角/(°)	120	140
切削刃前角/(°)	0	30
后角/(°)	10	12
螺旋角/(°)	30	30

5.2.2 钻削力分析

图 5.18 为 PCD 钎焊钻头和 CVD 金刚石涂层钻头钻削 Al6063/SiCp/65p 复合材料过程中轴向力和扭矩随制孔数量的变化。与 CVD 金刚石涂层钻头相比，PCD 钻削 Al6063/SiCp/65p 复合材料时所承受的切削力和扭矩波动较大，表现为不稳定切削过程，因此会产生附加载荷到钻头上。这经常会导致 PCD 钻头因局部应力集中和剧烈冲击而发生刀头脆断失效，如图 5.19 所示。而钎焊的 PCD 钻头比 CVD 金刚石涂层钻头受到更大的轴向力和扭矩，因此，当 PCD 钎焊钻头的强度不足以抵抗扭转载荷，则过大的扭转载荷容易导致刀体的灾难性断裂，如图 5.19 所示。随着制孔数量的增加，PCD 钎焊钻头的轴向力略有增加，CVD 金刚石涂层钻头的轴向力和扭矩几乎保持不变。就钻削力而言，CVD 金刚石涂层硬质合金钻头具有较好的切削性能。

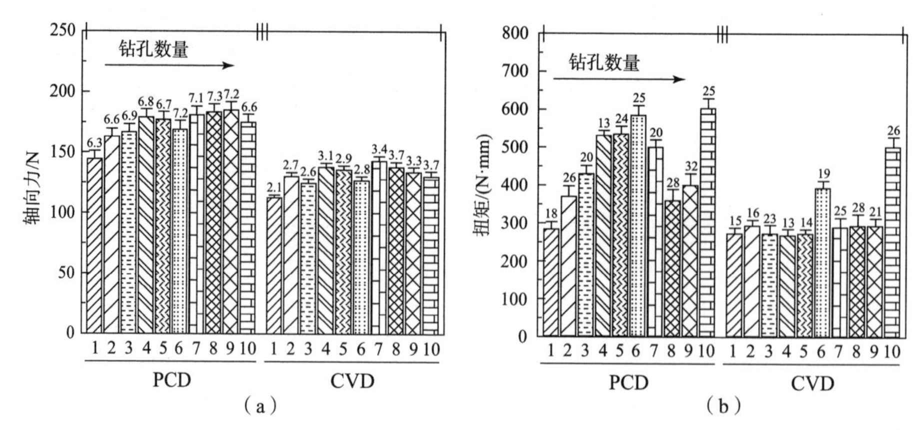

图 5.18　PCD 钎焊钻头和 CVD 金刚石涂层钻头钻削 Al6063/SiCp/65p 复合材料过程中轴向力和扭矩随钻孔数量的变化

(a) 轴向力；(b) 扭矩

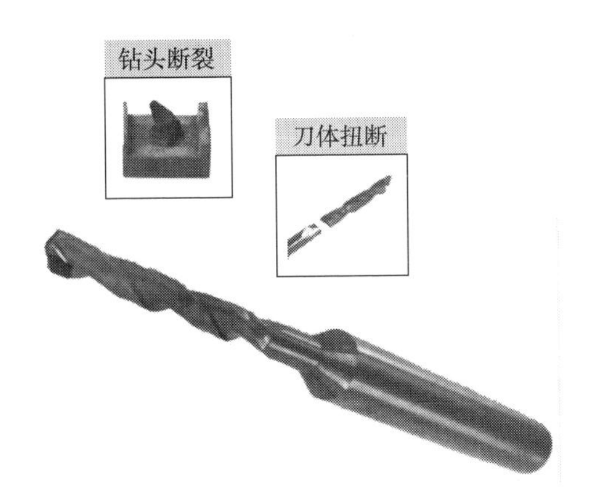

图 5.19　钻削 Al6063/SiCp/65p 复合材料时 PCD 钻头失效形式

5.2.3　制孔质量分析

在钻削高体积分数 Al6063/SiCp/65p 复合材料切削力分析的基础上，对机加工试样进行了制孔质量评价。根据钻削后的孔表面形貌将钻削过程大致划分为三个阶段：钻入、稳定钻削和钻出阶段。通过线切割方式将加工后的孔工件切成如图 5.20 所示形状，观察孔不同位置的表面形貌。

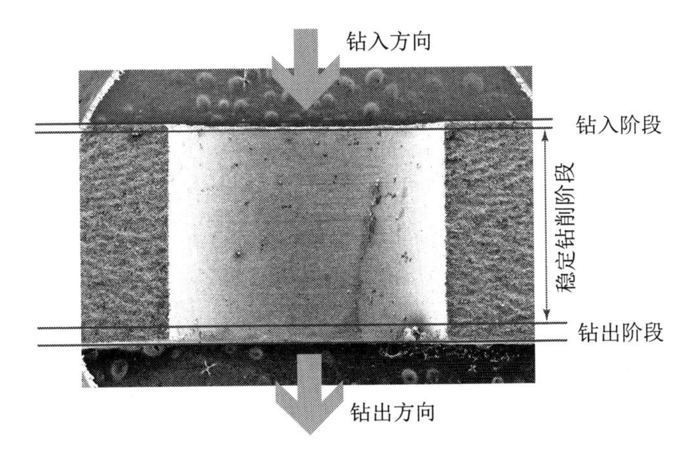

图 5.20　钻孔不同阶段的微观形貌

图 5.21 为分别使用 PCD 钎焊钻头和 CVD 金刚石涂层钻头所加工的孔入口、出口和孔壁的表面形貌。随着制孔数量的增加，采用 PCD 钎焊钻头所加工的孔入口棱边处形成更多的撕裂缺陷，而采用 CVD 金刚石涂层钻头钻削时并没有发

现明显的棱边撕裂缺陷。这是因为 Al6063/SiCp/65p 复合材料中的初始残余应力和 SiCp/Al 界面处的微裂纹缺陷导致其抗拉能力较低，并且由刀具磨损引起的切削力显著增加，由于缺乏材料约束导致在孔入口处撕裂缺陷的加速形成。与孔入口相比，孔出口处棱边缺陷更为严重。这主要是由于钻削诱导的轴向力会促使孔出口处进一步形成撕裂缺陷。

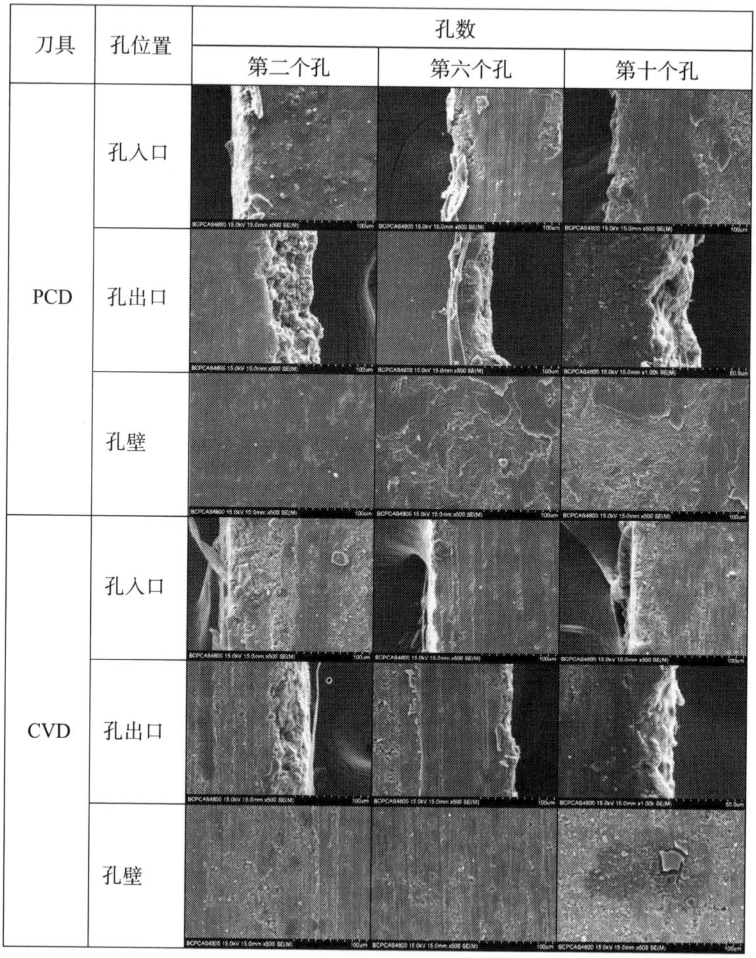

刀具	孔位置	孔数		
		第二个孔	第六个孔	第十个孔
PCD	孔入口			
	孔出口			
	孔壁			
CVD	孔入口			
	孔出口			
	孔壁			

图 5.21　PCD 和 CVD 金刚石涂层钻头加工的孔入口、出口和孔壁的表面形貌

当钻出第二个孔时，尖刀刃的 PCD 钻头切断在切削路径上的 SiC 颗粒，容易形成表面粗糙度最低的孔壁表面。随着制孔数量的增加，采用 PCD 钻头所加工的孔壁出现较大面积的剥落损伤，并暴露出较为粗糙的内层。这时，钻头切削刃随着切削进行逐渐磨损变钝，变钝后切削刃的刮擦和挤压作用显著增强。图 5.22 为随着刀具磨损的进行，在切削路径上的 SiC 颗粒去除方式的演变示意。在采用 PCD 钎焊钻头加工 SiCp/Al 复合材料的过程中，硬质 SiC 颗粒也对由 Co 黏结剂黏合的金刚石磨粒进行微切削，使 PCD 钎焊钻头切屑刃上的金刚石磨粒被切除，从而导致刀尖的金刚石颗粒被拔出，随着钻削的进行，出现微崩刃的区域容易被磨圆。通过比较图 5.21 中的孔壁表面形貌可以发现，与 PCD 钎焊钻头相比，采用 CVD 金刚石涂层钻头能形成更好的加工表面质量。因此，CVD 金刚石涂层硬质合金刀具由于具备制造工艺简单、成本较低、切削力稳定、磨损较小，并且即便随着钻孔数目的增加，仍能以较长的使用寿命产生较好的表面质量等优点，比 PCD 钎焊钻头更适合钻削高体积分数 SiCp/Al 复合材料。但是随着金刚石涂层被刮掉，CVD 金刚石涂层钻头磨损变得更加剧烈。所以在使用 CVD 金刚石涂层钻头加工高体积分数的 SiC 颗粒增强金属基复合材料时，关键是通过先进的制造技术确保金刚石涂层能牢固地黏附在硬质合金基底上并保证金刚石涂层厚度的均匀性。

采用 PCD 钎焊钻头和 CVD 金刚石涂层钻头对高体积分数的 Al6063/SiCp/65p 复合材料进行钻削试验，重点研究其棱边缺陷形成，并基于第 2 章建立的本构模型结合有限元模拟，从断裂力学、强度理论方面分析钻削孔棱边缺陷形成的主要机制。从钻削力与 Al6063/SiCp/65p 复合材料的材料属性等方面研究孔入口、出口棱边缺陷的典型形貌特征及形成机理。

为准确模拟 Al6063/SiCp/65p 复合材料的钻入阶段的棱边缺陷形成和提高计算效率，由于只关注钻头钻入时孔棱边的形成，需要对第 2 章的模型进行一定修正，根据钻头已钻入未形成棱边位姿建立起工件几何模型，这样在工件与刀具进行装配时，钻头的外缘转点部分容易与工件形成接触关系。同时对参与切削的钻头主、副切削刃部分进行网格加密，对涉及棱边形成的工件部分做进一步网格细化，由于所采用的刀具为双顶角钻头，钻头结构中包括两个主切削刃、一个横刃，根据其切削区域将工件划分为三个区域，如图 5.23（a）所示。依据切削区域不同，采用的网格划分策略为：区域 A 的网格尺寸 < 区域 C 的网格尺寸 < 区域 B 的网格尺寸。最终划分的刀具、工件的有限元网格模型如图 5.23（b）所示。

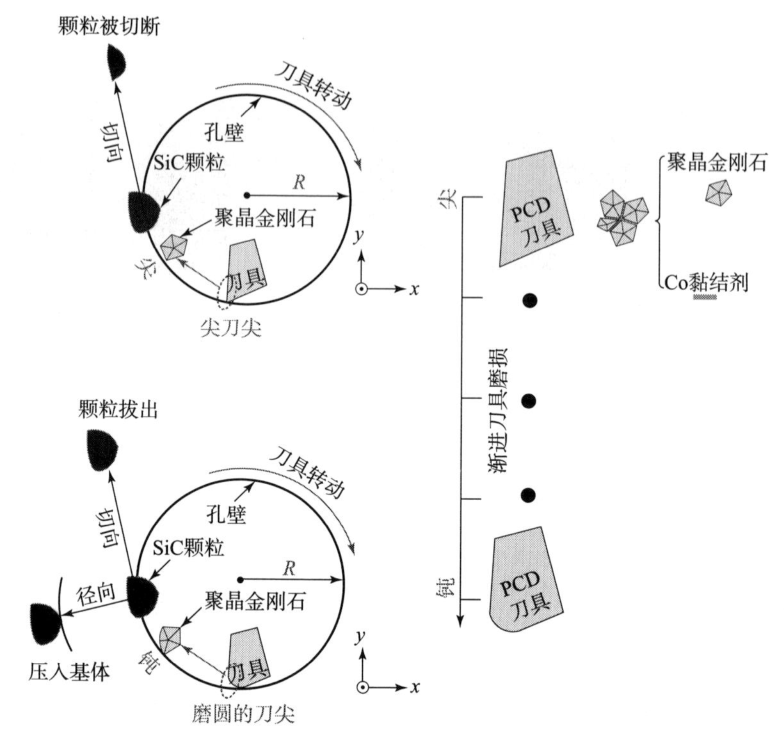

图 5.22 随着刀具磨损的进行，在切削路径上 SiC 颗粒去除方式的演变示意

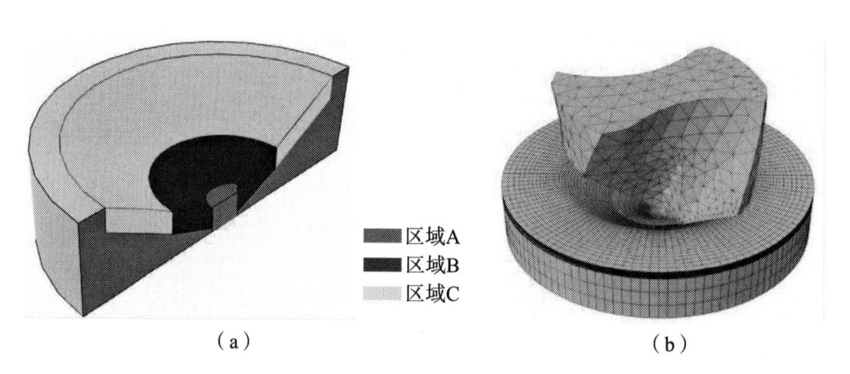

图 5.23 工件区域网格划分策略及钻削有限元网格模型

(a) 网格划分策略；(b) 网格划分

图 5.24 为钻头外缘转点刚钻入工件时孔入口棱边的形成过程。由于 Al6063/SiCp/65p 复合材料中含有高体积分数的 SiC 脆性增强相，表现出比较显著的脆性材料特性。在断裂力学中，偏脆性复合材料的复合型损伤通常采用最大主应力准则进行判定。其基本假定为：脆性材料最大主应力 > 其抗拉强度时，损伤起始。

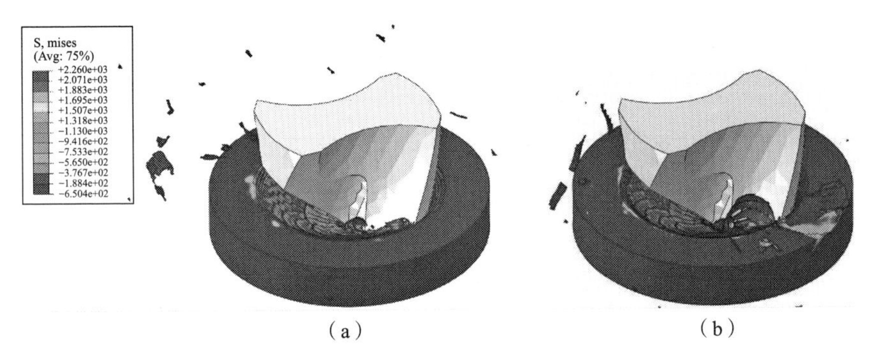

图 5.24　钻头外缘转点刚钻入工件时孔入口棱边的形成过程

(a) 外缘转点切到棱边；(b) 外缘转点转动一周

提取钻头刚整体钻入工件时工件的最大主应力，如图 5.25 所示，在钻头外缘转点附近入口棱边和主切削刃作用区域的最大主应力都较大。随着连续钻削过程的进行，Al6063/SiCp/65p 复合材料脆性特性导致钻削时形成大量细小的碎屑，在切屑形成力和钻头外缘转点作用下，在钻头加工的棱边处最大主应力表现为周期性变化。由钻入过程的最大主应力分布云图发现，最大主应力区域主要分布在孔入口棱边处、待加工区域的鳞刺处。随着钻削的继续，最大主应力由主剪切带区域的塑性变形向内扩展到孔棱边附近区域，此时孔入口棱边周围的最大主应力大于偏脆性的 Al6063/SiCp/65p 复合材料的极限抗拉强度 440 MPa，最终导致孔入口棱边形成缺陷。

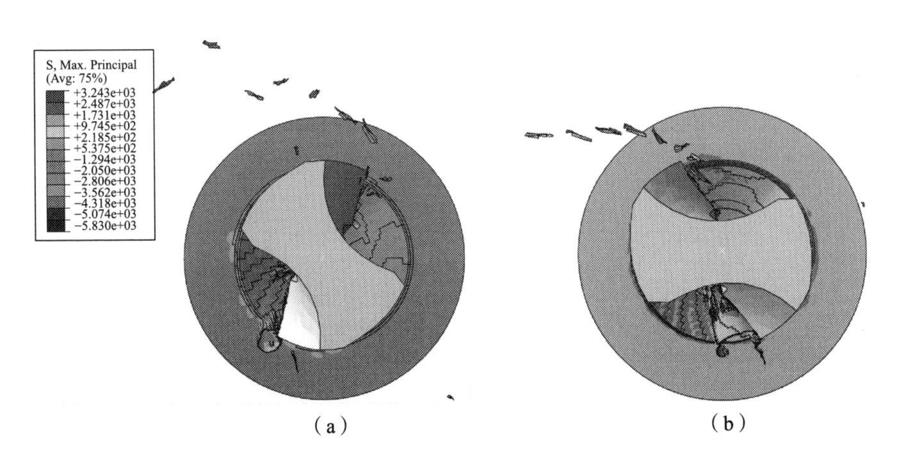

图 5.25　钻头外缘转点钻入工件时入口棱边和主切削刃作用区域的最大主应力分布

(a) 外缘转点切到棱边；(b) 外缘转点转动 30°

为进一步分析孔入口棱边的形成机制，提取在钻头钻入阶段孔入口棱边位置处的最大主应力，如图 5.26（a）所示。外缘转点处的变形和主切削刃的剪切带变形交叉作用影响孔棱边的形成过程。由最大主应力极坐标图 5.26（a）可见，孔棱边的最大主应力沿周向表现出大的波动性，且在孔入口棱边的某些位置处的最大主应力已大于 Al6063/SiCp/65p 复合材料的抗拉强度。再加上 Al6063/SiCp/65p 复合材料的不均匀性，导致孔棱边缺陷随棱边位置出现的非规则变化。这也反映在如图 5.26（b）所示的孔入口棱边缺陷的微观形貌上，由图可以清晰发现一些撕裂、脆断缺陷分布在孔棱边周围。

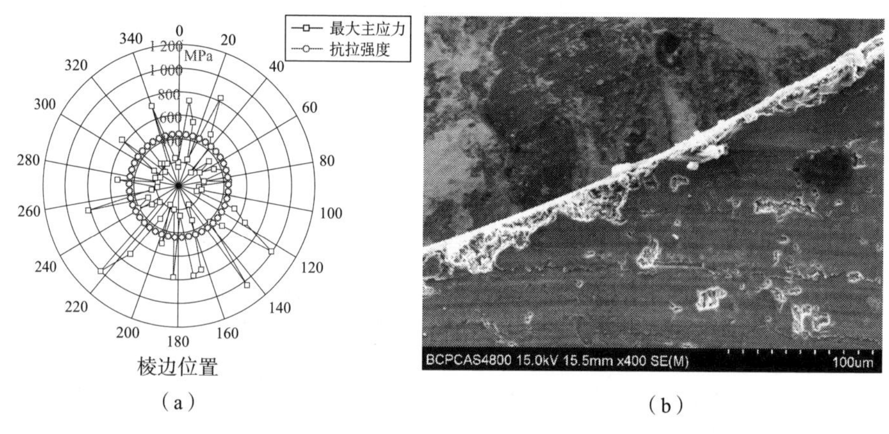

（a） （b）

图 5.26 孔入口棱边的最大主应力分布和棱边缺陷 SEM 照片

（a）最大主应力；（b）棱边缺陷

Al6063/SiCp/65p 复合材料的脆性材料特性导致在钻出时出口处形成棱边缺陷。钻头外缘转点钻出工件时孔出口棱边处最大主应力分布如图 5.27 所示。在钻头外缘转点附近出口棱边处最大主应力区域较大，孔出口处最大主应力大于极限抗拉强度的棱边区域成连续分布，这与孔入口区域最大主应力的离散分布不同。因此，在孔入口处的棱边缺陷呈现非连续性、局部损伤特征（图 5.26（b）），而孔出口处的棱边缺陷表现为连续的脆性断口特征，从外缘转点作用区域开始，裂纹在靠近主应力方向斜向下扩展，形成整体断裂，如图 5.28（b）所示。提取孔出口棱边处的最大主应力，如图 5.28（a）所示。孔出口棱边的最大主应力区域沿周向应力基本都高于基体的抗拉强度。随着钻削的继续，最大主应力由主剪切带区域的塑性变形向内扩展到孔棱边附近区域，由于出口处散热性较好，低温下 Al6063/SiCp/65p 复合材料的脆性会增加，沿着剪切面在 SiC 颗粒与 Al 基体界面处发生应力集中而形成界面脱黏，随后沿着主剪切面微裂纹发生聚合而形成裂纹，最终导致孔出口棱边形成缺陷。

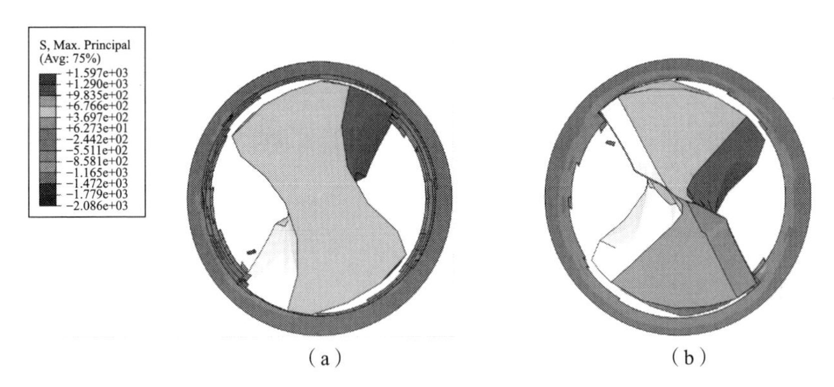

图 5.27　钻头外缘转点钻出工件时孔出口棱边处最大主应力分布

(a) 俯视图；(b) 仰视图

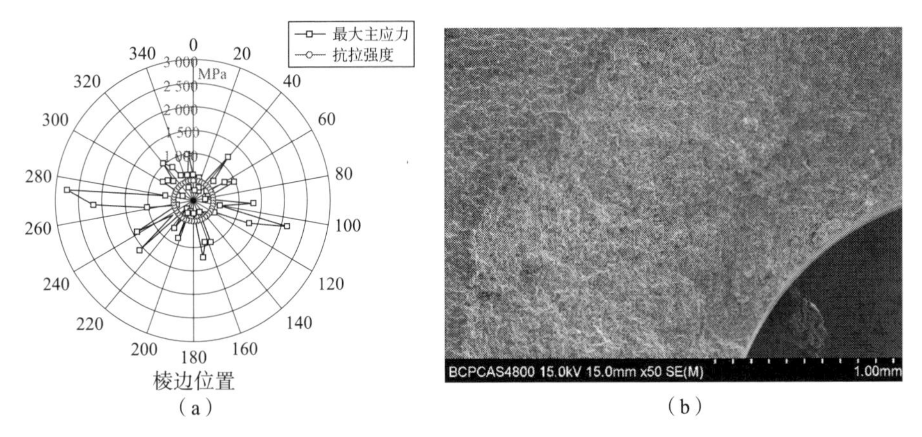

图 5.28　孔出口棱边的最大主应力分布和棱边缺陷 SEM 照片

(a) 最大主应力；(b) 棱边缺陷

图 5.29 为主剪切变形区内的切削力模型示意。切削加工中，工件发生剧烈塑性变形的第一剪切变形区所受作用力可表示为一个以总作用力 R 为直径的合力圆。分别沿着垂直于前刀面和平行于前刀面两个方向将其总作用力分解为 F_{ns} 和 F_s。随着刀具磨损增大，刀具实际前角逐渐向大的负前角演变，影响着切削刃与工件间的切削力和切屑流动。随着刀具磨损的增大，总作用力 R 与切削刃前刀面的

实际夹角增大，钻头对切屑的推挤作用增强。在孔出口处，裂纹容易沿着强度较弱 Al－SiC 界面萌生，并沿着剪切方向扩展，随着刀具的渐进磨损，在孔出、入口区域形成更大的棱边损伤。此外，采用新的刀具切削时，切屑主要受到剪切力的作用，而随着刀具磨钝后，切屑则同时受到剪切力和犁切力的作用。

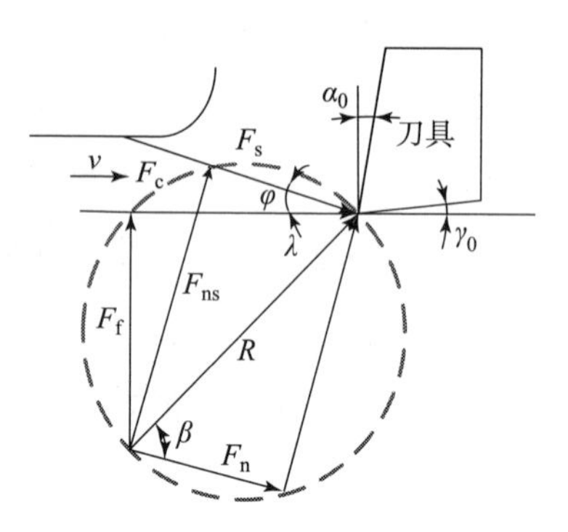

图 5.29　主剪切变形区内的切削力模型示意

孔入口棱边缺陷发生在靠钻头外缘转点的主副切削刃对孔棱边周围区域进行去除而导致孔棱边发生剪切破坏时。在切削路径处大直径 SiC 颗粒被刀具切碎，而直径小的颗粒由于相对弱的界面作用往往被刀具从基体中拔出，导致周围的基体开裂。由切屑去除此区域诱导产生拉应力，导致此区域萌生的裂纹进一步扩展，直至最终断裂。颗粒增强的金属基复合材料局部经常有增强相的团聚，因此在 SiC 颗粒团聚处也容易形成缺陷。值得注意的是，钻头钻入过程中产生压应力，这会抑制裂纹的扩展。孔出口棱边缺陷是在钻头挤压力和切屑去除诱导的拉应力作用下形成的，与孔入口不同的是，由于孔出口缺乏相应的支撑或约束，钻头施加的压应力促进了碳化硅颗粒及周围铝基体出现大面积的剥落，形成更多、更大的棱边缺陷，而且由于孔出口下方无支撑，无法形成足够的压力，难以实现对 SiC 颗粒的有效去除，这些也是孔出口损伤区域体积远大于孔入口损伤区域的主要原因。而与金刚石刀具所加工的小孔相比，硬质合金刀具加工小孔的出口、入口棱边缺陷更加显著，这主要与硬质合金钻头较快的刀具磨损有关。在钻削 Al6063/SiCp/65p 复合材料时，硬质合金的磨粒磨损严重，在切屑刃后刀面上形成大量的沟槽缺陷，而前刀面发生黏着磨损，使切削时对工件的剪切和挤压作用更剧烈，因此，其所加工的孔棱边缺陷相比于金刚石刀具更加明显。

5.3　本章小结

针对体积分数为 65%、颗粒直径为 2～8 μm 的 SiCp/Al 复合材料开展了高速铣削和钻削基础试验研究，并分别结合解析方法和有限元仿真手段进行了深入的研究。针对铣削加工工艺，基于 Armarego 斜交切削力模型和 Waldorf 滑移线场模型建立了切削参数和刀具几何参数表征的剪切力和犁切力的解析模型，并将材料塑性本构模型引入切削力预测中。试验研究中发现，高速铣削诱导的亚表面损伤较轻，这可能与高应变率下几何变形的非协调性相关。针对 SiCp/Al 复合材料钻削加工工艺，试验对比了 PCD 钎焊钻头和 CVD 金刚石涂层钻头两种刀具的钻削力、刀具磨损和钻孔质量。试验研究表明，相比于 PCD 钎焊钻头，CVD 金刚石涂层钻头的钻削力稳定、磨损小，且孔入口、出口棱边缺陷并未随着刀具磨损而有显著增加。针对钻孔的棱边缺陷，结合钻削有限元仿真，从断裂力学角度分析了孔棱边缺陷形成的主要机制。

第 6 章 SiCp/Al 复合材料切削刀具磨损研究

过去十几年来，大多数研究集中在体积分数小于 20% 的 SiCp/Al 复合材料的切削加工上，涉及激光辅助机械加工、振动辅助加工、高速切削、电火花加工，在线电解修整和加工前热处理等。切削加工所用刀具种类涉及高速钢、硬质合金、陶瓷、PCBN 和金刚石类刀具。对于高体积分数 SiCp/Al 复合材料的切削加工，刀具磨损严重是造成加工效率和表面质量低下的主要原因。在现有的刀具材料中，金刚石由于具有超高的硬度、导热性和耐磨性而成为切削难加工材料的理想刀具材料，因其刀具寿命长、加工质量好，特别适用于高体积分数 SiCp/Al 复合材料的高效精密加工。目前，关于金刚石刀具切削高体积分数 SiCp/Al 复合材料的刀具磨损研究，特别是体积分数高于 60% 的工作尚鲜有报道。鉴于刀具磨损对于切削力、切削温度、加工表面质量、加工效率、表面完整性等的重要影响，本节将针对金刚石刀具切削 SiCp/Al 复合材料的磨损机理以及刀具磨损的预测技术开展研究。

6.1 金刚石刀具磨损试验分析

关于 Al6063/SiCp/65p 复合材料的微观组织及其高速铣削、钻削试验设置细节在上一章已经详细介绍。通过 EDAX 能谱分析测得 Al6063/SiCp/65p 复合材料的化学成分及其含量，如表 6.1 所示。通过 3D 激光扫描共聚焦显微镜 VK－X200 观察刀具磨损形态。采用激光共焦拉曼光谱仪检测刀具表面晶体结构。

表 6.1　Al6063/SiCp/65p 复合材料的化学成分及其含量

元素	Al	Mg	Cu	Si	C	其他
质量分数/%	38.33	0.48	1.51	51.24	8.43	余量

6.1.1　铣刀磨损机制

图 6.1 为采用高速铣削 Al6063/SiCp/65p 复合材料后 PCD 铣刀前刀面和后刀面磨损形貌微观照片。在间续切削软质 Al 基体和硬质 SiC 颗粒形成的交变应力和冲击应力的共同作用下，当局部接触应力达到 PCD 的解理强度时，切削刃上出现微崩刃等（图 6.1（a））。一旦发生微崩刃，这些区域出现应力集中，这将引起更大规模的崩刃或断裂。当剥落、切碎的 SiC 颗粒运动到刀具前刀面和后刀面时，SiC 颗粒、刀具与工件三者间形成两体、三体磨损。如图 6.1（b）所示，PCD 铣刀刀尖处磨出一个小平台，被怀疑是由于高体积分数、高研磨性 SiC 颗粒的高频冲击和划擦下的磨粒磨损以及在高速铣削引起的高温高压和 Cu 催化作用下的化学磨损的共同作用形成的。

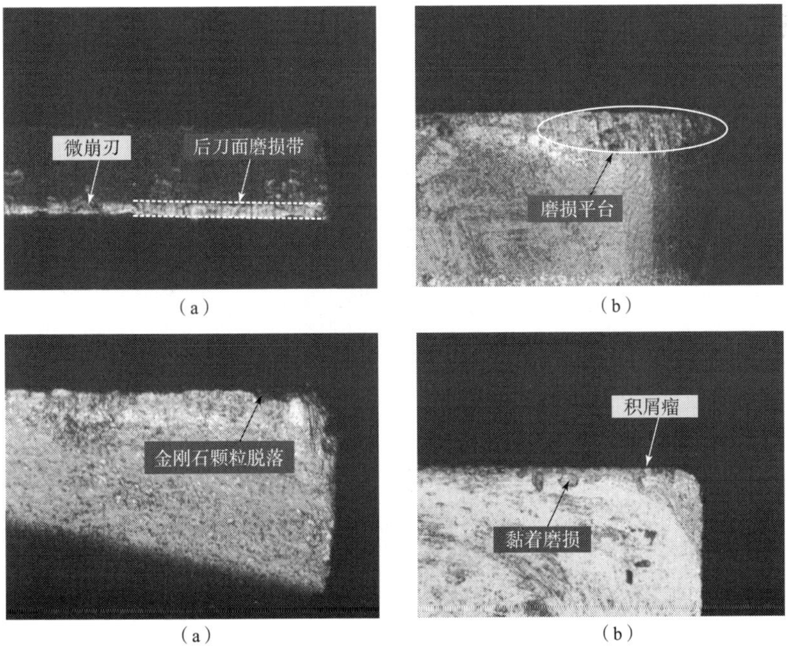

（a）

（b）

（a）

（b）

图 6.1　高速铣削 Al6063/SiCp/65p 复合材料后 PCD 刀具前刀面和后刀面的磨损形貌

（a）后刀面；（b）刀尖；（c）切削刃；（d）前刀面

为了验证刀具在铣削 Al6063/SiCp/65p 复合材料可能存在的化学磨损，采用电化学原位拉曼光谱法对刀尖小平台区域进行分析，其拉曼光谱如图 6.2 所示。在 1 358 cm^{-1}附近的尖锐 D 峰和 1590 cm^{-1}附近 G 峰表明金刚石向石墨相发生了化学转变。同时，PCD 通过 Co 黏结剂将聚晶金刚石颗粒黏合在一起，在 SiC 颗粒的高频研磨作用下，Co 黏结剂逐渐被磨掉，使部分金刚石晶粒裸露在外面，这些金刚石颗粒由于黏结强度降低被 SiC 颗粒切掉，导致金刚石颗粒脱落，如图 6.1（c）所示。图 6.1（d）显示铣刀刀尖处有积屑瘤形成。这是由于 SiCp/Al 复合材料具有显著应变硬化复合材料在高温、高压、高摩擦作用下容易在刀尖位置形成积屑瘤。切屑容易附着在前刀面上，表明切削区域的温度较高，应力较大。PCD 的刀具形貌也表明，在高速铣削 Al6063/SiCp/65p 复合材料时，磨粒磨损、石墨化、微崩刃、聚晶金刚石晶粒脱落和积屑瘤为 PCD 刀具的磨损形式。在 Xie 等关于高体积分数 SiCp/Al 复合材料高速切削研究中，也发现了由切削诱导的金刚石石墨化的化学磨损现象。然而，关于切削 SiCp/Al 复合材料如何诱导金刚石石墨化的物理化学磨损机制的理论解释尚未提供，也并没有给出金刚石石墨化的试验依据。众所周知，金刚石在切削过渡金属及其合金时会发生石墨化化学磨损。因此，切削 SiCp/Al 复合材料诱导金刚石刀具化学磨损被怀疑是由 SiCp/Al 复合材料基体中少量的过渡元素 Cu 引发的。但在金刚石切削铜及其合金时，刀具石墨化尚未见报道，而在切削其他过渡金属和合金时，金刚石石墨化过程剧烈且迅速。

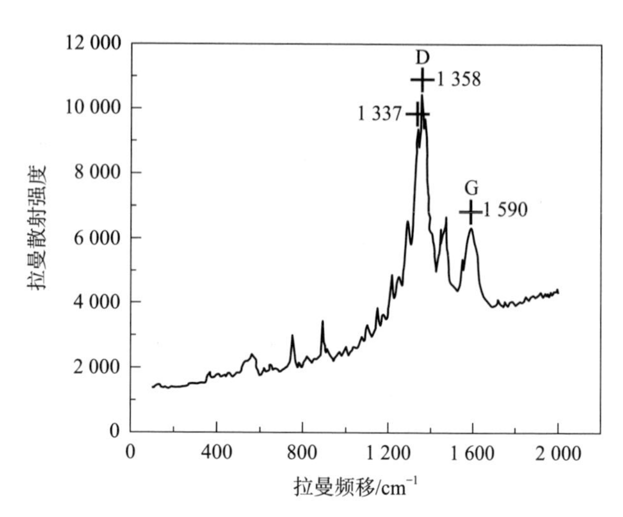

图 6.2 PCD 铣刀前刀面的拉曼光谱

6.1.2 钻头磨损机制

从图 6.3 中平行于切削速度或切屑流动方向的划痕和沟槽可以看出，在钻削高体积分数Al6063/SiCp复合材料时，PCD钻头的后刀面和前刀面遭受严重的磨粒磨损。PCD刀具和工件上中高密度、不规则SiC颗粒间形成大量的两体磨粒磨损，从而导致刀具表面分布着大量的划痕和沟槽。这也可从图6.3（c）主切削刃的前刀面上分布有平行于切屑流动方向的沟槽得以证实。同时，从切屑中剥落、切碎的SiC颗粒容易落入前刀面与切屑之间或后刀面与已加工表面间的间隙中。由此形成的三体磨损作用导致PCD刀具上形成更多凹槽和划痕。落到后刀面位置的SiC颗粒沿着已加工表面被刀具拖动在已加工表面形成各种长短不一的沟槽。

图6.3（b）显示在PCD刀具主切削刃上存在着微崩刃和非常明显的后刀面磨损。微崩刃表现为硬质SiC颗粒对PCD刀具切削刃和横刃上金刚石晶粒的微切削。大量微崩刃发生主要归咎为以下方面：①交替间续切削硬质SiC颗粒和软质Al基体材料而产生的交变应力；②高体积分数的SiC增强相颗粒对于刀具切削刃

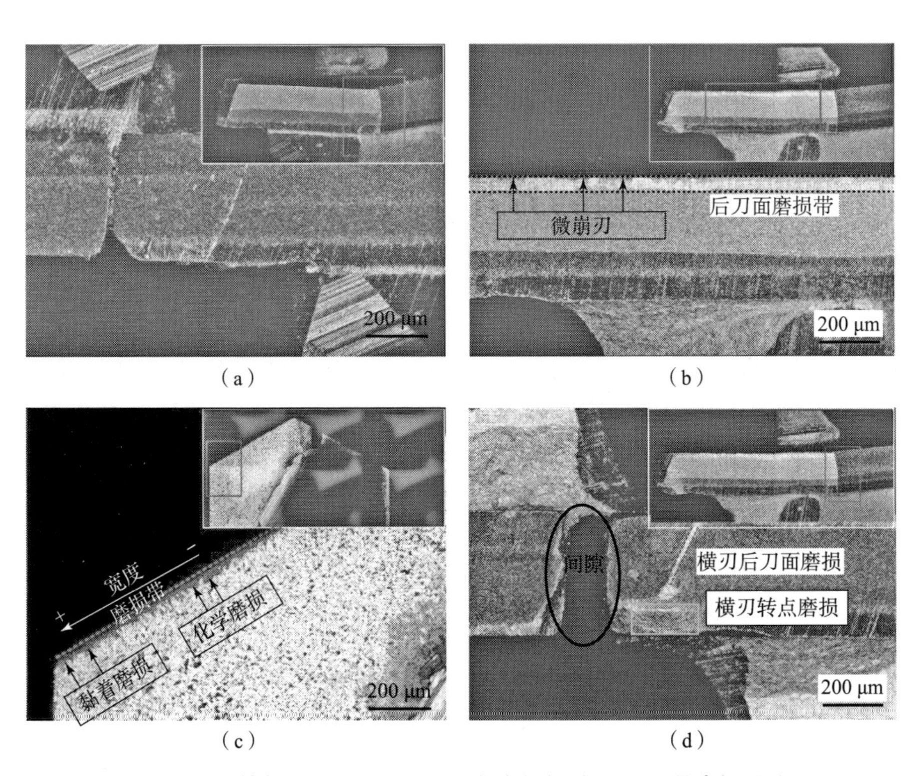

图6.3　钻削Al6063/SiCp/65p复合材料时PCD刀具磨损形貌

(a) 新刀具；(b) 后刀面磨损；(c) 前刀面磨损；(d) 横刃磨损

的高频冲击。在横刃大负前角引起的高切削力和不规则 SiC 颗粒高频冲击、研磨的共同作用下，横刃转点位置发生较大的崩刃和磨粒磨损，在这些磨损位置出现应力集中，最终在横刃转点处发生严重磨损，如图 6.3（d）所示。此外，在横刃上形成的后刀面带要比主切削刃上的要窄。两块钎焊 PCD 刀片逐渐拓宽的间距，暗示着 Al6063/SiCp 复合材料中高体积分数 SiC 颗粒对刀具高频率、剧烈的冲击。图 6.3（c）显示了在 PCD 钻头主切削刃的前刀面上有黏附磨损形成。

通过图 6.4 中区域 3 的 EDX 光谱分析清楚地证实 PCD 刀具前刀面黏着磨损的发生，Al6063/SiCp 复合材料附着在 PCD 钻头前刀面上。在钻削完第十个孔以后，在 PCD 钻头主切削刃的前刀面上没有发现明显的月牙湾磨损。这可能是因为：①Al6063/SiCp 复合材料中含有高体积分数的 SiC 颗粒，塑性变形小、产热少；②SiC 颗粒的高频划擦使新形成积屑瘤很快被磨掉。在主切削刃外缘转点处的磨损形貌也表明黏着磨损的发生，其中由较大切削速度引起的切削高温是引起黏着磨损的主要原因。后刀面磨损主要是发生在中等切削速度条件下，而月牙湾磨损则主要发生在高速切削过程中。在图 6.3（c）中，PCD 刀片的前刀面出现不均匀的、不规则磨损面可能由热化学磨损引起。

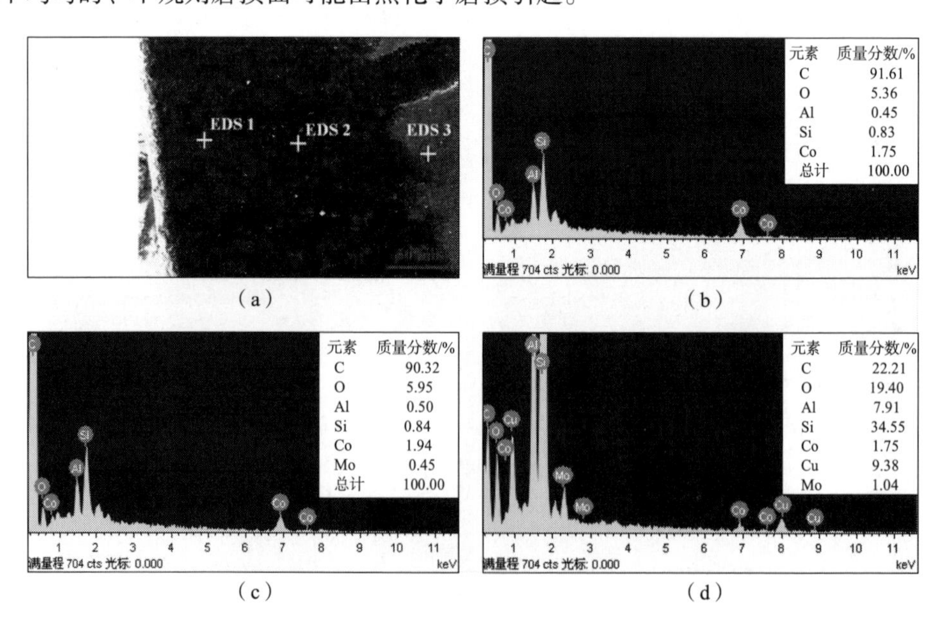

图 6.4　主切削刃前刀面不同区域的 EDX 光谱分析结果

（a）测量点示意图；（b）区域 1；（c）区域 2；（d）区域 3

为了进一步给出金刚石刀具热化学磨损如石墨化的证据，采用电化学原位拉曼光谱法研究切削前后金刚石刀具可能存在的结构变化。图 6.5 为 PCD 钻头主切削刃前、后刀面的拉曼光谱。主切削刃前刀面上近切削刃点 1 处存在位于 1 358 cm^{-1}较宽的 D 峰和位于 1 591 cm^{-1}较宽的 G 峰，证实了 PCD 钻头发生了金刚石石墨化转变，而前刀面上远离主切削刃点 2 处的 1 338 cm^{-1}尖峰是金刚石的晶体结构。前刀面上晶体结构随着与切削刃距离的不同而发生变化的现象可归因于金刚石 - 石墨转变所需的热力学条件。关于金刚石 - 石墨相互转变的热力学条件，Irifun 和 Komandur 试验研究发现，在没有任何催化剂或可溶性材料存在的情况下，当温度高于 1 600 K，压力低于金刚石相压力稳定区 15 GPa 时，可观察到金刚石石墨化转变的发生。因此，在前刀面上晶体结构的差异可解释为前刀面靠近主切削刃位置的温度要高于其他刀具位置。

从图 6.5（b）可以看出，刀具后刀面上靠近切削刃的点 1 和远离切削刃的点 2 位于 1 338 cm^{-1}处的两个尖峰，未在后刀面上观察到石墨相的存在。在切削试验中，金刚石石墨化转变通常在后刀面上观察到，而不是在前刀面上，特别是在车削试验中这种现象经常出现。在钻削试验中，主切削刃前刀面上发现明显的金刚石石墨化转变，这主要是由于①主切削刃前刀面上受到剪切形式的载荷作用；②前刀面近切削刃处的温度最高，达到金刚石石墨化所需要的相变温度。适当剪切应力作用可促进金刚石石墨化过程。由于在大剪切应变下金刚石 sp^3结构表现出不稳定性，切削诱导的剪切应变使金刚石 sp^3 结构的近邻原子重新排列，并导致 π 键和 sp^2结构的类石墨层的形成。

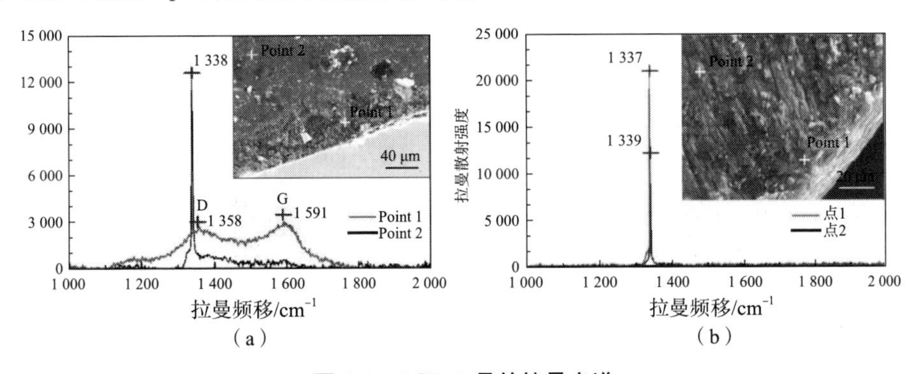

（a）　（b）

图 6.5　PCD 刀具的拉曼光谱

（a）前刀面；（b）后刀面

在切削过程中，靠近切削刃的前刀面区域（黏着区）受到剪切作用，而远离切削刃前刀面和后刀面区域（滑动区）受到库仑摩擦作用，并伴随有 SiC 颗粒的高频划擦作用。因此，靠近切削刃的前刀面上的剪切作用也促进了该区域石墨相的形成。由于高体积分数 SiC 颗粒的高频划擦，后刀面上的石墨相可能很快被刮掉。图 6.6 为在工件/刀具接触界面处滑动区域和黏着区域划分示意。

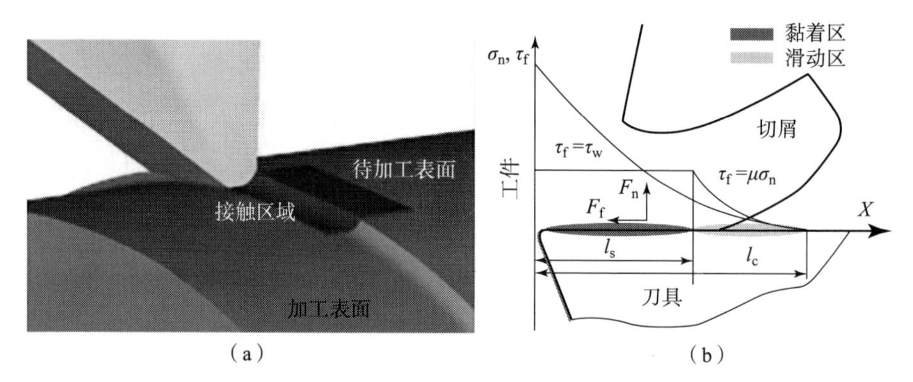

（a）　　（b）

图 6.6　工件/刀具接触界面处滑动区域和黏着区域划分示意

（a）加工区域；（b）接触区域黏着/滑动区划分

Berman 研究发现，金刚石石墨化转变所需的热力学能量可以用吉布斯自由能最小法原理来衡量。

$$\Delta G_T^{\Theta} \leqslant -1\ 000 - 4.64T \tag{6.1}$$

式中，ΔG_T^{Θ} 和 T 分别是吉布斯自由能和施加的温度。由式（6.1）可知，金刚石石墨化的吉布斯自由能随着作用环境温度的增加而降低，因此存在金刚石石墨化转变的起始温度，这在一些研究中已被证实。在空气气氛中，氧的存在引起金刚石与金属催化剂之间发生氧化还原反应，这导致金刚石晶体结构在较低的温度下就会转变为石墨结构。Uemura 在金刚石刀具切削 Cu、Co、Fe 或 Ni 的研究中也证实了这一点。他们还发现，在 O_2 存在条件下，这些金属氧化形成金属氧化物，催化金刚石表面化学吸附氢的解吸附过程，从而引起金刚石石墨化转变。然而，与金刚石切削 Co、Fe 和 Ni 显著的石墨化磨损不同，在切削纯铜及其合金时，金刚石刀具发生严重石墨化磨损却尚未见诸报道。这可能是由于金刚石石墨化的动力学条件和反应速率的决定性因素为 O_2 进入金刚石表面石墨薄膜中的扩散速率。

$$x\mathrm{Cu(s)} + y/2\mathrm{O_2(g)} = \mathrm{Cu}_x\mathrm{O}_y\mathrm{(s)} \tag{6.2}$$

$$2yC_zH(s)+Cu_xO_y(s)=xCu(s)+2yzC(s)+yH_2O(g) \tag{6.3}$$

图 6.7 为金刚石刀具加工含铜的 Al6063/SiCp/65p 复合材料由铜催化的金刚石石墨化转变示意图。在空气气氛中切削铜及其合金时，当切削诱导的高温高压达到铜催化金刚石石墨化转变所需的热力学条件时，Cu 按照式（6.2）通过氧化反应生成 Cu_2O 和 CuO，再由生成的 Cu_2O 和 CuO 按照式（6.3）进一步氧化金刚石表面上的化学吸附氢。通过催化剂 Cu 的氧化还原反应，最终有一薄层石墨在金刚石表面形成。只有当铜原子持续扩散透过金刚石刀具表面上新形成的石墨薄膜障碍层时，才能使 O_2 穿过石墨障碍层扩散到金刚石表面，从而促进金刚石石墨化反应。但是，由于 C 在 Cu 及其合金中的溶解度很低，金刚石刀具上新形成的石墨薄膜无法扩散到工件中，并且这层位于金刚石刀具和工件之间的石墨薄膜起到阻碍 O_2 扩散到金刚石表面的保护作用，从而妨碍在切削 Cu 及其合金材料时金刚石刀具石墨化过程。因此，尽管在切削 Cu 和合金的初始阶段，金刚石刀具表面会形成一薄石墨层，导致少量的化学磨损，但是石墨自身的固体润滑作用又

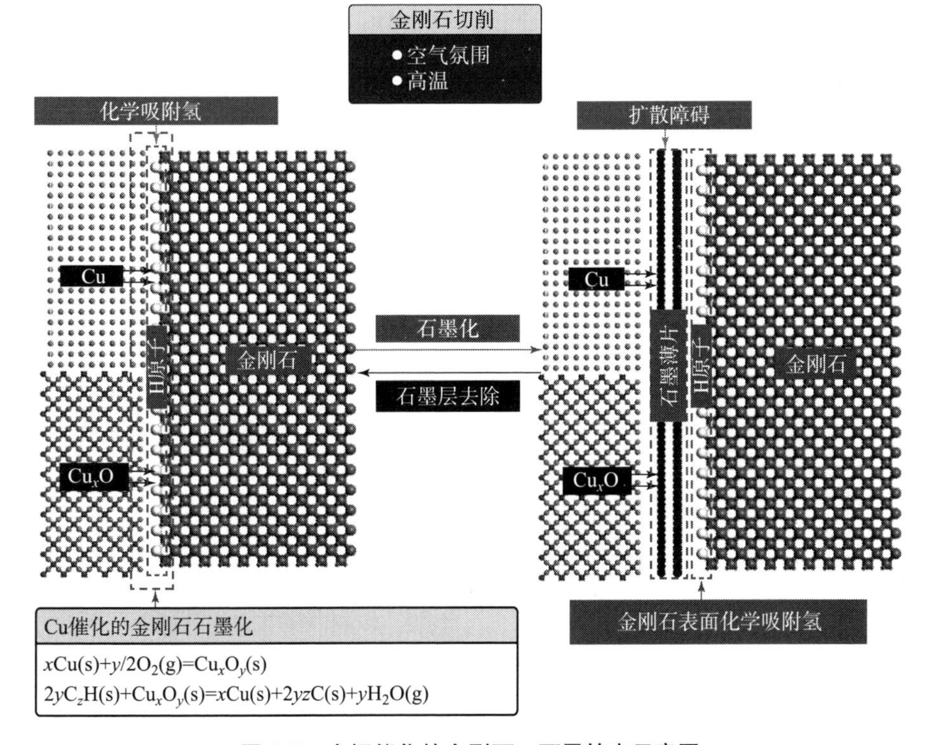

图 6.7　由铜催化的金刚石－石墨转变示意图

大大降低了切削过程中金刚石刀具的磨损。当然，一旦这层石墨薄膜被去除，金刚石石墨化反应就会继续发生。但是由于铜及其合金的相对较弱的划擦作用，这层石墨薄膜很难被去除。

钻削含 1.51%（质量分数，下同）Cu 的 Al6063/SiCp/65p 复合材料时，在金属 Cu 催化反应和切削诱导高温压力条件的共同作用下金刚石表面化学吸附氢形成的 C—H 键被氧化还原发生解吸附反应，从而在金刚石表面形成石墨薄层（如图 6.8（a）所示）；随后由于硬质 SiC 颗粒的高频刮擦和冲击导致新形成的石墨薄层很快被刮掉，从而引起金刚石石墨化的持续发生（如图 6.8（b）所示）。因此，在空气气氛中，采用金刚石刀具干切削含 1.51% Cu 的 Al6063/SiCp/65p 复合材料时，金刚石的石墨化反应是可能在 Al6063 合金的熔点温度 600℃以下进行的。

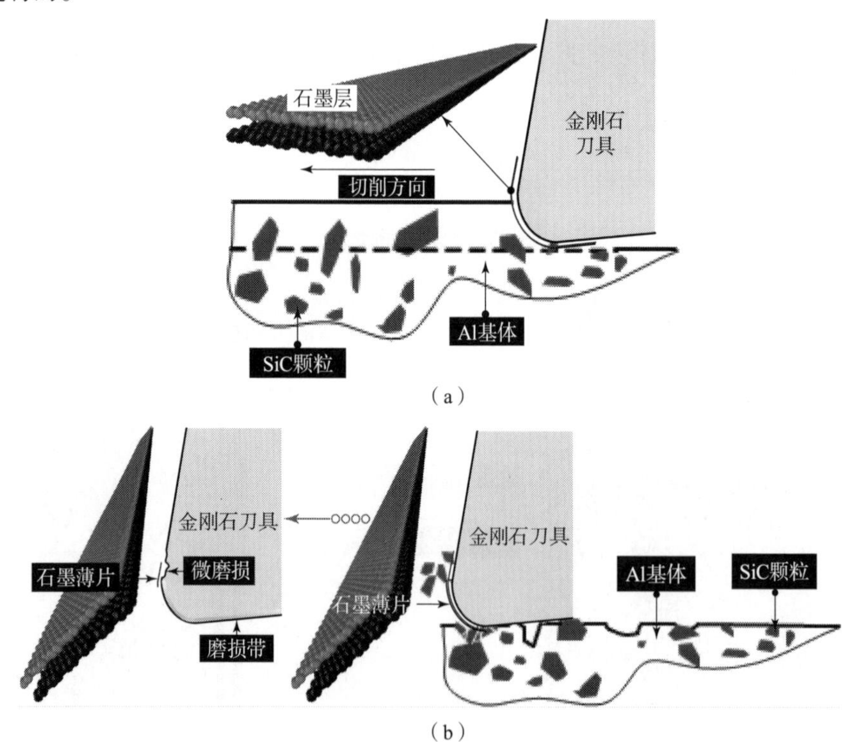

图 6.8 切削 SiCp/Al6063 复合材料时金刚石刀具石墨化过程

（a）金刚石石墨化转变；（b）往复的金刚石石墨化 - 石墨薄膜去除的过程

为了确定钻削 Al6063/SiCp/65p 复合材料时金刚石石墨化转变的温度，本章根据 Abouridouanc 提出的一个简单而准确的切削温度预测模型，通过最小化切削能量计算在稳定切削状态下前刀面上靠近主切削刃位置的最大切削温度为：

$$T_{cl} = f_{cl}\frac{F_c v_c}{\alpha_{cl} S_{cl}} + T_0 \tag{6.4}$$

式中，f_{cl}为热通量比例；α_{cl}为传热系数（理想情况下，$\alpha_{cl} = 10^7\ \mathrm{W \cdot m^{-2} \cdot K^{-1}}$）；$v_c$为切削速度（$v_c = \pi dn/60\ \mathrm{mm \cdot s^{-1}}$）；$F_c$为切削力；$T_0$为环境温度（25 ℃）；$S_{cl}$为体单元热传导面积（$S_{cl} = \mathrm{stcl} \times b$），其中 b 为切削刃的切削宽度（近似等于主切削刃长度，对于本章所使用 PCD 钎焊钻头，$b = 1.73$ mm），stcl 为体单元黏着接触长度（stcl = 50 μm）。由于所使用的 PCD 钻头为直切削刃，其切削力 F_c可根据 Usui 提出的切削力模型表示为：

$$F_c = \frac{\tau_s \cos\alpha_e}{\cos(\phi_e - \alpha_e)}\left[(A_1 + A_2) + \frac{bt_1}{\cos(\phi_e + \beta - \alpha_e)\cos\alpha_n \cos i}\right] \tag{6.5}$$

式中，A_1、A_2分别为三角形 BCE 和梯形 $DCEF$ 的面积；β 为摩擦角；α_n为前角；ϕ_e为剪切角；t_1是切削深度（t_1 = 每转轴向进给量）。直切屑刃的等效前角 α_e和刃倾角 i 分别表示为：

$$\begin{cases} \sin i = w\sin\varphi / r \\ \alpha_e = \arcsin(\sin\alpha_n \cos i \cos\eta_c + \sin\eta_c \cos i) \end{cases} \tag{6.6}$$

式中，φ 为钻头顶角的一半；w 为刃带厚度的一半；η_c 为流屑角；r 为体单元到钻头轴线的距离。

图 6.9 为三维斜交切削的计算模型，其中平面 $QGCKHER$ 代表正交平面。根据切削刃到钻头轴线的距离，通过式（6.4）、式（6.5）和式（6.6）计算得到前刀面上靠近切削刃位置的温度范围为 482 ~ 516 ℃。Uemura 等的研究表明，在金刚石切削 Fe、Ni 或 Co 时，金刚石石墨化转变温度为 500 ~ 750 ℃，在切削 Fe 时金刚石石墨化转变温度为 560 ℃，切削 Ni 时转变温度为 600 ℃。在 500 ℃左右，Cu 的氧化活性比 Co、Fe 和 Ni 都高，促进了金刚石表面的化学吸附氢解吸附反应。因此，在钻削 Al6063/SiCp/65p 复合材料时，金刚石石墨化转变温度预估为 500 ℃比较合理。

Kim 研究了 DLC 涂层石墨化与摩擦作用之间的关系发现，DLC 涂层石墨化速度与接触应力有关。压力诱导的金刚石石墨化转变也在参考文献［166］和［169］中得到证实。因此，压力和温度在降低金刚石石墨化转变的反应动力学和

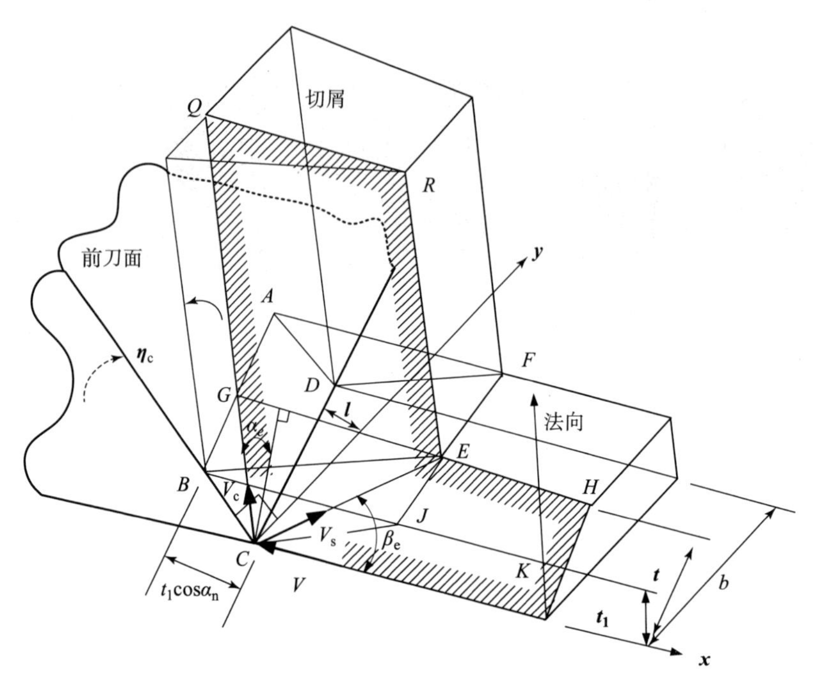

图 6.9　平面 *QGCKHER* 为正交平面的三维斜交切削计算模型

能量势垒方面起着决定性作用。基于上述计算与分析可知：在铜催化作用下，温度高于 500 ℃和压力低于 15 GPa 是金刚石石墨化转变的先决条件。

由图 6.10 中可以看出，与 PCD 钎焊钻头的磨损机制相类似，CVD 金刚石涂层硬质合金钻头也发生了严重的后刀面磨损，并伴随有后刀面磨损带的形成。在前刀面和横刃上磨损形貌光滑，其磨损形式是渐进式磨损。切屑刃附近形成了一些积屑瘤，表明黏着磨损可能发生。后刀面的磨损形貌表现为大量的划痕和凹槽，这是刀具磨粒磨损的有力证据（图 6.10（b））。在金刚石涂层和硬质合金基体中会产生热应力，导致其结合界面形成微裂纹，当裂纹扩展到表面层会导致后刀面上涂层的大面积剥落。这些涂层剥落引起的损伤随着距离钻头轴线的距离的增加而增大。具体而言，金刚石涂层与硬质合金基体相的热膨胀系数不同导致金刚石涂层/硬质合金基体界面上出现应力诱导的微裂纹，并且在热诱导界面应力和 SiC 颗粒的高频冲击作用下出现界面脱黏，最后金刚石涂层会从硬质合金基体上剥落。此外，与横刃和主切削刃前刀面相比，在主切削刃后刀面上形成更为严重的磨损（图 6.10（d））。这主要归因于金刚石涂层的剥落以及涂层剥落后 SiC

颗粒高频的刮擦作用对后刀面上裸露的硬质合金基体形成严重的磨粒磨损。

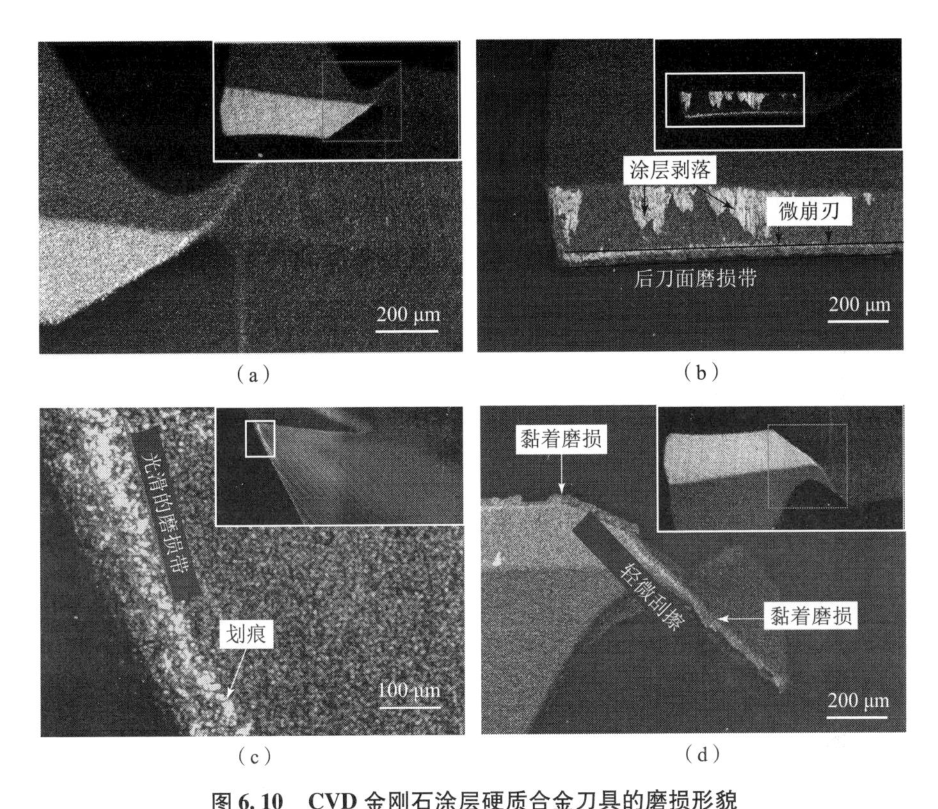

(a)　(b)　(c)　(d)

图 6.10　CVD 金刚石涂层硬质合金刀具的磨损形貌

(a) 切削前形貌；(b) 后刀面磨损；(c) 前刀面磨损；(d) 横刃磨损

图 6.11 为钻削 Al6063/SiCp/65p 复合材料后 CVD 金刚石涂层硬质合金钻头主切削刃、前刀面和后刀面的拉曼光谱。在所有位置的拉曼光谱中，一个共同的波峰出现在 1 137 cm^{-1}，这个位置被认为是无序的 sp^3 碳或纳米晶金刚石相。而在 1 540 cm^{-1} 处有一个宽峰表明类金刚石（DLC）相的存在。同时，所有光谱特别是后刀面的光谱中存在石墨相的 D 峰和 G 峰，这为 CVD 金刚石涂层硬质合金刀具钻削含 1.5% Cu 的 Al6063/SiCp/65p 复合材料发生热化学磨损提供了直接证据。

钻削含 1.5% Cu 的高体积分数 Al6063/SiCp/65p 复合材料试验表明，在 PCD 钎焊钻头会发生微崩刃、磨粒磨损，黏着磨损和化学磨损，而 CVD 金刚石涂层刀具则会出现磨粒磨损、黏着磨损、涂层剥落和化学磨损。切削过程中，刀具磨

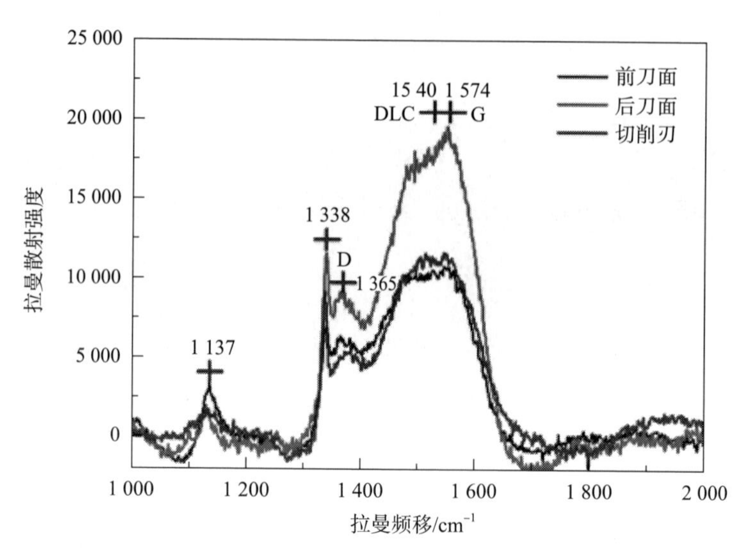

图 6.11 CVD 金刚石涂层刀具主切削刃、前刀面和后刀面的拉曼光谱（见彩插）

损是一个复杂的演变过程，它不是由单一的磨损机制形成的，而是在机械、物理和化学磨损机理的综合作用形成的。鉴于刀具磨损机理和理论的复杂性，几乎不可能构建一个涉及切削中全部磨损机制的磨损模型去模拟刀具渐进磨损过程。模拟刀具磨损的一种简单又实用的方法是仅考虑在特定切削条件下所发生的主要刀具磨损机制。综上所述，PCD 钎焊钻头和 CVD 金刚石涂层钻头在钻削含 1.5% Cu 的高体积分数 Al6063/SiCp/65p 复合材料时，SiC 颗粒机械研磨引起的磨粒磨损和热力学主导的金刚石石墨化的物理化学磨损是 PCD 钎焊钻头和 CVD 金刚石涂层钻头共同的主要磨损机制。因此，基于金刚石刀具主要磨损机制的解析描述，提出了一个结合磨粒磨损和化学磨损的耦合磨损模型，表示为：

$$\begin{cases} \dfrac{\partial W}{\partial t} = \dfrac{\partial W_{\mathrm{a}}}{\partial t} = Apv_{\mathrm{s}}\exp\left(-\dfrac{B}{T}\right), T \leqslant T_{\mathrm{trans}} \\ \dfrac{\partial W}{\partial t} = \dfrac{\partial W_{\mathrm{a}}}{\partial t} + \dfrac{\partial W_{\mathrm{g}}}{\partial t} = Apv_{\mathrm{s}}\exp\left(-\dfrac{B}{T}\right) + Gp^{n}\exp\left(-\dfrac{E}{RT}\right),\ T > T_{\mathrm{trans}},\ p \leqslant p_{\mathrm{trans}} \end{cases} \tag{6.7}$$

式中，$\partial W_{\mathrm{a}}/\partial t$ 是根据 Usui 的磨粒磨损模型计算的刀具磨损率，它考虑了接触压力 p、滑动速度 v_{s} 和界面温度 T 对于磨粒磨损机制的影响。$\partial W_{\mathrm{g}}/\partial t$ 是根据金刚石石墨化引起的化学磨损模型计算刀具磨损率，其拓展了 Arrhenius 公式并包含对压力的依赖性关系。E 为活化能，R 为气体常数，A、B、n 和 G 为试验校准的常数。T_{trans} 和 p_{trans} 分别为金刚石石墨化转变的活化温度和压力（T_{trans} = 500 ℃，p_{trans} = 15 GPa）。

6.2　基于主要磨损机制刀具磨损预测

6.2.1　SiCp/Al 复合材料钻削建模

图 6.12 为基于磨损机制的微观分析建立的金刚石刀具磨损模型，采用有限元模拟方法计算刀具磨损的流程。基于刀具初始几何和等效均质材料模型建立了拉格朗日增量的钻削模型，以实现 Al6063/SiCp 复合材料的等效均质钻削仿真。工件和刀具分别被模拟为弹塑性和刚性材料。为降低计算成本，钻头的建模只建立实际残余钻削的钻头部分。

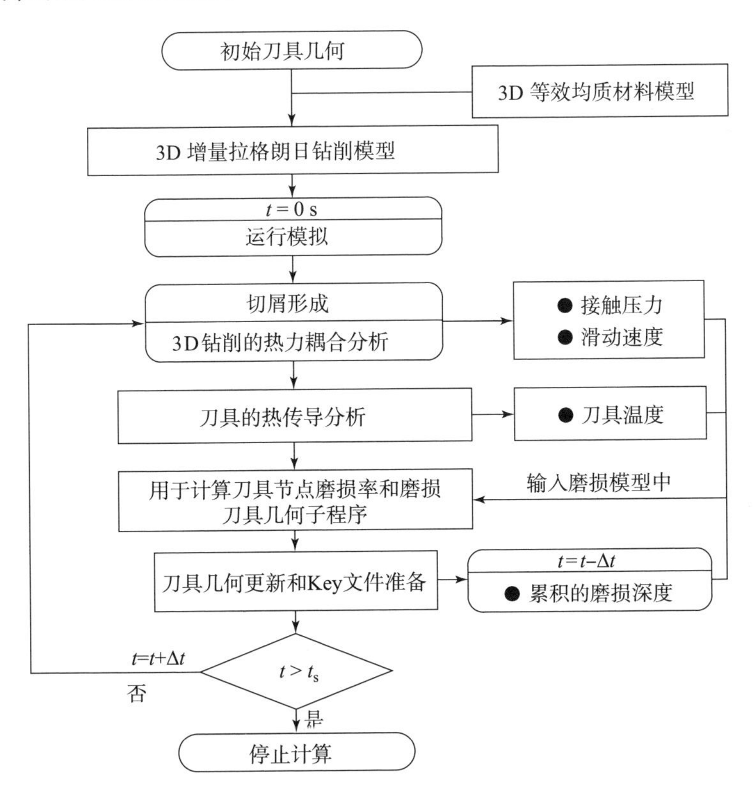

图 6.12　采用有限元模拟方法计算刀具磨损的流程

刀具进给和旋转运动施加到刀具中心轴上。对于工件建模部分，为了尽快达到稳定钻削，采用与第 5 章相同的工件建模方法，工件待加工区域采用较细化的网格划分。图 6.13 为钻头简化、钻削模型边界条件和网格划分。应用有限元分析软件 Deform – 13D，结合上述得到的 SiCp/Al 复合材料的等效均质本构模型进行三维钻削有限元仿真，如图 6.13（c）示。研究适用于该材料铣削过程的切屑分离准则、刀屑接触的摩擦模型等问题，将所得的热力仿真结果与试验结果进行对比，以验证所建立的等效均质本构模型的正确性。

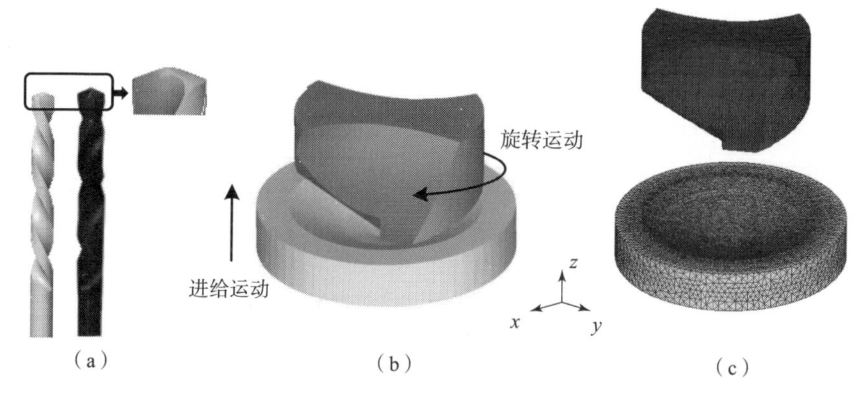

图 6.13　钻削建模与仿真

（a）几何简化；（b）边界条件设置；（c）网格划分

在此基础上，通过三维热力耦合钻削模型实现切屑形成和传热分析，以提供用于刀具磨损计算和随后的磨损刀具几何更新所需要输入的状态变量（刀具接触表面处的接触应力，刀具相对于切屑的滑动速度，刀具接触处的温度）。然后将这些状态变量的分布输入基于主要磨损机制的刀具磨损子程序中计算钻削过程中刀具实时磨损率。根据计算出的刀具磨损率和磨损几何，更新 FEM 代码中刀具几何形状，并且为下一个仿真循环准备新的 Key 程序文件。

为了模拟钻削过程中切屑的形成，本章节采用广义 J – C 塑性本构模型来描述 Al6063/SiCp 复合材料在切屑形成过程中的材料响应。

$$\sigma = (A + B\varepsilon_{\mathrm{p}}^{n})[1 + C\ln(\dot{\varepsilon}/\dot{\varepsilon}_0)](\dot{\varepsilon}/\dot{\varepsilon}_0)^{\alpha}[D - E(T^*)^m] \tag{6.8}$$

$$T^* = \begin{cases} 0, & T < T_{\mathrm{room}} \\ (T - T_{\mathrm{room}})/(T_{\mathrm{melt}} - T_{\mathrm{room}}), & T_{\mathrm{room}} \leqslant T \leqslant T_{\mathrm{melt}} \\ 1, & T > T_{\mathrm{melt}} \end{cases} \tag{6.9}$$

$$D = D_0 \exp[k(T - T_b)^{\beta}] \tag{6.10}$$

式中，A、B、C、n、α、m、E、D_0、k、β、T_b 为试验确定的材料常数。

采用第 2 章提出的本构模型材料参数确定的多目标优化方法来寻找到一组有最佳拟合优度的材料参数估计值，以便由这些参数表征的塑性本构模型能很好地同时捕获到准静态和动态加载模式下的材料力学行为。表 6.2 列举了通过所开发的多目标优化方法所确定的 Al6063/SiCp/65p 复合材料的广义 J－C 塑性本构模型的材料参数值。总的拟合标准误差和拟合优度 R^2 分别为 18.048 MPa 和 97.92%。多目标优化模型预测结果与不同应变率和温度载荷条件下试验数据的对比结果如图 6.14 所示。Al6063/SiCp/65p 复合材料其他的热物理和力学性能详见表 2.2。

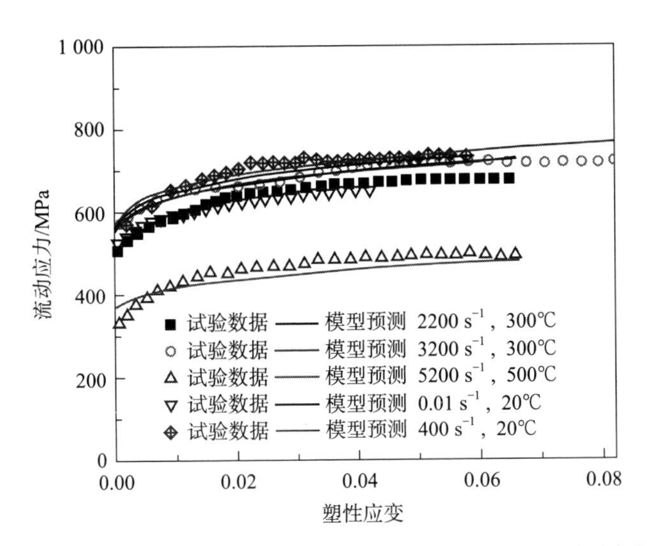

图 6.14　多目标优化模型预测与不同应变率和温度载荷条件下试验数据的对比

表 6.2　Al6063/SiCp/65p 复合材料的广义 J－C 本构模型材料参数

A/MPa	B/MPa	C	D_0	E	n	m	α	β	k	T_b
501	449	0.000 2	0.291	0.899 5	0.253 9	1.602	0.010 5	0.167 5	0.478 1	98.2

切屑形成过程中切屑分离与材料损伤失效机制有关。一般来说，颗粒增强金属基复合材料的失效机理表现在：①颗粒开裂；②颗粒和金属基体间界面脱黏；③金属基体内孔洞形核、生长和聚合。而三种失效机制中哪一种在复合材料损伤

失效中占主导地位则取决于颗粒的体积分数、形状、尺寸、空间分布等微观结构形态信息以及金属基体力学性能。

Lloyd 等的试验发现，只有当颗粒尺寸≥20 mm 时，颗粒开裂才会成为颗粒增强金属基复合材料的主要失效模式。这也在 Xie 通过多相细观力学模型研究 SiCp/Al 复合材料加工缺陷形成机理的研究中被证实。假定增强相颗粒均匀分布且在金属基体中没有一定的位向关系，则在任一足够大面积的横截面上增强相颗粒的面积分数应该接近于增强相颗粒的体积分数。采用 Zhang 提出的颗粒增强金属基复合材料的统计表征方法来量化微观结构信息，并根据图 6.15 所示的含有大量 SiC 颗粒的 SiCp/Al 复合材料微观组织显微照片进行统计，确定 SiC 颗粒的平均直径约为 4.55 μm。因此，Al6063/SiCp 复合材料的主要损伤失效行为为伴随基体开裂和颗粒/基体界面脱黏的孔洞形核、生长和聚合而导致的材料断裂。图 6.16 为在单轴压缩和切削加工后 Al6063/SiCp/65p 复合材料的断口形貌由韧窝的 Al 基体、脱黏 SiC 颗粒和少量的破裂 SiC 颗粒组成的断裂形式。由此可看出，Al6063/SiCp/65p 复合材料损伤和失效的发生具有局部特征，其断裂失效方式包括 Al 基体开裂和界面损伤引起颗粒周围 Al 基体断裂。

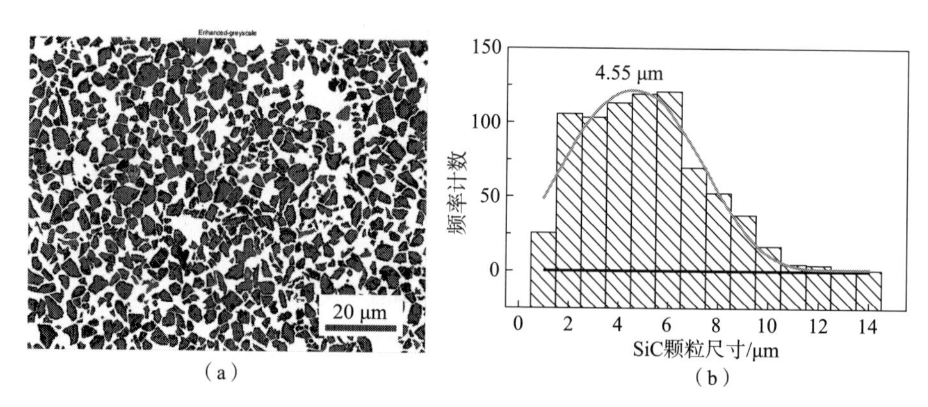

图 6.15　Al6063/SiCp/65p 复合材料的微观组织形貌及信息

(a) 微观组织；(b) SiC 颗粒尺寸分布

Cockroft & Latham 失效准则被证明能够将拉应力作用有效结合到钻削过程中的切屑形成上。因此，本章采用 Cockroft & Latham 失效模型来确定钻削 Al6063/SiCp/65p 复合材料过程中材料的损坏和后续的切屑断裂。

(a)

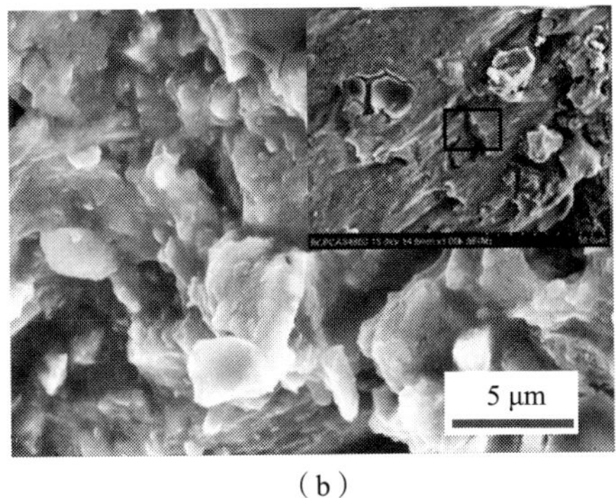

(b)

图6.16 加工后Al6063/SiCp/65p复合材料的断裂形貌

(a) 单轴压缩断口形貌；(b) 切削诱导的断口形貌

$$D = \int_0^{\varepsilon_f} \sigma\left(\frac{\sigma^*}{\sigma}\right) \mathrm{d}\varepsilon_p \tag{6.11}$$

式中，D 是表征连续介质损伤演化的损伤状态变量，并且当 D 达到临界值 D_{cr} 时，通过相应的单元删除实现切屑分离；σ^* 为最大主应力。

切削热力耦合的两个重要参数是工件材料与刀具之间的热传导以及摩擦系数。但是这两个参数随着切削参数，尤其是切削速度的变化而有着十分重要的改变，调整这些参数可使切削过程更快地达到热稳态。本章的热力学参数应该都是通过逆向进行求解得到的，逆向求解要求有试验作为支撑，如此得到的仿真结果才更能够令人信服。切削过程中的温度在刀具磨损演变和磨损机理中起着重要作用。加工过程中产生的热量分为塑性变形热和摩擦诱导热。图6.17显示了切屑形成过程中热分配的示意图。通过塑性变形功转换的热量 $\dot{q}_p$ 导致了材料成形和加工中的工件温度变化 ΔT。

$$\dot{q}_p = \eta_p \tau_\phi \mathrm{d}\gamma = \rho C_p \Delta T \tag{6.12}$$

式中，η_p 是 Taylor - Quinney 系数，表示塑性变形功转化为热能的比例；τ_ϕ 为等效绝热剪切流变应力；γ 为等效塑性剪切应变；ρ 和 C_p 分别为工件的密度和比热容。

沿着局部剪切方向上，通过对刀具 - 切屑接触区域中的滑动（$\mu_p \leq \tau_{crit}$）和黏着（$\mu_p > \tau_{crit}$）接触条件的划分，分别定义剪切摩擦和库仑摩擦。

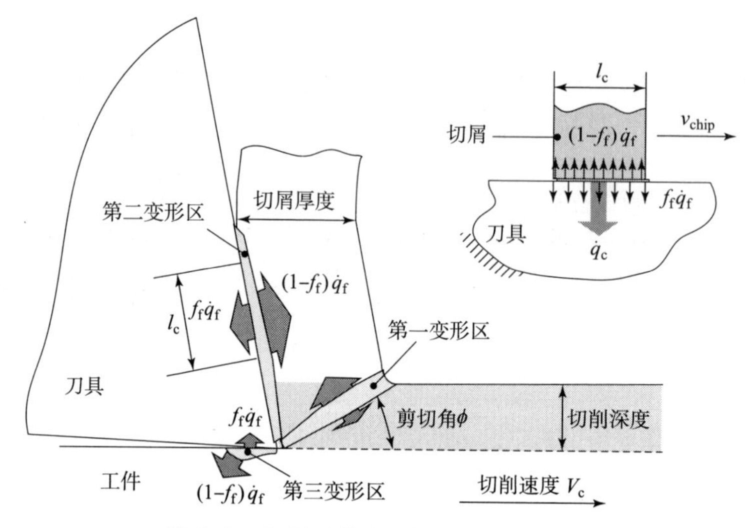

图 6.17　切屑形成过程中的热分配示意图

$$\tau_f = \begin{cases} \mu p, \mu p \leqslant \tau_{crit} \\ \tau_{crit} = m\sigma/\sqrt{3}, \mu p > \tau_{crit} \end{cases} \tag{6.13}$$

式中，τ_{crit}是临界剪切流变应力；p 为刀具－工件间接触压力；μ 为摩擦系数。刀具－工件接触界面处的摩擦热通量 $\dot{q}_f$ 可根据式（6.13）和式（6.14）计算

$$\dot{q}_f = \eta_f \int \tau_f \mathrm{d}v_s \tag{6.14}$$

式中，η_f 是摩擦功转化成热能的比例。可根据刀具－工件间热分配的定量关系计算流入刀具和工件的热通量 $\dot{q}_f^{tool}$，$\dot{q}_f^{work}$。

$$\dot{q}_f^{tool} = f_f \dot{q}_f + \dot{q}_c \tag{6.15}$$

$$\dot{q}_f^{work} = (1 - f_f)\dot{q}_f - \dot{q}_c \tag{6.16}$$

$$\dot{q}_c = -k_{int}(T_{int}^{tool} - T_{int}^{work}) \tag{6.17}$$

式中，f_f 是摩擦热通量 q_f 流入刀具的比例；k_{int} 是界面传热系数；T_{int}^{work} 和 T_{int}^{tool} 分别是接触界面处工件和刀具的温度。

单位时间内刀具磨损量可根据刀具主要磨损机制的磨损率模型来计算。因此，基于上一章节钻削高体积分数 Al6063/SiCp/65p 复合材料时金刚石刀具的主要磨损机制分析，建立耦合磨粒磨损－化学磨损的磨损率预测模型，并通过所开发的刀具磨损子程序计算刀具磨损。

在本研究中，基于上述建立的 3D 热力耦合的钻削有限元模型模拟金刚石刀具钻削高体积分数 Al6063/SiCp/65p 复合材料的过程，以获取磨损模型计算所需要的一些状态变量的分布，这其中主要包括钻削过程中工件 - 刀具接触界面的温度分布、工件与刀具间的相对滑动速度、刀具表面的接触压力。式（6.14）中的耦合磨粒磨损 - 化学磨损的磨损率模型被编译成一个刀具磨损分析的子程序，根据切削模拟获取的热力学变量、节点面积、时间步长等信息计算与工件作用刀具节点处的磨损率和磨损变量。根据磨损子程序计算的刀具磨损率，计算当前时间步内刀具表面的节点位移，然后根据计算的节点位移重新计算刀具的几何尺寸再更新刀具，并在下一个时间步的钻削仿真分析和磨损计算中以更新的磨损刀具几何开始。随着这一仿真循环过程的不断重复，在整个切削过程中的刀具磨损演变得以重现。

6.2.2　钻削力分析

根据第 5 章中的钻削试验设置，分别采用 PCD 钎焊钻头和 CVD 金刚石涂层钻头钻削 Al6063/SiCp/65p 复合材料，钻削过程中轴向力与扭矩模拟和试验结果的对比如图 6.18 和图 6.19 所示。由图 6.18（a）和图 6.19（a）可知，除了钻削起始阶段外，钻削轴向力的模拟和试验结果的一致性较好。由图 6.18（b）和图 6.19（b）可知，作用于 PCD 钎焊钻头和 CVD 金刚石涂层钻头的扭矩模拟结果分别高出试验值 14.4% 和 10.9%，这可能由实际刀具和模拟刀具几何形状间的微小差异造成的，但扭矩对刀具几何比较敏感，以及工件侧壁固定的边界约束限制了材料流动。

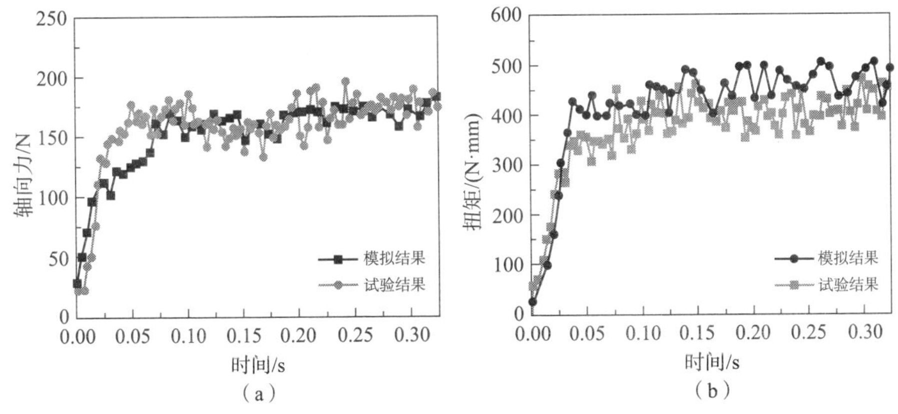

图 6.18　PCD 钻头轴向力与扭矩模拟和试验结果对比

（a）轴向力；（b）扭矩

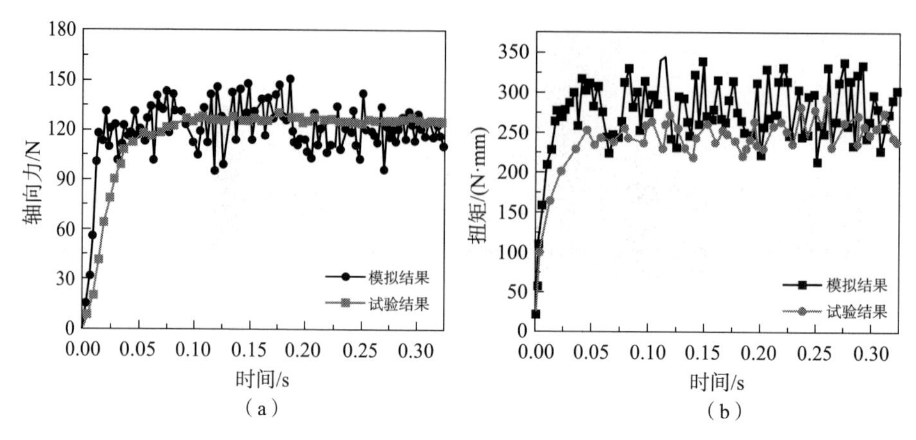

图 6.19 CVD 金刚石涂层钻头轴向力与扭矩模拟和试验结果对比

(a) 轴向力；(b) 扭矩

尽管模型预测的扭矩值相比试验值略高，鉴于扭矩对刀具磨损影响较小，因此所开发的钻削模型能比较精确地预测切削力。此外，对比 PCD 钎焊钻头和 CVD 金刚石涂层钻头的切削力发现，在相同钻削条件下，PCD 钻头受到的切削力要比 CVD 金刚石涂层钻头高一些。

6.2.[illegible] 切屑形貌分析

切屑形成机理的揭示有助于刀具几何再设计和切削工艺优化。采用 PCD 钎焊钻头和 CVD 金刚石涂层钻头钻削 Al6063/SiCp/65p 复合材料，切屑形貌的模拟和试验结果对比如图 6.20 所示。钻削模拟提取的切屑形貌与试验形成的切屑形貌比较匹配，尤其是切屑的卷曲形貌。

钻削 Al6063/SiCp/65p 复合材料时，PCD 钻头直切削刃形成的切屑比 CVD 金刚石涂层钻头弯曲切削刃所产生的切屑更不连续、更碎。如图 6.21（a）所示，当钻削对应的 Al 合金时，由切屑形成产生的力驱动切屑沿着螺旋槽向上移动并沿其自身切屑轴线 ω_{chip} 旋转，同时螺旋槽对切屑运动的阻碍作用促使切屑扭转、卷曲，最终在钻削 Al 合金时形成螺旋切屑。而在钻削 Al6063/SiCp/65p 复合材料时，由于高体积分数 SiC 硬脆相存在，其延展性和抗弯能力较差，容易形成小的碎屑（图 6.21（b））。钻削 Al 合金和 SiCp/Al 复合材料切屑形貌的显著差异，需要深入了解微观结构尺度 Al 合金和 SiCp/Al 复合材料微观结构在剪切载荷作用下的变形和失效机理，这是形成不同切屑形貌的根本原因。

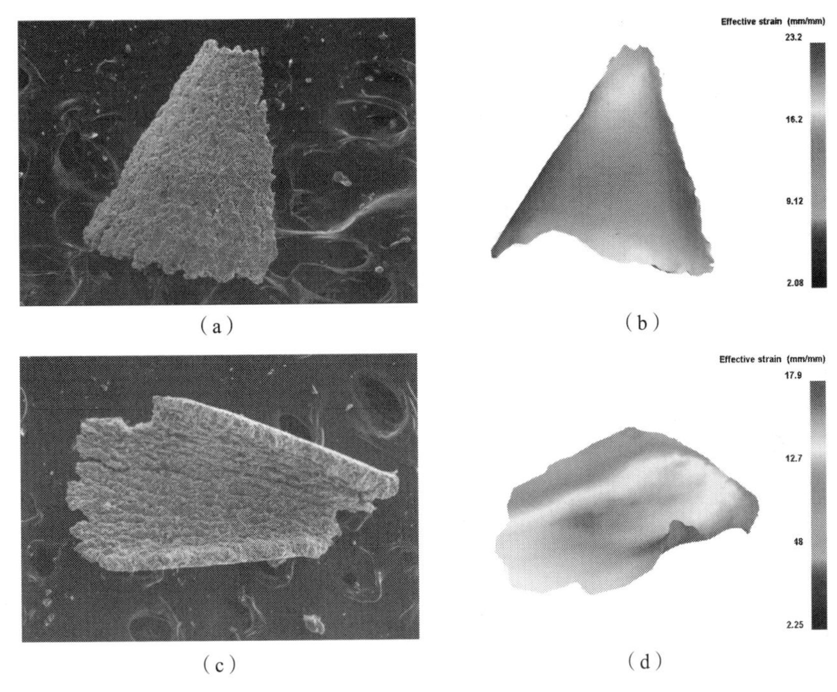

图 6.20 PCD 钎焊钻头和 CVD 金刚石涂层硬质合金钻头形成的切屑形貌试验与仿真

（a）试验 PCD 切屑形貌；（b）模拟 PCD 切屑形貌；（c）试验 CVD 切屑形貌；（d）模拟 CVD 切屑形貌

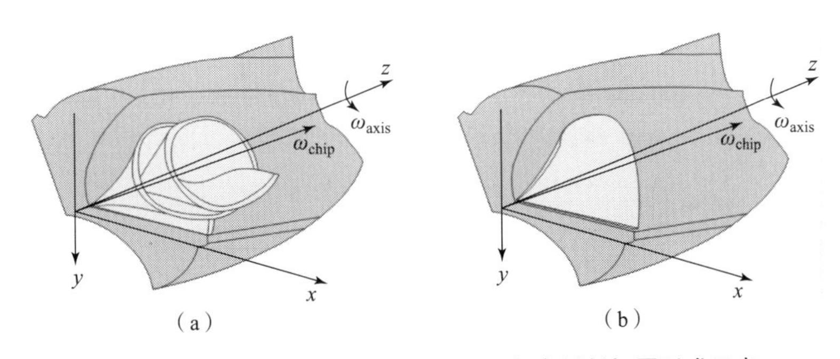

图 6.21 Al 合金和 Al6063/SiCp/65p 复合材料切屑形成示意

（a）切削 Al 合金；（b）切削复合材料

从图 6.22 中可以看出，与切削 Al 合金时 Al 晶粒间协调变形不同，在切削 Al6063/SiCp/65p 复合材料时，由刀具施加的强剪切作用引起主剪切带中 SiC 颗粒与 Al 基体的变形不协调性，使得在 SiC 颗粒和 Al 基体界面处有微裂纹萌生。同时，由于在 Al6063/SiCp/65p 复合材料中存在高体积分数的脆性相 SiC，在新形成的切屑中由切削诱导的压应力释放使得切屑自由表面形成众多裂纹呈不连续分布的微裂纹区（图 6.23）。随着钻头继续运动，新形成的切屑沿剪切面向外侧流，同时切屑自由表面上的微裂纹区沿着前刀面进一步拓展。当切屑逐渐弯曲到一定程度时，在切屑弯曲力和刀具剪切力作用下裂纹扩展到切削刃处，微裂纹聚合并导致切屑突然性脆断。因此，钻削高体积分数 Al6063/SiCp/65p 复合材料形成的切屑易断裂而呈碎屑状。此外，切屑形成还与钻头几何有关，特别是钻头螺旋槽形状。一般地，切屑运动越自由，形成的切屑则越长。当切屑进入钻槽时，切屑运动受到钻槽的阻碍。PCD 钎焊钻头扁平的螺旋槽面结构会一定程度限制切屑卷曲，而 CVD 金刚石涂层麻花钻曲面的螺旋槽结构能很好地适应切屑的卷曲变形。因此，与 PCD 钎焊钻头相比，采用 CVD 金刚石涂层麻花钻形成的切屑更长、卷曲程度更大。

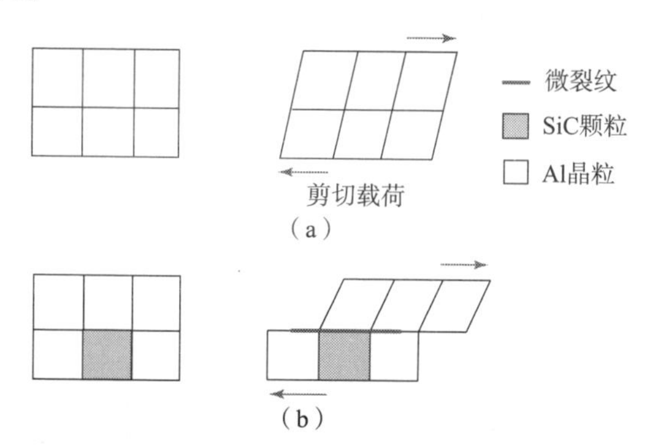

图 6.22　在剪切载荷作用下 Al 合金和 SiCp/Al 复合材料变形和失效机理

（a）Al 合金；（b）SiCp/Al 复合材料

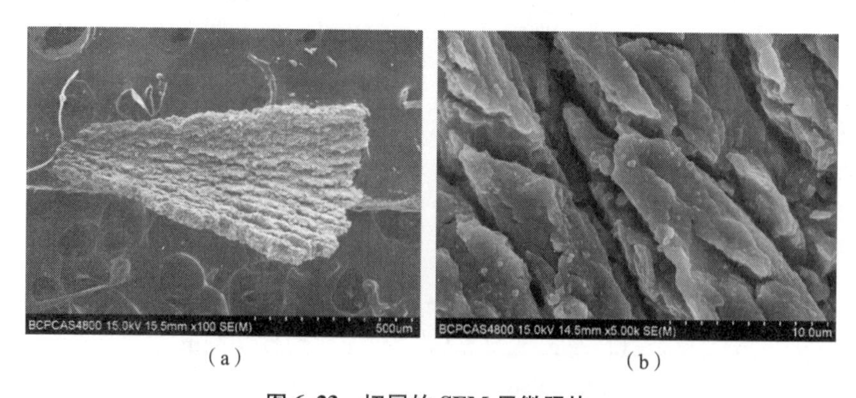

图 6.23　切屑的 SEM 显微照片

（a）自由表面；（b）自由表面局部放大

6.2.4　温度与积屑瘤分析

在钻削过程中，切削热局部化引起刀具 – 切屑界面的摩擦力增加会导致切削刃处热积聚和高的温升。因此，积屑瘤通常会在钻头切削刃上产生，并且这种黏附在钻头切削刃上的积屑瘤会降低钻孔质量，并且积屑瘤间歇性生长和刮掉会导致切削刃上黏着磨损的发生。由于钻削的半封闭加工特性，钻头表面的温度分布很难测量，特别是在切削刃上。然而，刀具切削温度分布是刀具磨损预测中比较重要的状态变量。在某种程度上，积屑瘤在钻头切削刃上的分布可为刀具温度分布提供一些有价值的信息和参考。在图 6.24（b）中，与 CVD 金刚石涂层钻头相比，PCD 钻头前刀面有着较大的高温影响区域，这与试验观察到 PCD 钻头上的积屑瘤面积要大于 CVD 金刚石涂层钻头上的面积相呼应，如图 6.24（a）所示。在 PCD 钻头靠近主切削刃前刀面附近没有发现积屑瘤，而在远离切削刃的前刀面处出现积屑瘤。这是由于 SiC 颗粒的高频划擦作用，导致切削刃附近形成的积屑瘤很快被刮掉。另外，试验观察到积屑瘤在 PCD 钎焊钻头和 CVD 金刚石涂层钻头的分布与有限元模拟的高温影响区域比较一致，为 3D 钻削刀具磨损模型的开发提供了准确的热分析条件。

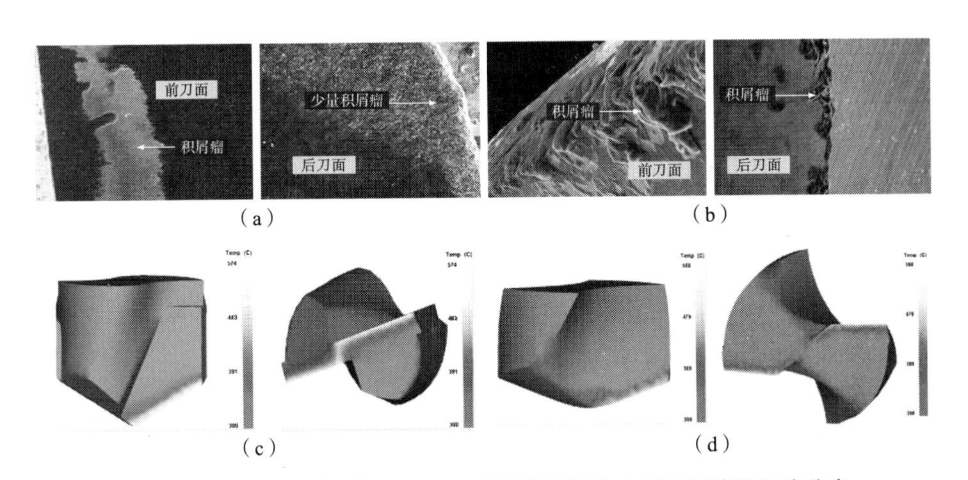

图 6.24　PCD 钎焊钻头和 CVD 金刚石涂层钻头上的积屑瘤和温度分布

（a）PCD 前刀面、后刀面积屑瘤分布；（b）CVD 前刀面、后刀面积屑瘤分布；

（c）PCD 前刀面、后刀面温度分布；（d）CVD 前刀面、后刀面温度分布

6.2.5 刀具磨损分析

通过 3D 热力耦合钻削模拟得到切屑形成过程中刀具 - 工件接触表面的温度、钻头和切屑间的相对运动速度和刀具表面处的接触应力，再调用耦合磨粒磨损 - 石墨化磨损的刀具磨损率计算子程序来估算各个时间步内刀具节点磨损量并更新刀具几何形状。上述刀具磨损计算循环不断重复，直到完成钻削过程刀具磨损演变预测。图 6.25 和图 6.26 分别为钻削一个孔后 PCD 钎焊钻头和 CVD 金刚石涂层钻头磨损形貌的试验结果与仿真预测比较。通过仿真结果可发现，与由磨粒磨损形成的均匀磨损形貌相比，金刚石石墨化磨损引起刀具磨损形貌不规则演变，这与试验观察结果具有很好的一致性。在钻削 Al6063/SiCp/65p 复合材料时，直切削刃 PCD 钻头比弯曲切削刃钻头的 CVD 金刚石涂层钻头磨损更严重，特别是在钻头横刃位置处。表 6.3 给出了最大后刀面磨损宽度的试验与仿真结果。PCD 钎焊钻头和 CVD 金刚石涂层钻头磨损形貌和最大后刀面磨损宽度试验结果和仿真预测一致性较好，验证了基于金刚石磨粒磨损和石墨化磨损的主要磨损机制所开发的 3D 刀具磨损有限元仿真模型的可行性和可靠性。

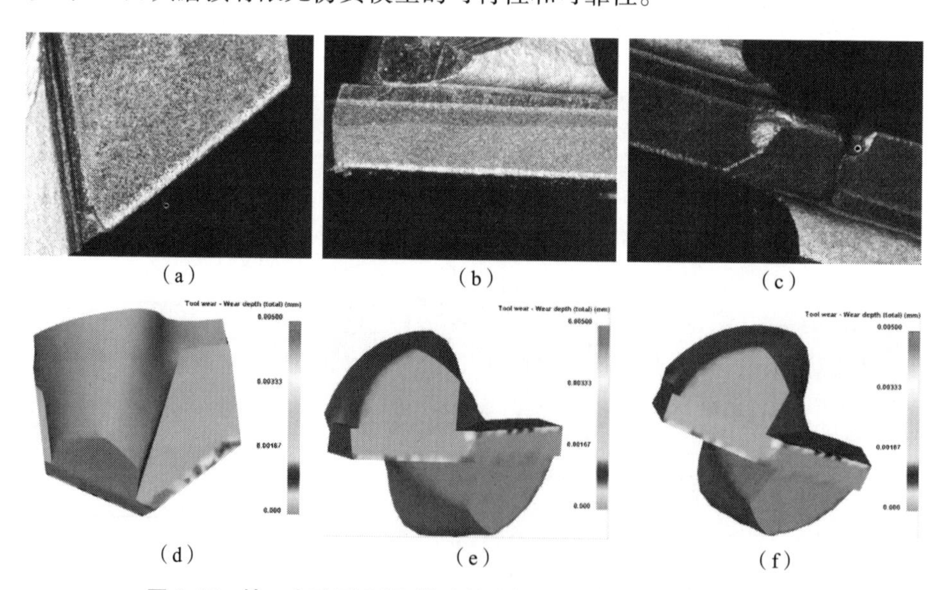

图 6.25 钻一个孔后 PCD 钻头的磨损形貌试验结果和仿真预测

（a）试验前刀面磨损；（b）试验后刀面磨损；（c）试验横刃磨损；
（d）模拟前刀面磨损；模拟后刀面磨损；（f）模拟横刃磨损

表 6.3　最大后刀面磨损宽度试验与模拟结果对比

钻头	试验 MFWW	模拟 MFWW	相对误差
PCD	43.237 μm	47.544 μm	9.96%
CVD	38.119	37.608 μm	1.34%

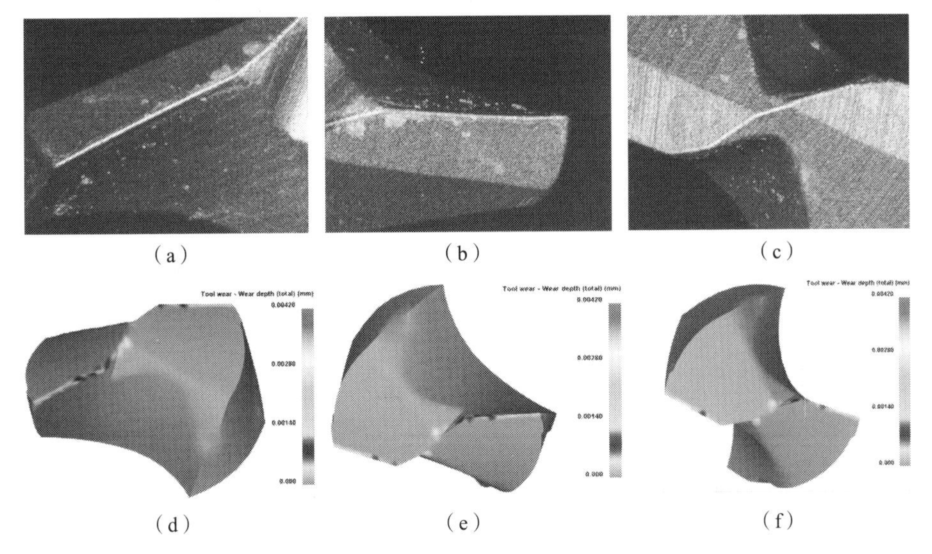

图 6.26　钻一个孔后 CVD 金刚石涂层钻头的磨损形貌试验结果和仿真预测

(a) 试验前刀面磨损；(b) 试验后刀面磨损；(c) 试验横刃磨损；
(d) 模拟前刀面磨损；(e) 模拟后刀面磨损；(f) 模拟横刃磨损

6.3　本章小结

切削含 Cu 的 SiCp/Al 复合材料时，PCD 和 CVD 金刚石涂层钻头共同主要的磨损形式为 SiC 颗粒高频划擦引起的磨粒磨损和金刚石石墨化的物理化学磨损。切削 SiCp/Al 复合材料时金刚石刀具石墨化机理为：在 Cu 催化反应和切削诱导高温压力条件下金刚石表面化学吸附氢发生解吸附反应，从而在金刚石表面形成石墨薄层以及随后由于硬质 SiC 颗粒的高频刮擦和冲击导致新形成的石墨薄层很快被刮掉，从而引起金刚石石墨化的不断发生。通过刀具磨损试验研究与理论计算发现，压力和温度对于降低金刚石石墨化转变的反应动力学和能量势垒方面起着决定性作用；在铜催化作用下，温度高于 500 ℃和压力低于 15 GPa 是金刚石石墨化转变的先决条件。基于金刚石刀具切削 SiCp/Al 复合材料的主要磨损机理，提出了耦合磨粒磨损和金刚石石墨化磨损的磨损率模型。在此基础上，建立了金刚石钻头钻削 SiCp/Al 复合材料的刀具磨损预测的三维热力耦合模型。PCD 和 CVD 涂层钻头的磨损模拟重现了钻削试验中的刀具磨损形貌，从而验证了切削含 Cu 的 SiCp/Al 复合材料的金刚石刀具磨损率模型的准确性和可靠性。这项研究成果可用于切削不同 SiCp/Al 复合材料时金刚石刀具的几何优化，评价磨损机理对刀具磨损的影响，以及切削工艺的优化。

第7章 SiCp/Al 复合材料超精密车削研究

作为卫星轴承/天线、空间激光镜以和非球面玻璃透镜热压成型模具等精密仪器的关键材料，其精密、超精密加工的实现是 SiCp/Al 复合材料工程应用的基础前提。不同于超精密加工 SiC 半导体材料，SiCp/Al 复合材料的非均质性对超精密加工的实现提出了更高的要求。超精密加工 SiCp/Al 复合材料去除机理的研究对于获得高精度、高质量的复合材料加工表面至关重要。由于传统的宏观、介观切削理论是建立在连续介质力学的基础上，而对于纳米切削机理（比如脆塑性转变、高压相变、界面及界面损伤、刀具石墨化）在分子尺度上的揭示，连续介质力学理论是否继续适用仍存在疑问。特别是涉及复合材料脆塑性界面对切削机理的影响，而 Al - SiC 界面动态力学行为的表征需要借助复杂的试验手段或分子动力学方法。因此，针对 SiCp/Al 复合材料中 Al 与 SiC 两相力学性质的巨大差异而导致的加工表面质量难以控制，需要着重分析超精密切削 SiCp/Al 复合材料中的加工表面形成机理、脆塑性转变以及刀具磨损机理。

7.1 纳米切削分子模拟与试验

采用 ABOP 势来模拟 Al - SiC 中 Si - Si，C - C 和 Si - C 原子间作用。采用 Morse 对势近似描述 SiC 和 Al 界面中 Al - Si 和 Al - C 的相互作用，具体设置详见 4.4 节。

受制于现有的计算能力，分子动力学所能建模的体系尺寸较小，而实际所加工的 SiCp/Al 复合材料颗粒尺寸在微米级左右，通常远超分子动力学所适用的尺寸范围，因此难以实现完全意义上的模拟。为合理地模拟金刚石车削 SiCp/Al 复合材料的过程，采用如图 7.1 所示的纳米切削 SiCp/Al 复合材料的分子动力学建模策略，并在其厚度方向采用周期性边界条件，以避免车削过程中材料相关变形机制（如滑移、孪晶、刃型和螺型位错）的抑制。在常温下，金刚石、SiC 和 Al 的晶胞尺寸分别是 3.566 Å、4.36 Å、4.05Å。因此，金刚石的晶格常数和 Al 与 SiC 分别有 13.60%、22.32% 的晶格错配。如果在厚度方向武断地选择周期性盒子尺寸将会引起系统在周期性复制过程中产生原子堆叠或过大的间隙，从而使系统在弛豫过程中产生大的能量波动，同时在系统平衡过程中还会引起大的热振动，导致模拟体系难以达到平衡状态或弛豫过缓。此外，在系统能量最小化过程中，由此引起的原子构型变化在很大程度上会导致一些非物理现象的产生，从而影响变形及加工机理的揭示。基于此，必须合理地选择模拟盒子尤其是 z 轴方向上的尺寸，并且对构型进行能量最小化以避免原子位置的重叠及过大的原子间距。为构造接近完美的晶体结构和确保在厚度方向的周期性，采用文献［188］提出的关于不同晶格材料周期性建模策略，确定模拟盒子中 Al、SiC 和金刚石分别在厚度方向上构建 14、13 和 16 个晶胞，三种晶体材料在厚度方向上的几何尺寸分别为 56.69 Å、56.68 Å 和 57.050 Å，盒子在厚度方向上几何尺寸取为 56.8 Å，Al、SiC 和金刚石分别与完全周期结构的几何偏差为 0.11 Å、0.120 Å 和 0.25 Å，远小于它们的晶胞尺寸及截断半径，可确保模拟盒子在厚度方向上的周期性。图 7.2 为依据上述周期性建模策略建立的沿厚度方向周期性边界的原子构型。

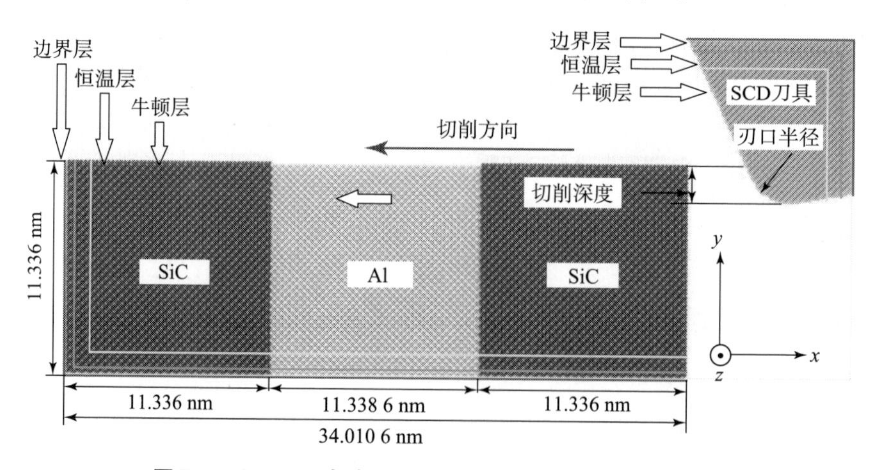

图 7.1 SiCp/Al 复合材料超精密车削的分子动力学模型

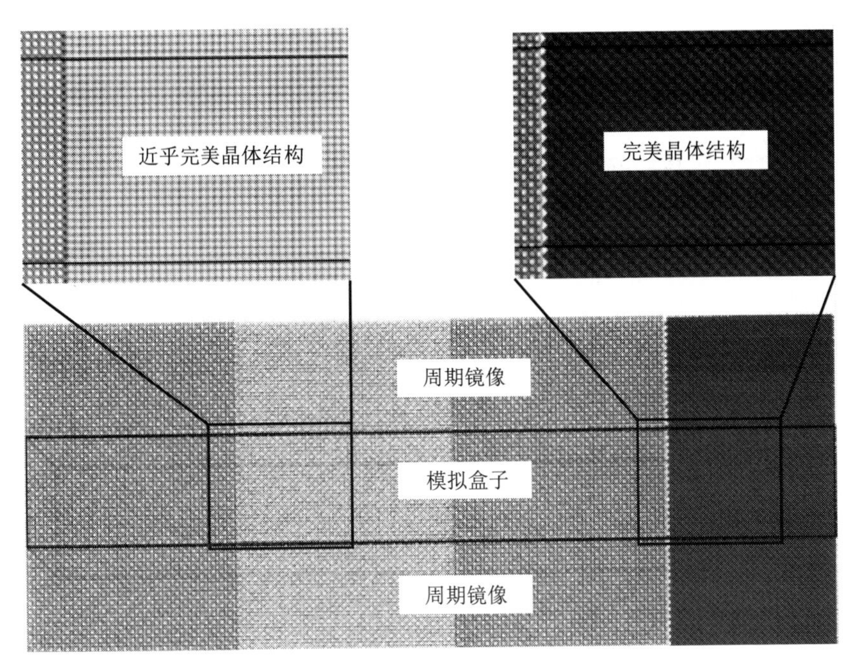

图7.2　沿厚度方向周期性边界的原子构型

为模拟刀具与工件原子间相互作用，工件与金刚石刀均模拟为可变形体。原子构型中的工件原子和金刚石刀具的原子均划分为三个不同的作用域：牛顿层原子、控温层原子和边界层原子。在切削仿真过程中，边界层原子按照其初始晶格位置被固定，这样可减小边界效应对分子构型的影响并保持晶格的对称性。传统切削过程中，由于第一变形区的塑性变形产热以及刀具和工件接触界面的摩擦产热这两部分热能通过以下途径进行耗散：①切屑和冷却液带走部分热量；②热量传导到工件和刀具中耗散部分热量。但在纳米切削模型中，由于模型极小而不能及时耗散切削热，需要施加恒温边界条件到控温层区域，控温层原子的运动通过每时间步重置速度以实现切削诱导的热量传递过程。在分子动力学的理论计算中，切削模拟中原子温度可根据原子动能与温度的转化关系进行计算。

$$\sum_{i}^{N} \frac{1}{2} m_i v_i^2 = \frac{3}{2} N k_{\mathrm{b}} T \tag{7.1}$$

式中，m_i 和 v_i 分别为第 i 个原子的质量和速度；N 为原子数量；k_{b} 为玻尔兹曼常数（$1.3\,806\,503 \times 10^{-23}\ \mathrm{J \cdot K^{-1}}$）；$T$ 为原子温度。

作为超精密切削分子动力学研究的主要区域，牛顿层原子的运动是根据势能函数和原子间距计算原子间相互作用力，再通过求解牛顿第二运动定律确定的。

$$a_{ix} = \frac{F_{ix}}{m_i} = \frac{d^2 x_i}{dt^2} \tag{7.2}$$

式中，a_{ix} 为第 i 个原子在 x 方向上的加速度；x_i 为第 i 个原子的沿 x 方向的相对位置坐标。作用于第 i 个原子在 x 方向上的分力 F_{ix} 可表示为：

$$F_{ix} = -\frac{dV}{dx_i} \tag{7.3}$$

首先利用共轭梯度能量最小化算法对所构建多组分系统进行结构模型优化，以避免异质原子位置上的重叠。在热浴温度 300 K 的微正则系统下对多组分原子构型进行常温弛豫以松弛内应力，其中原子的初始速度分布服从 Maxwell – Boltzmann 规则。经过弛豫平衡 SiCp/Al 复合材料的原子构型如图 7.3 所示。系统平衡后界面处的不同材料在界面两侧保持接触，间隔距离约为 2.11 Å 和 2.03 Å，接近于 Al—Si（2.445～2.92 Å）与 Al—C（2～2.24Å）的平衡键长。图 7.4 表明在弛豫 8 000 fs 以后系统能量收敛。当原子构型平衡稳定后，执行单晶金刚石切削 SiCp/Al 复合材料的分子动力学模拟。切削时应用 Berendsen 热浴算法控制控温层原子温度恒为 300 K。仿真步长缩小到 0.5 fs，以避免切削过程中工件原子的丢失。表 7.3 概括了 SCD（单晶金刚石）刀具超精密加工 SiCp/Al 复合材料分子动力学模拟中的切削条件。采用大尺度原子/分子并行计算模拟软件 LAMMPS 进行超精密车削 SiCp/Al 复合材料分子动力学模拟。

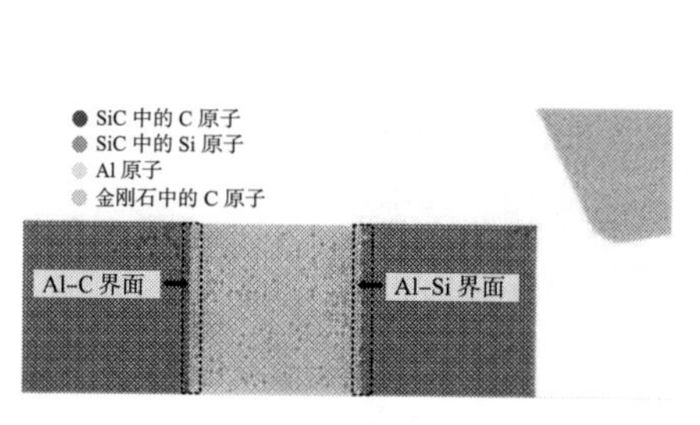

图 7.3 弛豫平衡后 SiCp/Al 复合材料的原子模型

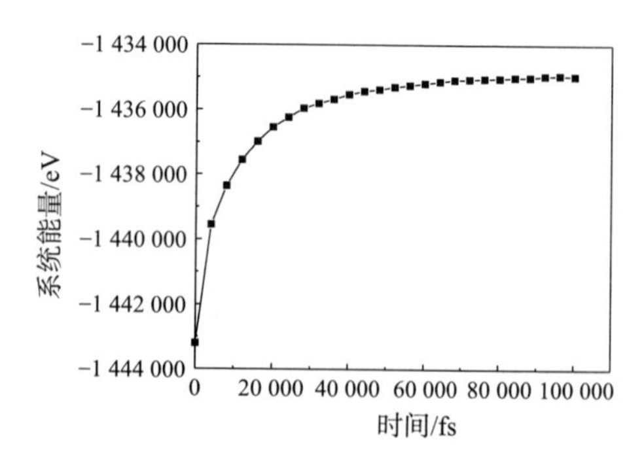

图 7.4 弛豫过程中能量变化

表7.3　分子动力学模拟中的切削条件设置

刀具		工件		切削条件	
材料	SCD	材料	SiCp/Al	加工方式	车削
前角/(°)	-20	长/nm	57.05	切削环境	干燥
后角/(°)	10	高/nm	34.01	切削深度/nm	0.5、1、2、3
刃口半径/mm	2.3	宽/nm	11.34	切削速度/($m \cdot s^{-1}$)	100
原子数	58 384	原子数	184 512		

采用美国Precitech公司研制的Nanoform X超精密机床超精密车削SiC体积分数为45%的SiCp/Al复合材料，其试验设备及SCD刀具如图7.5所示。切削试验参数如下：主轴转速为3 000 r/min，进给量为0.6 $mm \cdot min^{-1}$，切削深度为25~28 nm。图7.6为工件横截面上切削深度示意图。

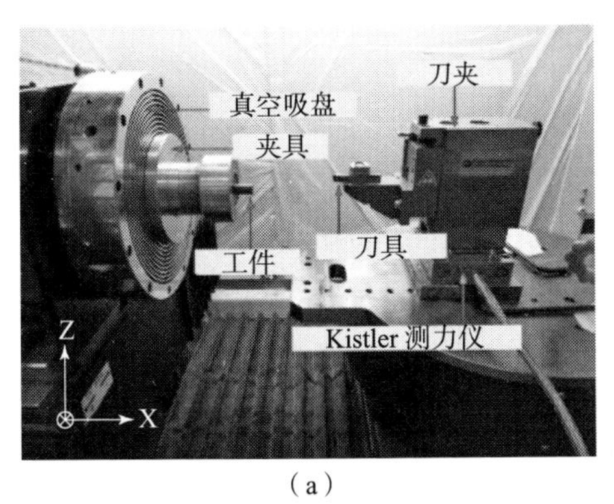

(a)

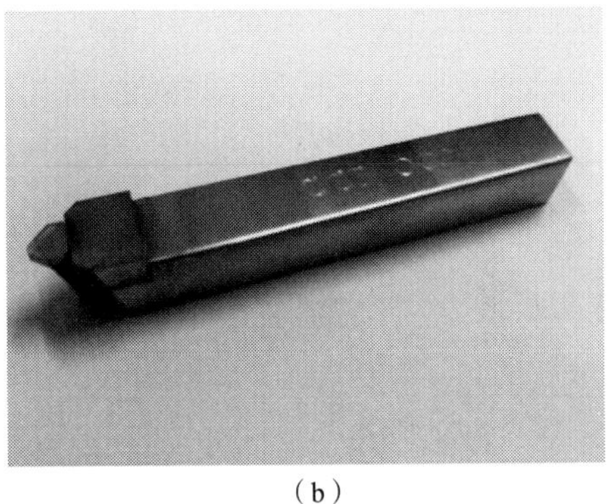
(b)

图7.5　超精密车削试验设备与SCD刀具
(a) 试验设备；(b) SCD刀具

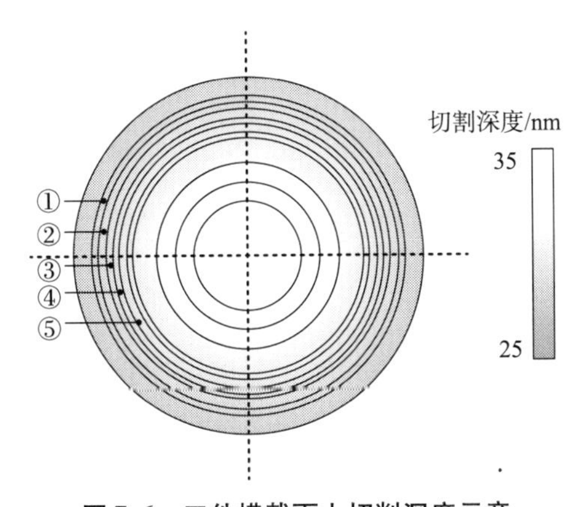

图7.6　工件横截面上切削深度示意

7.2 加工表面形成机理

图7.7为当轴向切削深度为1 nm时SCD车削SiCp/Al复合材料的加工表面形成过程。图7.7（a）和（b）分别为SCD刀具行进6.4 nm、10 nm时的切屑和已加工表面形貌。观察到有连续的切屑形成和相对平整的已加工表面形貌，这表明SiC颗粒的切削属于塑性去除，并且亚表面没有损伤发生。此外，在刀具剧烈的挤压作用下，由于Al基体和SiC颗粒弹性模量的巨大差异而导致SiC颗粒与Al基体界面出现部分脱黏，如图7.7（b）所示。当SCD刀具继续切削到Al基

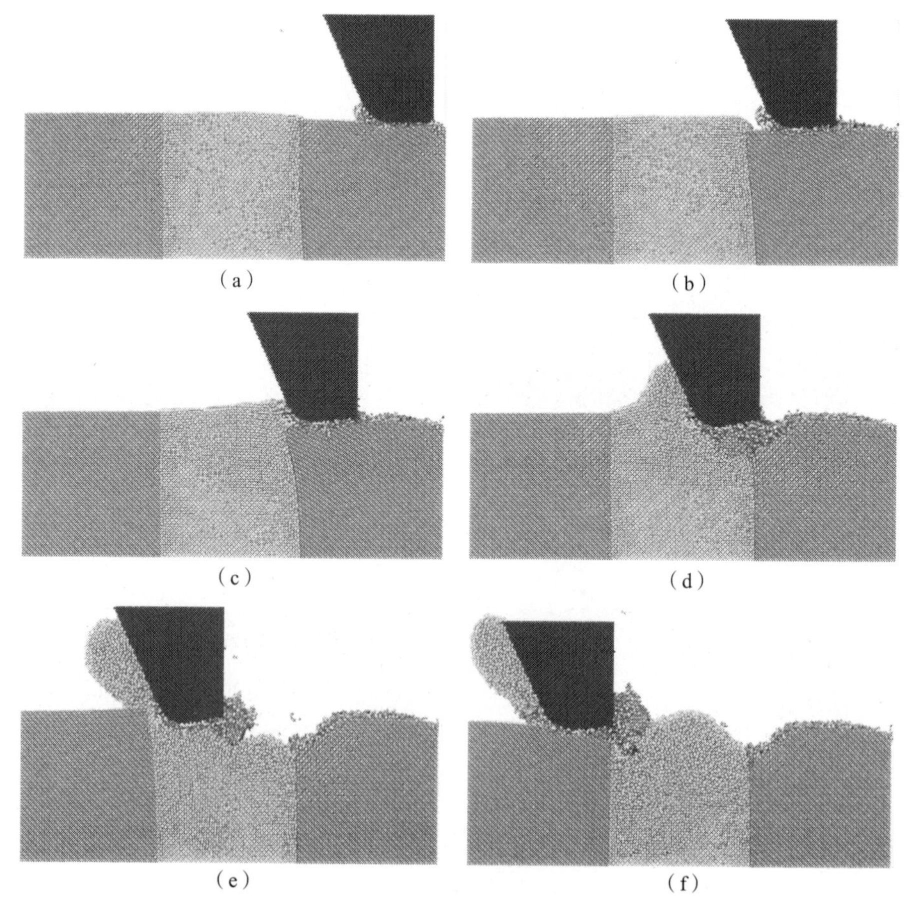

图7.7 切削深度为1 nm时SCD车削SiCp/Al复合材料的加工表面形成过程

（a）6.4 nm；（b）10 nm；（c）18.7 nm；（d）25.4 nm；（e）36.2 nm；（f）44.3 nm

体与 SiC 颗粒界面时，Al 基体对 SiC 颗粒弱约束作用和界面处非均匀受力导致无法在 SiC 颗粒内部形成足够高的静水压力，刃口下方 SiC 颗粒某些位置开始形成微裂纹，最终在 SCD 刀具作用下界面处的 SiC 发生脆性断裂，如图 7.7（c）所示。随着 SCD 刀具运动，脆断的 SiC 颗粒被压入刀具的后刀面，在刀具的拖曳和推压下对已加工的 Al 基体表面形成二次切削而形成不平整的加工表面（图 7.7（d））。当切削到第二个 Al 基体和 SiC 颗粒界面处，如图 7.7（e）所示，形成的 Al 基体切屑开始与毗邻的 SiC 颗粒接触，并在高硬度、高刚度 SCD 刀具和 SiC 颗粒的挤压和剪切作用下被切断，从而形成非连续的切屑形貌。与此同时，被 SiC 碎屑碾压过后的 Al 基体发生弹性回复，而在 SiC 颗粒脆断的界面处由于 SiC 的拔出形成孔洞。被切断的一部分切屑由于高温涂覆在刀具表面，这等效地减小轴向切深和刀具等效前角而形成高的静水压力，促进 SiC 的塑性去除，如图 7.7（f）所示。

图 7.8（a）为当轴向切削深度为 1 nm 时已加工表面的弹性回复。从图 7.8（b）发现，SiC 增强相已加工表面和亚表面都比 SiC 原晶格致密得多，这表明切削脆性 SiC 时发生高压相变。高压相变被认为是纳米切削中脆性材料塑性切削的主要原因，这促进了 SiC 半导体的金属化转变。在刀尖切削的高压相变区域，没有发现裂纹萌生的尖峰。这与刀具前角和刀尖刃口半径有关：当刀尖刃口半径大于切削深度，大的负前角有利于在切削区域形成足够大的压应力。在 Cai 等采用单点金刚石车削单晶硅的研究中也发现了类似的现象。

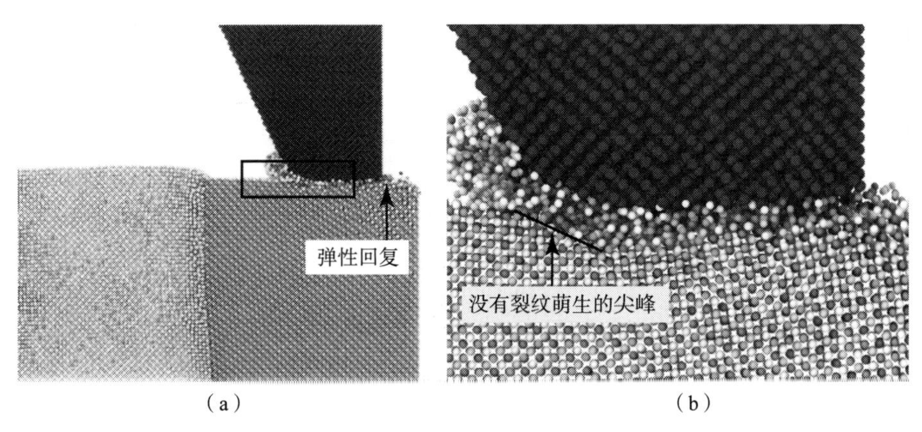

图 7.8　切削深度为 1 nm 时切削诱导的弹性回复、高压相变

（a）弹性回复；（b）高压相变

图 7.9（a）为在不同切削深度下 SCD 刀具车削 SiCp/Al 复合材料加工表面形貌。由图 7.9（b）表面形貌高度分布可见，随着表面高度的减小，亦即随切削深度的增加，加工表面质量越加恶化。在切削深度较大处，SiC 颗粒及其附近区域有 SiC 脆性断裂形成的浅坑、坑洞缺陷，拔出的 SiC 块体对周围基体刮擦形成的划痕等表面形貌特征；而采用较小切削深度则形成了缺陷较小的光滑加工表面。因此，SiC 颗粒的去除形式关系到 SiCp/Al 复合材料加工表面质量的好坏。SCD 车削 SiCp/Al 复合材料试验很好地印证了上述的分子动力学模拟结果。

（a）　　　　（b）

图 7.9　不同切削深度下 SCD 刀具车削 SiCp/Al 复合材料加工表面形貌及其高度分布

7.3　脆塑性转变机理

图 7.10 为不同轴向切削深度下 SCD 刀具切削 SiCp/Al 复合材料的脆塑性转变。当切削深度为 0.5 nm（图 7.10（a）、图 7.10（b））、1 nm（图 7.10（c）、图 7.10（d））时，SiCp/Al 复合材料脆性 SiC 颗粒的去除表现为延性加工，此时切屑是通过挤压而不是通过剪切方式形成。在切削深度为 0.5 nm 时，加工出无亚表面损伤的表面。在切削深度为 1 nm 时，在靠近 Al－SiC 界面的 SiC 一侧出现各向异性的脆性裂纹，并随着刀具进给进一步向下扩展。随着切削深度增大到 2 nm（图 7.10（e）、图 7.10（f））时，在切削起始阶段，在刀具进给前方萌生少量微裂纹，切削诱导的裂纹没有扩展到已加工表面之下，这些微断裂损伤区域将在后续切削过程中被去除，从而实现脆性材料的延性切削，脆性材料实现塑性切削示意如图 7.11 所示。但是在切削到 Al－SiC 界面附近时 SiC 颗粒的塑性切屑

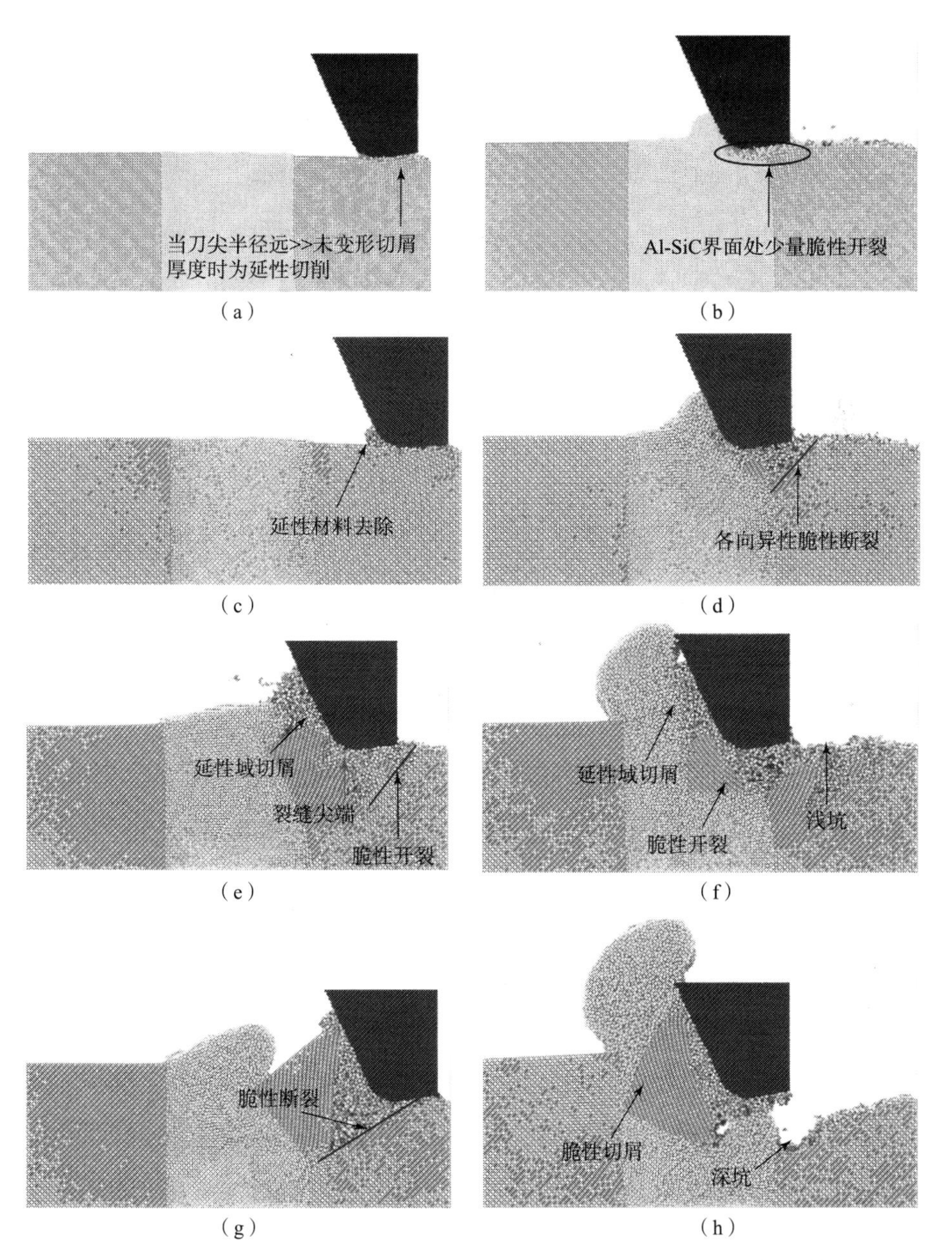

图 7.10　不同轴向切削深度下 SCD 刀具切削 SiCp/Al 复合材料的脆塑性转变

(a)(b)0.5 nm；(c)(d)1 nm；(e)(f)2 nm；(g)(h)3nm

形成和脆性断裂同时被观察到，当 SCD 靠近 Al－SiC 界面位置附近时，由于 Al 与 SiC 性质差异，Al 强度和刚度相对较低，在 SCD 刀具剧烈的推压下，界面向铝一侧倾斜，倾斜的 Al 一侧无法对靠近界面处的 SiC 颗粒提供足够支撑，从而导致在刀具进给前方萌生脆性微裂纹，切削诱导的脆性裂纹沿着向下偏斜 45°的方向继续扩展。在刀具挤压和裂纹扩展的混合作用下，脆断 SiC 碎块向下滑移，部分压入 Al 基体中，由于向下滑移较短因而在加工表面形成浅坑。当切削深度继续增加到 3 nm（图 7.10（g）、图 7.10（h））时，SiC 颗粒在切削起始阶段就表现出的脆性断裂特征和块体切屑形貌揭示了 SiC 纯脆性切削方式，最终形成有深凹坑分布且有大量亚表面损伤的脆性加工表层。在不同切削深度下，SCD 车削 SiCp/Al 复合材料分子模拟结果表明：随着切削深度的递增，SiCp/Al 复合材料中 SiC 颗粒加工方式由塑性去除，到脆塑性混合方式去除，最后演变为纯脆性方式。不同于纯 SiC 材料超精密加工，SiCp/Al 复合材料中 SiC－Al 界面及较柔软 Al 基体的存在，在很大程度上影响了 SiCp/Al 复合材料中 SiC 颗粒去除的脆塑性转变。

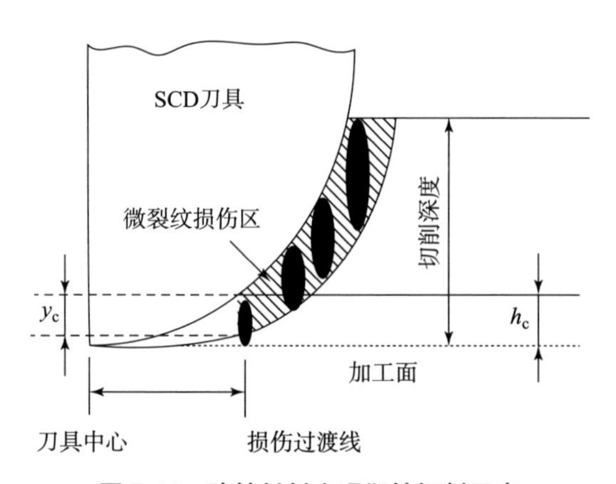

图 7.11　脆性材料实现塑性切削示意

因此，SiCp/Al 复合材料中 SiC 颗粒去除的脆塑性转变受切削深度和 Al－SiC 界面综合影响。随切削深度增加，Al－SiC 界面向 Al 基体一侧偏移越剧烈，由此引起 SiC 脆性断裂区域也越大，在已加工表面产生更深孔洞缺陷和更多亚表面损伤。

为进一步揭示 SiCp/Al 复合材料中 SiC 颗粒去除的脆塑性转变机理，对不同切削深度下切削区域的应力分布进行分析。图 7.12 分别为 0.5 nm、1 nm、2 nm、3 nm 切削深度下切削区域附近沿切削方向的应力分布。在切削深度为 0.5 nm、

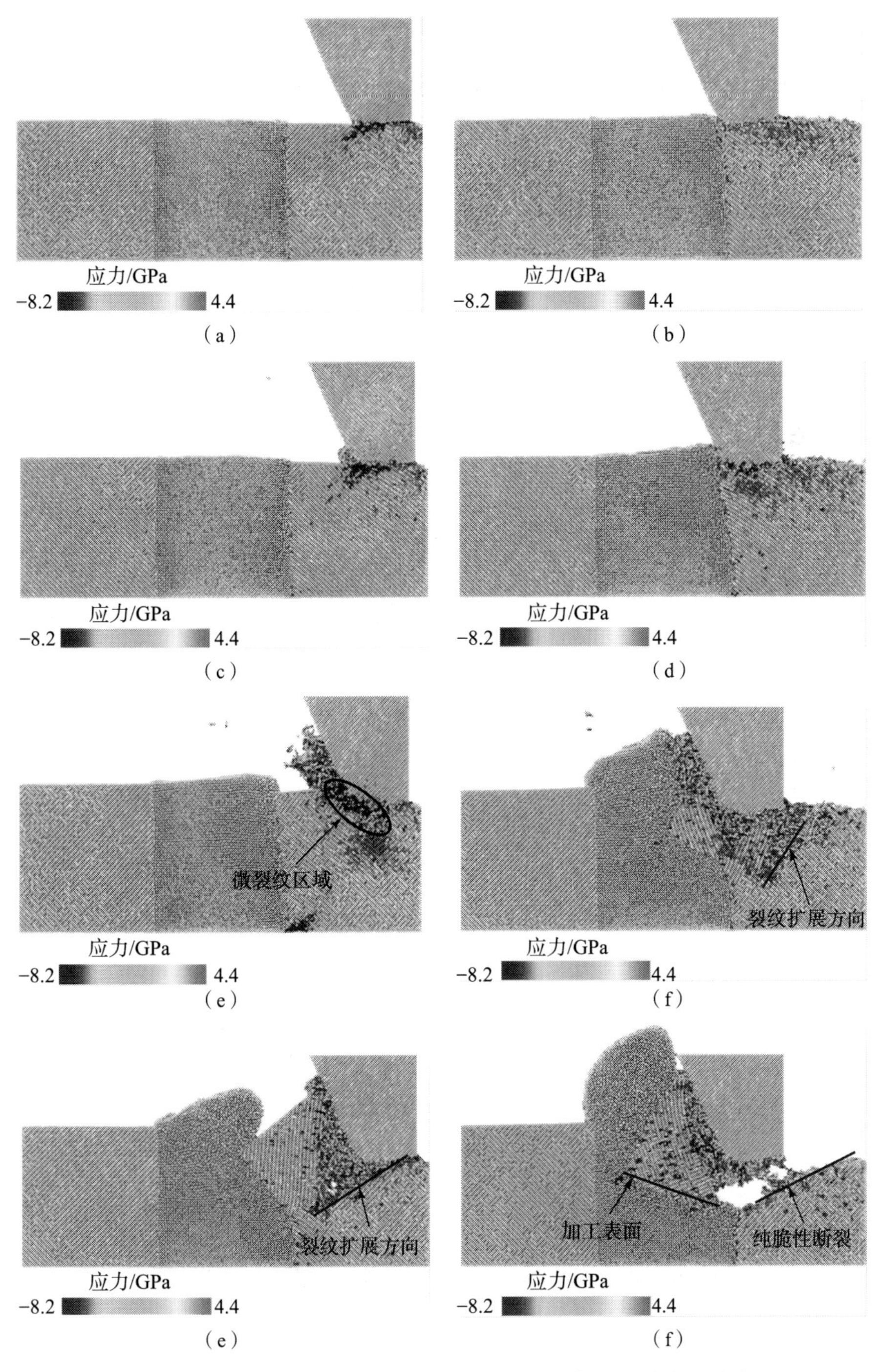

图 7.12　不同切削深度下切削区域附近沿切削方向的应力分布

(a)(b) 0.5 nm；(c)(d) 1 nm；(e)(f) 2 nm；(g)(h) 3 nm

1 nm 条件下，已加工表面的应力状态均表现为较大的压应力，拉应力作用区域很有限，且分布在刀尖附近待加工表面内。当切削深度增大到 2 nm 时，已加工表面依然有较大的压应力形成，但此时压应力周围分布着较大的拉应力，且刀尖刃口下方作用区域的应力状态表现为拉应力，并伴随有脆性裂纹萌生。随着切削深度进一步增加到 3 nm，切削区域的应力状态以拉应力为主，裂纹萌生扩展迅速，已加工表面表现为纯脆性断裂形貌。随着切削深度的增加，拉应力作用区域随之增大。这表明，当切削深度大于某一临界值后，切削诱导的拉应力超过数值时会导致 SiC 的脆性开裂。这一临界切削深度被 Scattergood 和 Blake 证实是存在的。依据上述脆塑性转变分析结合应力分布可知，待加工表面上拉应力的存在会诱导微裂纹尖峰，是待加工区域脆性 SiC 材料裂纹萌生的直接诱因。这一论点在 Xiao 等金刚石纳米车削 SiC 的研究中得以证实。

值得注意的是，即便拉应力对于切削脆性 SiC 时的脆塑性转变有很大影响，但由于切削过程中 SiCp/Al 复合材料的非均匀性导致复杂的应力状态，裂纹的形核不仅与拉应力的幅值和方向有关，还受到其他因素如剪应力、整体应力状态、晶体取向、刀具前角、增强相（体积分数、大小、分布）等的影响。鉴于 SiCp/Al 复合材料自身结构和超精密加工机理的复杂性，在特定加工条件下建立的分子动力学模拟结果并不能将所有其他因素一并考虑在内，SiCp/Al 复合材料深层次的脆塑性转变机制需要更详尽的研究。

7.4 刀具磨损

相比于碳的其他同素异形体，金刚石晶体结构中短的 sp^3—sp^3 共价键是其成为最坚硬材料的根本原因。因此，衡量切削过程中金刚石刀具键长的变化对于在原子尺度上深刻理解其磨损机理非常有效。利用径向分布函数分析切削前后 SCD 刀具的键长变化，如图 7.13 所示。车削前，SCD 刀具径向分布函数的第一峰位于 1.54 Å 附近，这刚好对应金刚石共价键长。而切削后 SCD 刀具的径向分布函数在 1.44 Å 位置附近出现一个小峰，而 1.42 Å 是碳的另一个稳定同素异形体——石墨的键长。切削前后径向分布函数表明，在 SCD 车削 SiCp/Al 复合材料过程中，金刚石的石墨化转变发生。在切削诱导的高温高剪切作用下，SCD 刀具表面的金刚石结构演变为层状的石墨结构。层状结构石墨在硬质 SiC 颗粒的划擦下很容易被磨掉，从而加剧了 SCD 刀具的磨损。

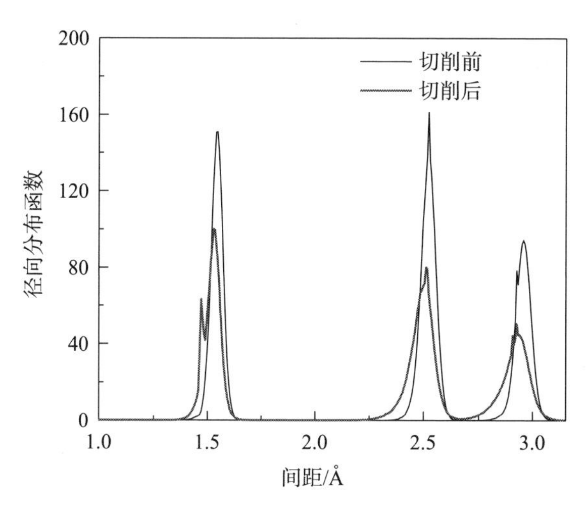

图 7.13　切削前后 SCD 刀具的径向分布函数

图 7.14（b）、图 7.14（c）、图 7.14（d）分别是 SCD 车削第一层 SiC、Al 基体、第二层 SiC 后的刀具磨损形貌。由图可见，SCD 刀具磨损主要发生在切削 SiC 过程中，磨损主要集中在刀具后刀面和刀尖圆弧处，而刀具前刀面磨损较小。因此，SCD 车削 SiCp/Al 复合材料主要磨损机理为硬质 SiC 颗粒的磨粒磨损和切削诱导的石墨化。

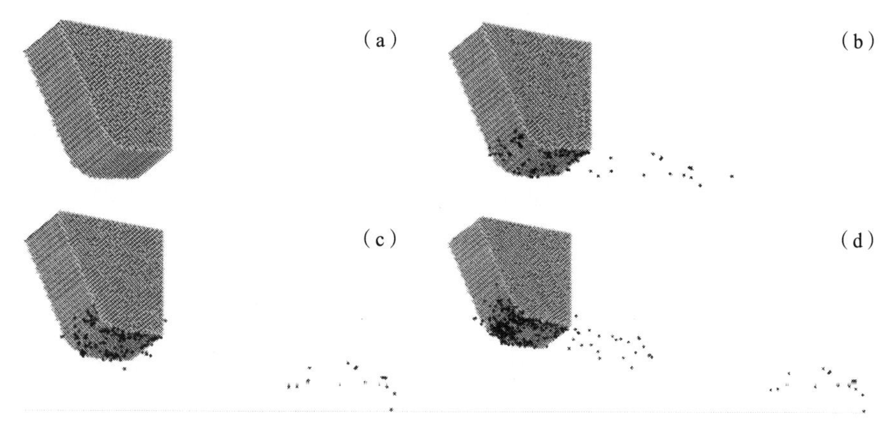

图 7.14　切削过程中 SCD 刀具磨损形貌

（a）切削 0 nm；（b）切削 19 nm；（c）切削 46 nm；（d）切削 57 nm

图 7.15 为切削前后 SCD 刀具微观磨损形貌。除少量 Al 基体黏着外，SCD 刀具前刀面几乎没有任何磨损。相比于前刀面，SCD 刀尖圆弧和后刀面位置处发生剧烈磨损，特别是刀具圆弧处磨出一个小平台。这与图 7.14 通过分子动力学模拟 SCD 刀具发生严重磨损位置相一致。

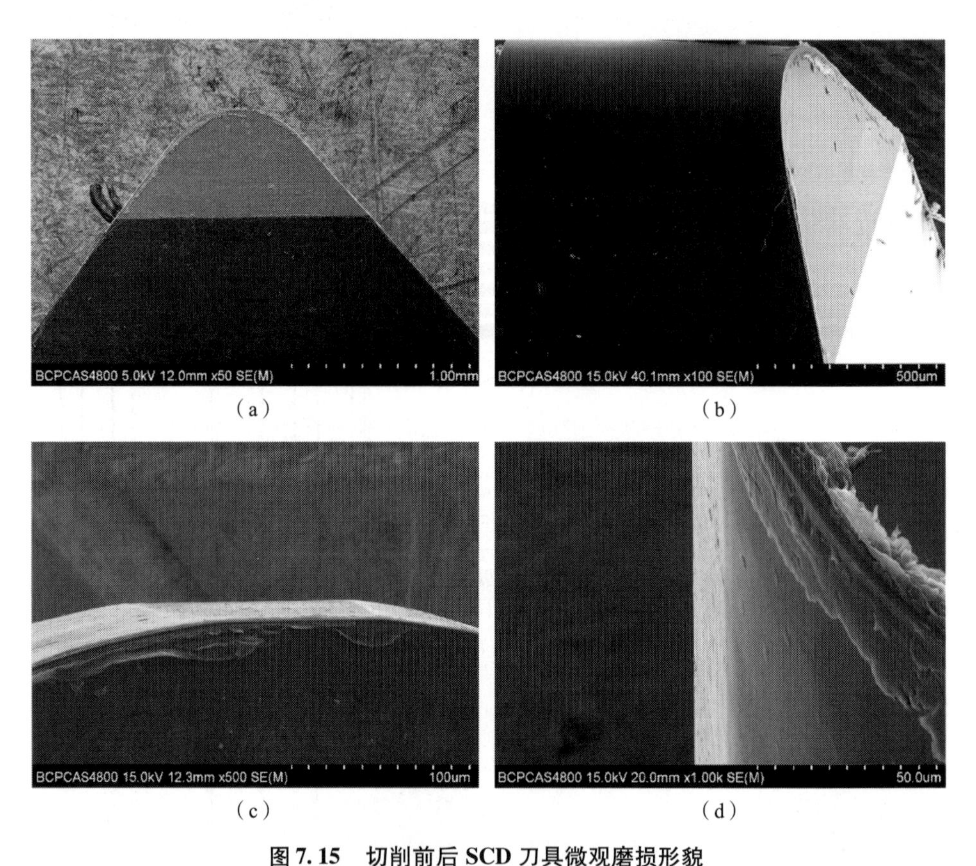

图 7.15　切削前后 SCD 刀具微观磨损形貌

(a) 未磨损前刀面；(b) 未磨损后刀面；(c) 磨损前刀面；(d) 磨损后刀面

事实上，随着科学研究向高精尖、纳微级部件及特征结构发展，由于连续介质力学理论在纳米、介观尺度机理揭示上的限制，分子动力学的研究在学术界开始越来越来越广泛。但是分子动力学始于 20 世纪 80 年代，21 世纪初期在物理、化学、材料、力学、生物、医学领域得到长足发展和应用。随后，由于受制于势函数开发缓慢和计算能力限制等原因，分子动力学模拟方法在工程技术领域的应用逐渐衰落下来，而这时，基于连续介质力学的数值模拟方法（如有限元 FEM，边界元 BEM、流体动力学模拟 DEM、光滑粒子流体动力学 SPH、离散元 DEM）

开始盛行，特别是有限元分析技术。到最近几年，随着科学研究深入介观、纳米尺度，分子动力学模拟又逐渐兴盛起来。但是，仍受制于计算机硬件的发展，分子动力学绝大多数研究仍然存在两个问题，经常被学术界所质疑。

1）分子动力学模拟的时间尺度在纳秒量级，这和实际试验的时间尺度相差几个数量级，MD 模拟的应变率极高，为什么还能从分子动力学模拟中找到与同试验可以相比的相关规律呢？这似乎只能应用材料的应变率不敏感来寻找答案。这就是本研究分子动力学模拟中切削速度的设置要大于纳米切削试验验证时的切削速度的主要原因。而本研究所加工的这种材料应变率敏感性相对较低。因此，分子动力学模拟中采用较高的切削速度以减小仿真时间，从而降低仿真成本。

2）分子动力学模拟的空间尺度也很小（当前分子体系大小约为 1 010 个原子），距离实际零部件或特征的尺寸仍有较大的距离。因此，绝大多数研究是通过分子动力学模拟结果推导出相关问题的大尺度情形，或者只是通过分子动力学定性地揭示机理而无法与真实尺度的试验进行验证。受制于计算能力和当前分子动力学算法，因此，在纳米切削分子动力学建模过程中，采用的刃口半径和切削深度相比于实际纳米切削试验中的刀具刃口半径和切削深度都较小。在单晶金刚石切削 SiCp/Al 复合材料试验中，尽管单晶金刚石被认为是目前最坚硬的刀具，但在加工该复合材料时仍存在比较明显的磨损，而对于超精密加工而言，小切深情况下，刀具磨损对加工精度影响较大。小切削深度时，随着刀具快速磨损，采用几纳米切深的超精密加工试验很难实现。但是用于研究最小切屑厚度和切削尺寸效应的 λ（λ = 切屑厚度/刃口半径）比值是相近的。

为计算在微观尺度上的超精密切削行为，纳观与微观力学的跨尺度模拟是一种有效可行的途径，但是如何将纳观尺度上离散原子系统的物理量与宏观、介观尺度上的连续物理量进行过渡和对应是多尺度仿真中一个十分基本而且迄今为止仍富有争议的科研问题。

7.5　本章小结

高压相变是引起 SiCp/Al 复合材料中 SiC 脆性材料的脆塑性转变的主要原因。随着切削深度的增加，SiCp/Al 复合材料中 SiC 颗粒加工方式由塑性去除，到脆塑性混合方式去除，最后演变为纯脆性去除方式。SiCp/Al 复合材料中 SiC - Al 界面和 Al 基体存在，影响了 SiCp/Al 复合材料中 SiC 颗粒去除的脆塑性转变机制。待加工表面上拉应力的存在会诱导微裂纹尖峰，是切削区域脆性 SiC 材料裂纹萌生的直接诱因。单晶金刚石刀具主要磨损机理为硬质 SiC 颗粒的磨粒磨损和切削诱导的石墨化。

参考文献

[1] Bhushan R K. Optimization of cutting parameters for minimizing power consumption and maximizing tool life during machining of Al alloy SiC particle composites [J]. Journal of Cleaner Production, 2013, 39 (1): 242 -254.

[2] Zhang L, Xu H, Wang Z, et al. Mechanical properties and corrosion behavior of Al/SiC composites [J]. Journal of Alloys & Compounds, 2016, 678: 23 -30.

[3] Xiang J, Xie L, Gao F, et al. Diamond tools wear in drilling of SiCp /Al matrix composites containing Copper [J]. Ceramics International, 2017, 44 (5): 5341 -5351.

[4] Zhou M, Wang M, Dong G. Experimental investigation on rotary ultrasonic face grinding of SiCp/Al composites [J]. Advanced Manufacturing Processes, 2016, 31 (5): 673 -678.

[5] Han J, Hao X, Li L, et al. Milling of high volume fraction SiCp/Al composites using PCD tools with different structures of tool edges and grain sizes [J]. International Journal of Advanced Manufacturing Technology, 2017, 92 (5): 1 -8.

[6] Kadivar M A, Akbari J, Yousefi R, et al. Investigating the effects of vibration method on ultrasonic-assisted drilling of Al/SiCp metal matrix composites [J]. Robotics and Computer-Integrated Manufacturing, 2014, 30 (3): 344 -350.

[7] Xiang J, Xie L, Gao F, et al. Methodology for dependence-based integrated constitutive modelling: an illustrative application to SiCp/Al composites [J]. Ceramics International, 2018, 44 (9): 10028 -10034.

[8] Trovalusci P, Bellis M L D, Masiani R. A multiscale description of particle composites: From lattice microstructures to micropolar continua [J]. Composites Part B: Engineering, 2017, 128: 164 - 173.

[9] Johnson G R, Cook W H. A constitutive model and data for metals subjected to large strains, high strain rates and high temperatures [C]. Proceedings of the 7th International Symposium on Ballistics, 1983: 541 - 548.

[10] Sellars C M, Mctegart W J. On the mechanism of hot deformation [J]. Acta Metallurgica, 1966, 14 (9): 1136 - 1138.

[11] Zerilli F J, Armstrong R W. Dislocation-mechanics-based constitutive relations for material dynamics calculations [J]. Journal of Applied Physics, 1987, 61 (5): 1816 - 1825.

[12] Khan A S, Huang S. Experimental and theoretical study of mechanical behavior of 1100 aluminum in the strain rate range 10^{-5} - 10^{4} s^{-1} [J]. International Journal of Plasticity, 1992, 8 (4): 397 - 424.

[13] Zhao C F, Yin Z Y, Hicher P Y. Integrating a micromechanical model for multiscale analyses [J]. International Journal for Numerical Methods in Engineering, 2017, 14: 1 - 23.

[14] Cai M C, Niu L S, Ma X F, et al. A constitutive description of the strain rate and temperature effects on the mechanical behavior of materials [J]. Mechanics of Materials, 2010, 42 (8): 774 - 781.

[15] Lin Y C, He M, Zhou M, et al. New Constitutive model for hot deformation behaviors of Ni-based superalloy considering the effects of initial δ phase [J]. Journal of Materials Engineering & Performance, 2015, 24 (9): 3527 - 3538.

[16] Lopatnikov S L, Gama B A, Haque M J, et al. High-velocity plate impact of metal foams [J]. International Journal of Impact Engineering, 2004, 30 (4): 421 - 445.

[17] Arruda E M, Boyce M C, Jayachandran R. Effects of strain rate, temperature and thermomechanical coupling on the finite strain deformation of glassy polymers [J]. Mechanics of Materials, 1995, 19 (2): 193 - 212.

[18] Özel T, Sima M, Srivastava A K, et al. Investigations on the effects of multi-layered coated inserts in machining Ti-6Al-4V alloy with experiments and finite element simulations [J]. CIRP Annals-Manufacturing Technology, 2010, 59 (1): 77 – 82.

[19] Wei W, Wei K X, Fan G J. A new constitutive equation for strain hardening and softening of fcc metals during severe plastic deformation [J]. Acta Materialia, 2008, 56 (17): 4771 – 4779.

[20] Peng L, Liu F, Ni J, et al. Size effects in thin sheet metal forming and its elastic-plastic constitutive model [J]. Materials & Design, 2007, 28 (5): 1731 – 1736.

[21] Bari S, Hassan T. Anatomy of coupled constitutive models for ratcheting simulation [J]. International Journal of Plasticity, 2000, 16 (3): 381 – 409.

[22] Anandarajah A. Multi-mechanism anisotropic model for granular materials [J]. International Journal of Plasticity, 2008, 24 (5): 804 – 846.

[23] Gurtin M E. On the plasticity of single crystals: free energy, microforces, plastic-strain gradients [J]. Journal of the Mechanics & Physics of Solids, 2000, 48 (5): 989 – 1036.

[24] Reyes A, Hopperstad O S, Berstad T, et al. Constitutive modeling of aluminum foam including fracture and statistical variation of density [J]. European Journal of Mechanics-A/Solids, 2003, 22 (6): 815 – 835.

[25] Li Y, Ramesh K T, Chin E S C. Viscoplastic deformations and compressive damage in an A359/SiCp metal-matrix composite [J]. Acta Materialia, 2000, 48 (7): 1563 – 1573.

[26] Lagoudas D, Hartl D, Chemisky Y, et al. Constitutive model for the numerical analysis of phase transformation in polycrystalline shape memory alloys [J]. International Journal of Plasticity, 2012, 32 – 33 (2): 155 – 183.

[27] Fu H H, Benson D J, Meyers M A. Analytical and computational description of effect of grain size on yield stress of metals [J]. Acta Materialia, 2001, 49 (13): 2567 – 2582.

[28] Xiang J, Xie L, Gao F, et al. On Multi-objective based constitutive modelling methodology and numerical validation in small-hole drilling of Al6063/SiCp composites [J]. Materials, 2018, 11 (1): 97.

[29] Yoon J W. Advances in metal forming: Experiments, constitutive models and simulations [J]. International Journal of Plasticity, 2007, 23 (3): 343 - 344.

[30] Yadav S, Chichili D R, Ramesh K T. The mechanical response of A 6061-T6 A1/ $A1_2O_3$, metal matrix composite at high rates of deformation [J]. Acta Metallurgica Et Materialia, 1995, 43 (12): 4453 - 4464..

[31] Bao G, Lin Z. High strain rate deformation in particle reinforced metal matrix composites [J]. Acta Materialia, 1996, 44 (3): 1011 - 1019.

[32] Li Y, Ramesh K T. Influence of particle volume fraction, shape, and aspect ratio on the behavior of particle-reinforced metal-matrix composites at high rates of strain [J]. Acta Materialia, 1998, 46 (16): 5633 - 5646.

[33] Yang W, Zhou Y, Xia Y. Tensile behavior of SiCp/Al composites subjected to quasi-static and high strain-rate loading [J]. Journal of Materials Science, 2004, 39 (9): 3191 - 3193.

[34] Yuan Z, Li F, Ji G, et al. Flow stress prediction of SiCp/Al composites at varying strain rates and elevated temperatures [J]. Journal of Materials Engineering & Performance, 2014, 23 (3): 1016 - 1027.

[35] Tan J Q, Zhan M, Liu S, et al. A modified Johnson-Cook model for tensile flow behaviors of 7050-T7451 aluminum alloy at high strain rates [J]. Materials Science & Engineering A, 2015, 631 (1): 214 - 219.

[36] Dandekar C R, Shin Y C. Multi-scale modeling to predict sub-surface damage applied to laser-assisted machining of a particulate reinforced metal matrix composite [J]. Journal of Materials Processing Technology, 2013, 213 (2): 153 - 160.

[37] Yin X, Chen W, To A, et al. Statistical volume element method for predicting microstructure-constitutive property relations [J]. Computer Methods in Applied

Mechanics & Engineering, 2008, 197 (43-44): 3516-3529.

[38] Li Y, Ramesh K T. Influence of particle volume fraction, shape, and aspect ratio on the behavior of particle-reinforced metal-matrix composites at high rates of strain [J]. Acta Materialia, 1998, 46 (16): 5633-5646.

[39] Chawla N, Shen Y L. Mechanical behavior of particle reinforced metal matrix composites [J]. Advanced Engineering Materials, 2001, 3 (6): 357-370.

[40] Aghababaei R, Joshi S P. Grain size-inclusion size interaction in metal matrix composites using mechanism-based gradient crystal plasticity [J]. International Journal of Solids & Structures, 2011, 48 (18): 2585-2594.

[41] Han C S, Hartmaier A, Gao H, et al. Discrete dislocation dynamics simulations of surface induced size effects in plasticity [J]. Materials Science & Engineering A, 2006, 415 (1): 225-233.

[42] Gao H, Huang Y, Nix W D, et al. Mechanism-based strain gradient plasticity-I. Theory [J]. Journal of the Mechanics & Physics of Solids, 1999, 47 (6): 1239-1263.

[43] Aghdam M M, Shahbaz M. Effects of interphase damage and residual stresses on mechanical behavior of particle reinforced metal-matrix composites [J]. Applied Composite Materials, 2014, 21 (3): 429-440.

[44] Yuan Z, Li F, Xue F, et al. Analysis of the stress states and interface damage in a particle reinforced composite based on a micromodel using cohesive elements [J]. Materials Science & Engineering A, 2014, 589 (2): 288-302.

[45] Williams J J, Segurado J, Llorca J, et al. Three dimensional (3D) microstructure-based modeling of interfacial decohesion in particle reinforced metal matrix composites [J]. Materials Science & Engineering A, 2012, 557 (1): 113-118.

[46] Zhang J F, Zhang X X, Wang Q Z, et al. Simulations of deformation and damage processes of SiCp/Al composites during tension [J]. Journal of Materials Science & Technology, 2017.

[47] Dandekar C R, Shin Y C. Effect of porosity on the interface behavior of an

Al_2O_3-aluminum composite: A molecular dynamics study [J]. Composites Science & Technology, 2011, 71 (3): 350 -356.

[48] Song M, He Y, Fang S. Yield stress of SiC reinforced aluminum alloy composites [J]. Journal of Materials Science, 2010, 45 (15): 4097 -4110.

[49] Dai L H, Ling Z, Bai Y L. Size-dependent inelastic behavior of particle-reinforced metal-matrix composites [J]. Composites Science & Technology, 2001, 61 (8): 1057 -1063.

[50] Yan Y W, Geng L. Effects of particle size on the thermal expansion behavior of SiCp/Al composites [J]. Journal of Materials Science, 2007, 351 (15): 131 -134.

[51] Aghababaei, Ramin, Joshi, et al. Micromechanics of crystallographic size-effects in metal matrix; composites induced by thermo-mechanical loading [J]. International Journal of Plasticity, 2013, 42 (1): 65 -82.

[52] Huang Y, Qu S, Hwang K C, et al. A conventional theory of mechanism-based strain gradient plasticity [J]. International Journal of Plasticity, 2004, 20(4 -5): 753 -782.

[53] Dumpala R, Chandran M, Madhavan S, et al. High wear performance of the dual-layer graded composite diamond coated cutting tools [J]. International Journal of Refractory Metals & Hard Materials, 2015, 48 (48): 24 -30.

[54] Bushlya V, Lenrick F, Gutnichenko O, et al. Performance and wear mechanisms of novel superhard diamond and boron nitride based tools in machining Al - SiCp metal matrix composite [J]. Wear, 2017, 376 - 377: 152 -164.

[55] Bains P S, Sidhu S S, Payal H S. Fabrication and machining of metal matrix composites: A Review [J]. Advanced Manufacturing Processes, 2016, 31 (5): 553 -573.

[56] Chan K C, Cheung C F, Ramesh M V, et al. A theoretical and experimental investigation of surface generation in diamond turning of an Al6061/SiCp, metal matrix composite [J]. International Journal of Mechanical Sciences, 2001, 43

(9): 2047 -2068.

[57] Pramanik A, Zhang L C, Arsecularatne J A. Machining of metal matrix composites: Effect of ceramic particles on residual stress, surface roughness and chip formation [J]. International Journal of Machine Tools & Manufacture, 2008, 48 (15): 1613 -1625.

[58] Ge Y F, Xu J H, Yang H, et al. Workpiece surface quality when ultra-precision turning of SiCp/Al composites [J]. Journal of Materials Processing Technology, 2008, 203 (1 -3): 166 -175.

[59] Reddy N S K, Kwang-Sup S, Yang M. Experimental study of surface integrity during end milling of Al/SiC particulate metal-matrix composites [J]. Journal of Materials Processing Technology, 2008, 201 (1): 574 -579.

[60] Quan Y, Ye B. The effect of machining on the surface properties of SiC/Al composites [J]. Journal of Materials Processing Technology, 2003, 138 (1 -3): 464 -467.

[61] El-Gallab M, Sklad M. Machining of Al/SiC particulate metal matrix composites: Part I: Tool performance [J]. Journal of Materials Processing Technology 1998, 83 (1 -3): 151 -158.

[62] El-Gallab M, Sklad M. Machining of Al/SiC particulate metal matrix composites: Part II: Workpiece surface integrity [J]. Journal of Materials Processing Technology, 1998, 83 (1 -3): 277 -285.

[63] Han J, Hao X, Li L, et al. Milling of high volume fraction SiCp/Al composites using PCD tools with different structures of tool edges and grain sizes [J]. International Journal of Advanced Manufacturing Technology, 2017, 92 (5 -8): 1 -8.

[64] Das S, Behera R, Majumdar G, et al. An experimental investigation on the machinability of powder formed silicon carbide particle reinforced aluminium metal matrix composites [J]. International Journal of Heat & Mass Transfer, 2007, 50 (25 -26): 5054 -5064.

[65] Muthukrishnan N, Murugan M, Rao K P. An investigation on the machinability

of Al-SiC metal matrix composites using pcd inserts [J]. International Journal of Advanced Manufacturing Technology, 2008, 38 (5-6): 447-454.

[66] Feng P, Liang G, Zhang J. Ultrasonic vibration-assisted scratch characteristics of silicon carbide-reinforced aluminum matrix composites [J]. Ceramics International, 2014, 40 (7): 10817-10823.

[67] Ding X, Liew W Y H, Liu X D. Evaluation of machining performance of MMC with PCBN and PCD tools [J]. Wear, 2005, 259 (7-12): 1225-1234.

[68] Han J, Hao X, Li L, et al. Milling of high volume fraction SiCp/Al composites using PCD tools with different structures of tool edges and grain sizes [J]. International Journal of Advanced Manufacturing Technology, 2017, 92 (5-8): 1-8.

[69] Bushlya V, Lenrick F, Gutnichenko O, et al. Performance and wear mechanisms of novel superhard diamond and boron nitride based tools in machining Al-SiCp metal matrix composite [J]. Wear, 2017, s 376-377: 152-164.

[70] Schmauder S, Schäfer I. Multiscale materials modeling [J]. Materials Today, 2016, 19 (3): 130-131.

[71] Li B. A review of tool wear estimation using theoretical analysis and numerical simulation technologies [J]. International Journal of Refractory Metals & Hard Materials, 2012, 35 (1): 143-151.

[72] Zhang S J, To S, Zhang G Q. Diamond tool wear in ultra-precision machining [J]. International Journal of Advanced Manufacturing Technology, 2016, 88 (1-4): 1-29.

[73] Taylor F W. On the art of cutting metals [M]. Boston: Harvard University Press, 1907: 101-113.

[74] Colding B N. Machinability of metals and machining costs [J]. International Journal of Machine Tool Design & Research, 1961, 1 (3): 220-248.

[75] Choudhury S K, Rao I V K A. Optimization of cutting parameters for maximizing tool life [J]. International Journal of Machine Tools & Manufacture, 1999, 39 (2): 343-353.

[76] Marksberry P W, Jawahir I S. A comprehensive tool-wear/tool-life performance model in the evaluation of NDM (near dry machining) for sustainable manufacturing [J]. International Journal of Machine Tools & Manufacture, 2008, 48 (7): 878 –886.

[77] Li K, Gao X L, Sutherland J W. Finite element simulation of the orthogonal metal cutting process for qualitative understanding of the effects of crater wear on the chip formation process [J]. Journal of Materials Processing Technology, 2002, 127 (3): 309 –324.

[78] Snr Dimla D E. Sensor signals for tool-wear monitoring in metal cutting operations-a review of methods [J]. International Journal of Machine Tools & Manufacture, 2000, 40 (8): 1073 –1098.

[79] Takeyama H, Murata R. Basic investigation of tool wear [J]. Journal of Engineering for Industry, 1963, 85 (1): 33.

[80] Usui E, Shirakashi T, Kitagawa T. Analytical prediction of cutting tool wear [J]. Wear, 1984, 100 (1 –3): 129 –151.

[81] Opitz H, König W. On the wear of cutting tools [J]. Advances in Machine Tool Design & Research, 1968: 173 –190.

[82] Attanasio A, Ceretti E, Fiorentino A, et al. Investigation and FEM-based simulation of tool wear in turning operations with uncoated carbide tools [J]. Wear, 2010, 269 (5 –6): 344 –350.

[83] Jiang H. A cobalt diffusion based model for predicting crater wear of carbide tools in machining titanium alloys [J]. Journal of Engineering Materials & Technology, 2005, 127 (1): 136 –144.

[84] Arsecularatne J A, Zhang L C, Montross C. Wear and tool life of tungsten carbide, PCBN and PCD cutting tools [J]. International Journal of Machine Tools & Manufacture, 2006, 46 (5): 482 –491.

[85] Xie L J, Schmidt J, Schmidt C, et al. 2D FEM estimate of tool wear in turning operation [J]. Wear, 2005, 258 (10): 1479 –1490.

[86] Attanasio A, Ceretti E, Rizzuti S, et al. 3D finite element analysis of tool wear

in machining [J]. CIRP Annals-Manufacturing Technology, 2008, 57 (1): 61 -64.

[87] Narulkar R, Bukkapatnam S, Raff L M, et al. Graphitization as a precursor to wear of diamond in machining pure iron: A molecular dynamics investigation [J]. Computational Materials Science, 2009, 45 (2): 358 -366.

[88] Bródka A, Zerda T W, Burian A. Graphitization of small diamond cluster—Molecular dynamics simulation [J]. Diamond & Related Materials, 2006, 15 (11): 1818 -1821.

[89] Dandekar C R, Shin Y C. Modeling of machining of composite materials: A review [J]. International Journal of Machine Tools & Manufacture, 2012, 57 (2): 102 -121.

[90] Shrot A, Bäker M. Determination of Johnson-Cook parameters from machining simulations [J]. Computational Materials Science, 2012, 52 (1): 298 -304.

[91] Suo T, Fan X, Hu G, et al. Compressive behavior of C/SiC composites over a wide range of strain rates and temperatures [J]. Carbon, 2013, 62 (2): 481 -492.

[92] Johnson G R, Cook W H. Fracture characteristics of three metals subjected to various strains, strain rates, temperatures and pressures [J]. Engineering Fracture Mechanics, 1985, 21 (1): 31 -48.

[93] Song W, Ning J, Mao X, et al. A modified Johnson-Cook model for titanium matrix composites reinforced with titanium carbide particles at elevated temperatures [J]. Materials Science & Engineering A Structural Materials Properties Microstructure & Processing, 2013, 576 (6): 280 -289.

[94] Peirs J, Verleysen P, Paepegem W V, et al. Determining the stress-strain behaviour at large strains from high strain rate tensile and shear experiments [J]. International Journal of Impact Engineering, 2011, 38 (5): 406 -415.

[95] Trimble, D, Shipley, H, Lea, L, et al. Constitutive analysis of biomedical grade Co-27Cr-5Mo alloy at high strain rates [J]. Materials Science & Engineering A, 2017, 682: 466 -474.

[96] Tan H, Huang Y, Liu C, et al. The Mori-Tanaka method for composite materials with nonlinear interface debonding [J]. International Journal of Plasticity, 2005, 21 (10): 1890-1918.

[97] Ghandehariun A, Kishawy H, Balazinski M. On machining modeling of metal matrix composites: A novel comprehensive constitutive equation [J]. International Journal of Mechanical Sciences, 2016, 107: 235-241.

[98] Hooputra H, Gese H, Dell H, et al. A comprehensive failure model for crashworthiness simulation of aluminium extrusions [J]. International Journal of Crashworthiness, 2004, 9 (5): 449-464.

[99] Xu J, Mansori M E. Cutting modeling of hybrid CFRP/Ti composite with induced damage analysis [J]. Materials, 2016, 9 (1): 22.

[100] Nan X, Xie L, Zhao W. On the application of 3D finite element modeling for small-diameter hole drilling of AISI 1045 steel [J]. International Journal of Advanced Manufacturing Technology, 2016, 84 (9-12): 1927-1939.

[101] Zorev N N. Inter-relationship between shear processes occurring along tool face and shear plane in metal cutting [J]. International Research in Production Engineering, 1963: 42-29.

[102] Wojciechowski S. The estimation of cutting forces and specific force coefficients during finishing ball end milling of inclined surfaces [J]. International Journal of Machine Tools & Manufacture, 2015, 89: 110-123.

[103] Prates P A, Pereira A F G, Sakharova N A, et al. Inverse strategies for identifying the parameters of constitutive laws of metal sheets [J]. Advances in Materials Science and Engineering, 2016, 2016: 4152963.

[104] Ponthot J P, Kleinermann J P. A cascade optimization methodology for automatic parameter identification and shape/process optimization in metal forming simulation [J]. Computer Methods in Applied Mechanics & Engineering, 2006, 195 (41): 5472-5508.

[105] Gronostajski Z. The constitutive equations for FEM analysis [J]. Journal of Materials Processing Tech, 2000, 106 (1): 40-44.

[106] Milani A S, Dabboussi W, Nemes J A, et al. An improved multi-objective identification of Johnson-Cook material parameters [J]. International Journal of Impact Engineering, 2009, 36 (2): 294 - 302.

[107] Bodner S R, Partom Y. Constitutive equations for elastic-viscoplastic strain-hardening materials [J]. Journal of Applied Mechanics, 1975, 42 (2): 385.

[108] Moćko W, Brodecki A. Application of optical field analysis of tensile tests for calibration of the Rusinek-Klepaczko constitutive relation of Ti6Al4V titanium alloy [J]. Materials & Design, 2015, 88 (11): 320 - 330.

[109] Goetz R L, Semiatin S L. The adiabatic correction factor for deformation heating during the uniaxial compression test [J]. Journal of Materials Engineering & Performance, 2001, 10 (6): 710 - 717.

[110] Andrade-Campos A, De-Carvalho R, Valente R A F. Novel criteria for determination of material model parameters [J]. International Journal of Mechanical Sciences, 2011, 54 (1): 294 - 305.

[111] Huusom J K, Poulsen N K, Jørgensen S B. Improving convergence of iterative feedback tuning [J]. Journal of Process Control, 2009, 19 (4): 570 - 578.

[112] Kawamoto A. Stabilization of geometrically nonlinear topology optimization by the Levenberg-Marquardt method [J]. Structural & Multidisciplinary Optimization, 2009, 37 (4): 429 - 433.

[113] Pujol J. The solution of nonlinear inverse problems and the Levenberg-Marquardt method [J]. Geophysics, 2007, 72 (4): W1 - W16.

[114] Li Y, Ramesh K T, Chin E S C. Plastic deformation and failure in A359 aluminum and an A359 - SiCp MMC under quasistatic and high-strain-rate tension [J]. Journal of Composite Materials, 2007, 41 (1): 27 - 40.

[115] Zhang Y C, Mabrouki T, Nelias D, et al. Chip formation in orthogonal cutting considering interface limiting shear stress and damage evolution based on fracture energy approach [J]. Finite Elements in Analysis & Design, 2011, 47 (7): 850 - 863.

[116] Johnson K L. Contact mechanics [M]. Cambridge: Cambridge University Press, 1985: 99-102.

[117] Peng, Zhang, Fuguo. Statistical analysis of reinforcement characterization in SiC particle reinforced Al matrix composites [J]. Journal of Materials Science & Technology, 2009, 25 (6): 807-813.

[118] Huang S, Guo L, He H, et al. Study on characteristics of SiCp/Al composites during high-speed milling with different particle size of PCD tools [J]. International Journal of Advanced Manufacturing Technology, 2017 (5-8): 1-11.

[119] Nan C W, Clarke D R. The influence of particle size and particle fracture on the elastic/plastic deformation of metal matrix composites [J]. Acta Materialia, 1996, 44 (9): 3801-3811.

[120] Zhang J F, Zhang X X, Wang Q Z, et al. Simulations of deformation and damage processes of SiCp/Al composites during tension [J]. Journal of Materials Science & Technology, 2018, 34: 627-634.

[121] İsmail Tirtom, Güden M, Yildiz H. Simulation of the strain rate sensitive flow behavior of SiC-particulate reinforced aluminum metal matrix composites [J]. Computational Materials Science, 2008, 42 (4): 570-578.

[122] Qing H, Liu T. Micromechanical analysis of SiC/Al metal matrix composites: Finite element modeling and damage simulation [J]. International Journal of Applied Mechanics, 2015, 7 (02): 6064-6082.

[123] Park H K, Jung J, Kim H S. Three-dimensional microstructure modeling of particulate composites using statistical synthetic structure and its thermo-mechanical finite element analysis [J]. Computational Materials Science, 2017, 126: 265-271.

[124] Geers M G D, Kouznetsova V G, Brekelmans W A M. Multi-scale computational homogenization: Trends and challenges [J]. Journal of Computational & Applied Mathematics, 2010, 234 (7): 2175-2182.

[125] Vogelsang M, Arsenault R J, Fisher R M. An in situ, HVEM study of

dislocation generation at Al/SiC interfaces in metal matrix composites [J]. Metallurgical Transactions A, 1986, 17 (3): 379 - 389.

[126] Ashby M F, LymanJohnson. On the generation of dislocations at misfitting particles in a ductile matrix [J]. Philosophical Magazine, 1969, 20 (167): 1009 - 1022.

[127] Humphreys F J, Miller W S, Djazeb M R. Microstructural development during thermomechanical processing of particulate metal-matrix composites [J]. Metal Science Journal, 1990, 6 (11): 1157 - 1166.

[128] Ashby M F. The deformation of plastically non-homogeneous materials [J]. Philosophical Magazine, 1970, 21 (170): 399 - 424.

[129] Shibata S, Taya M, Mori T, et al. Dislocation punching from spherical inclusions in a metal matrix composite [J]. Acta Metallurgica Et Materialia, 1992, 40 (11): 3141 - 3148.

[130] Dunand D C, Mortensen A. On plastic relaxation of thermal stresses in reinforced metals [J]. Acta Metallurgica Et Materialia, 1991, 39 (2): 127 - 139.

[131] Dai L H, Ling Z, Bai Y L. Size-dependent inelastic behavior of particle-reinforced metal-matrix composites [J]. Composites Science & Technology, 2001, 61 (8): 1057 - 1063.

[132] Nix W D, Gao H. Indentation size effects in crystalline materials: A law for strain gradient plasticity [J]. Journal of the Mechanics & Physics of Solids, 1998, 46 (3): 411 - 425.

[133] Chawla N, Deng X, Schnell D R M. Thermal expansion anisotropy in extruded SiC particle reinforced 2080 aluminum alloy matrix composites [J]. Materials Science & Engineering A, 2006, 426 (1): 314 - 322.

[134] Winey J M, Kubota A, Gupta Y M. Theoretical approach for developing accurate potentials for molecular dynamics simulations: thermoelastic response of aluminum [J]. Modelling & Simulation in Materials Science & Engineering, 2010, 17 (5): 055004.

[135] Kubo A, Nagao S, Umeno Y. Molecular dynamics study of deformation and fracture in SiC with angular dependent potential model [J]. Computational Materials Science, 2017, 139: 89 -96.

[136] Xiang J, Xie L, Meguid S A, et al. An atomic-level understanding of the strengthening mechanism of aluminum matrix composites reinforced by aligned carbon nanotubes [J]. Computational Materials Science, 2017, 128: 359 - 372.

[137] Gall K, Horstemeyer M F, Schilfgaarde M V, et al. Atomistic simulations on the tensile debonding of an aluminum-silicon interface [J]. Journal of the Mechanics & Physics of Solids, 2000, 48 (10): 2183 -2212.

[138] Ghanty T, Davidson E. Reassignment of the AlSi photoelectron spectrum by ab initio configuration interaction calculations [J]. Molecular Physics, 1999, 96 (4): 735 -740.

[139] Subramaniyan A K, Sun C T. Continuum interpretation of virial stress in molecular simulations [J]. International Journal of Solids & Structures, 2008, 45 (14 -15): 4340 -4346.

[140] Zhang H, Ramesh K T, Chin E S C. Effects of interfacial debonding on the rate-dependent response of metal matrix composites [J]. Acta Materialia, 2005, 53 (17): 4687 -4700.

[141] Needleman A. An analysis of decohesion along an imperfect interface [J]. International Journal of Fracture, 1990, 42 (1): 21 -40.

[142] Holmquist T J, Johnson G R. Characterization and evaluation of silicon carbide for high-velocity impact [J]. Journal of Applied Physics, 2005, 97 (9): 5858 -753.

[143] Kannan S, Kishawy H A. Surface characteristics of machined aluminium metal matrix composites [J]. International Journal of Machine Tools & Manufacture, 2006, 46 (15): 2017 -2025.

[144] Armarego E J A, Brown R H. The machining of metals [M]. New York: Prentice Hall, 1969: 69 -74.

[145] Merchant M E. Mechanics of the metal cutting process. Ⅱ. Plasticity conditions in orthogonal cutting [J]. Journal of Applied Physics, 1945, 16 (6): 318-324.

[146] Waldorf D J, Devor R E, Kapoor S G. A slip-line field for ploughing during orthogonal cutting [J]. Journal of Manufacturing Science & Engineering, 1998, 120 (4): 693-699.

[147] Oxley P L B, Shaw C M. The mechanics of machining: an analytical approach to assessing machinability [J]. Journal of Applied Mechanics, 1990, 57 (1): 126-132.

[148] Hu F, Xie L, Xiang J, et al. Finite element modelling study on small-hole peck drilling of SiCp/Al composites [J]. International Journal of Advanced Manufacturing Technology, 2018 (3): 1-10.

[149] Wang Y, Yang L J, Wang N J. An investigation of laser-assisted machining of Al_2O_3, particle reinforced aluminum matrix composite [J]. Journal of Materials Processing Technology, 2002, 129 (S1): 268-272.

[150] Zhang H. Experimental investigation on ultrasonic vibration-assisted turning of SiCp/Al composites [J]. Materials & Manufacturing Processes, 2013, 28 (9): 999-1002.

[151] Kumaran S T, Uthayakumar M, Slota A, et al. Application of grey relational analysis in high speed machining of AA (6351) -SiC-B4C hybrid composite [J]. International Journal of Materials & Product Technology, 2015, 51 (1): 17.

[152] Shanawaz A M, Sundaram S, Pillai U T S, et al. Grinding of aluminium silicon carbide metal matrix composite materials by electrolytic in-process dressing grinding [J]. International Journal of Advanced Manufacturing Technology, 2011, 57 (1-4): 143-150.

[153] Patil N G, Brahmankar P K. Determination of material removal rate in wire electro-discharge machining of metal matrix composites using dimensional analysis [J]. International Journal of Advanced Manufacturing Technology,

2010, 51 (5-8): 599-610.

[154] Barnes S, Pashby I R, Hashim A B. Effect of heat treatment on the drilling performance of aluminium/SiC MMC [J]. Applied Composite Materials, 1999, 6 (2): 121-138.

[155] Manna A, Bhattacharayya B. Influence of machining parameters on the machinability of particulate reinforced Al/SiC-MMC [J]. International Journal of Advanced Manufacturing Technology, 2005, 25 (9-10): 850-856.

[156] Narahari P, Pai B C, Pillai R M. Some aspects of machining cast Al-SiCp composites with conventional high speed steel and tungsten carbide tools [J]. Journal of Materials Engineering & Performance, 1999, 8 (5): 538-542.

[157] Rajmohan T, Palanikumar K. Application of the central composite design in optimization of machining parameters in drilling hybrid metal matrix composites [J]. Measurement, 2013, 46 (4): 1470-1481.

[158] Lucchini E, Casto S L, Sbaizero O. The performance of molybdenum toughened alumina cutting tools in turning a particulate metal matrix composite [J]. Materials Science & Engineering A, 2003, 357 (1): 369-375.

[159] Ding X, Liew W Y H, Liu X D. Evaluation of machining performance of MMC with PCBN and PCD tools [J]. Wear, 2005, 259 (7-12): 1225-1234.

[160] Han J, Hao X, Li L, et al. Milling of high volume fraction SiCp/Al composites using PCD tools with different structures of tool edges and grain sizes [J]. International Journal of Advanced Manufacturing Technology, 2017, 92 (5-8): 1-8.

[161] Bian R, He N, Li L, et al. Precision milling of high volume fraction SiCp/Al composites with monocrystalline diamond end mill [J]. International Journal of Advanced Manufacturing Technology, 2014, 71: 411-419.

[162] Wang T, Xie L, Wang X, et al. PCD tool performance in high-speed milling of high volume fraction SiCp/Al composites [J]. International Journal of Advanced Manufacturing Technology, 2015, 78 (9-12): 1445-1453.

[163] Ge Y, Xu J, Yang H. Diamond tools wear and their applicability when ultra-

precision turning of SiCp/2009Al matrix composite [J]. Wear, 2010, 269 (11-12): 699-708.

[164] Irifune T, Kurio A, Sakamoto S, et al. Materials: Ultrahard polycrystalline diamond from graphite [J]. Nature, 2003, 421 (6923): 599-600.

[165] Komanduri R, Shaw M C. Wear of synthetic diamond when grinding ferrous metals [J]. Nature, 1975, 255 (5505): 211-213.

[166] Gogotsi Y G, Kailer A, Nickel K G. Pressure-induced phase transformations in diamond [J]. Journal of Applied Physics, 1998, 84 (3): 1299-1304.

[167] Liu Y, Erdemir A, Meletis E I. An investigation of the relationship between graphitization and frictional behavior of DLC coatings [J]. Surface & Coatings Technology, 2015, s 86-87 (96): 564-568.

[168] Berman R. The diamond-graphite equilibrium calculation: The influence of a recent determination of the Gibbs energy difference [J]. Solid State Communications, 1996, 99 (1): 35-37.

[169] Gogotsi Y G, Kailer A, Nickel K G. Materials: Transformation of diamond to graphite [J]. Nature, 1999, 401 (6754): 663-664.

[170] Uemura M. An analysis of the catalysis of Fe, Ni or Co on the wear of diamonds [J]. Tribology International, 2004, 37 (11-12): 887-892.

[171] Wang J T, Chen C, Kawazoe Y. Low-temperature phase transformation from graphite to sp^3 orthorhombic carbon [J]. Physical Review Letters, 2011, 106 (7): 075501.

[172] Abouridouane M, Klocke F, Döbbeler B. Analytical temperature prediction for cutting steel [J]. CIRP Annals-Manufacturing Technology, 2016, 65 (1): 77-80.

[173] E. Usui, A. Hirota, M. Masuko, Analytical prediction of three dimensional cutting process-Part 1: basic cutting model and energy approach [J]. Journal of Engineering Industry, 1978, 100 (2): 222.

[174] Strenkowski J S, Hsieh C C, Shih A J. An analytical finite element technique for predicting thrust force and torque in drilling [J]. International Journal of

Machine Tools & Manufacture, 2004, 44 (12): 1413 – 1421.

[175] Inui T, Otowa T, Tsutchihashi K, et al. Complete oxidation of active carbon at low temperatures by composite catalysts [J]. Carbon, 1982, 20 (3): 213 – 217.

[176] Kim D W, Kim K W. Effects of sliding velocity and ambient temperature on the friction and wear of a boundary-lubricated, multi-layered DLC coating [J]. Wear, 2014, 315 (1 – 2): 95 – 102.

[177] Lloyd D J. Aspects of fracture in particulate reinforced metal matrix composites [J]. Acta Metallurgica Et Materialia, 1991, 39 (1): 59 – 71.

[178] Wang T, Xie L, Wang X. Simulation study on defect formation mechanism of the machined surface in milling of high volume fraction SiCp/Al composite [J]. International Journal of Advanced Manufacturing Technology, 2015, 79 (5 – 8): 1185 – 1194.

[179] Zhang P, Li F. Statistical analysis of reinforcement characterization in SiC particle reinforced Al matrix composites [J]. Journal of Materials Science & Technology, 2009, 25 (6): 807 – 813.

[180] Lotfi M, Amini S. Experimental and numerical study of ultrasonically-assisted drilling [J]. Ultrasonics, 2017, 75: 185 – 193.

[181] Cockcrof M G, D. Latham D. Ductility and the workability of metals [J]. Journal of the Institute of Metals, 1968, 96: 33 – 39.

[182] Calatoru V D, Balazinski M, Mayer J R R, et al. Diffusion wear mechanism during high-speed machining of 7475 – T7351 aluminum alloy with carbide end mills [J]. Wear, 2008, 265 (11 – 12): 1793 – 1800.

[183] Batzer S A, Haan D M, Rao P D, et al. Chip morphology and hole surface texture in the drilling of cast Aluminum alloys [J]. Journal of Materials Processing Technology, 1998, 79 (1 – 3): 72 – 78.

[184] Ke F, Ni J, Stephenson D A. Continuous chip formation in drilling [J]. International Journal of Machine Tools & Manufacture, 2005, 45 (15): 1652 – 1658.

[185] Ge Yingfei, Xu Jiuhua, Yang Hui. Diamond tools wear and their applicability when ultra-precision turning of SiCp/2009Al matrix composite [J]. Wear, 2010, 269 (11-12): 699-708.

[186] Xiang Junfeng, Pang Siqin, Xie Lijing, et al. Mechanism-based FE simulation of tool wear in diamond drilling of SiCp/Al composites [J]. Materials, 2018, 11 (2): 252.

[187] Chinmaya R. Dandekar, Yung C. Shin. Molecular dynamics based cohesive zone law for describing Al-SiC interface mechanics [J]. Composites Part A: Applied Science and Manufacturing, 2011, 42 (4): 355-363.

[188] Xiang Junfeng, Xie Lijing, Shaker A Meguid, et al. An atomic-level understanding of the strengthening mechanism of aluminum matrix composites reinforced by aligned carbon nanotubes [J]. Computational Materials Science, 2017, 128: 359-372.

[189] Saurav Goel, Luo Xichun, Robert L Reubena. Wear mechanism of diamond tools against single crystal silicon in single point diamond turning process [J]. Tribology International, 2013, 57: 272-281.

[190] Plimpton S. Fast parallel algorithms for short-range molecular dynamics [J]. Journal of Computational Physics, 1995, 117 (1): 1-7

[191] Cai M B, Li X P, Rahman M. Study of the mechanism of nanoscale ductile mode cutting of silicon using molecular dynamics simulation [J]. International Journal of Machine Tools and Manufacture, 2007, 47 (1): 75-80.

[192] Blake P N, Scattergood R O. Ductile-regime machining of germanium and silicon [J]. Journal of the American Ceramic Society, 1990, 73 (4): 949-957.

[193] Xiao Gaobo, To Suet, Zhang Guoqing. Molecular dynamics modelling of brittle-ductile cutting mode transition: Case study on silicon carbide [J]. International Journal of Machine Tools and Manufacture, 2015, 88: 214-222.

彩　　插

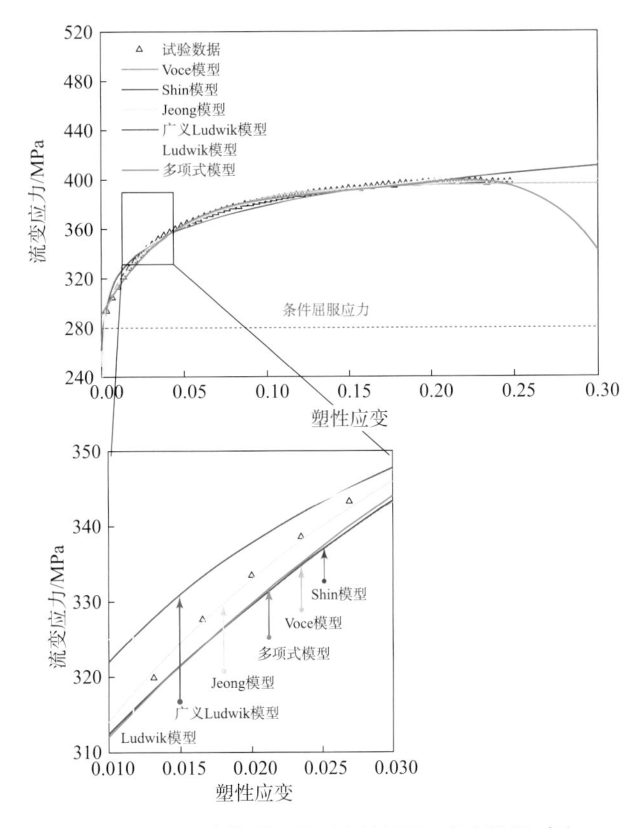

图 3.9　不同本构模型的预测结果与试验数据对比

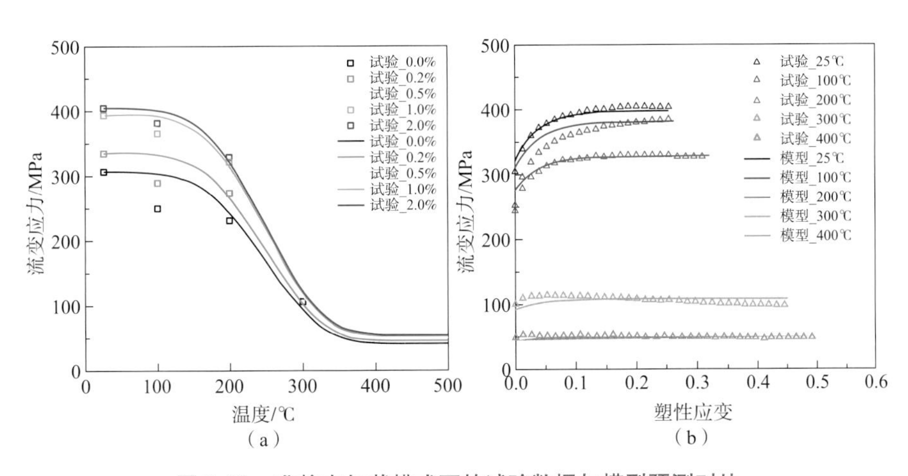

图 3.10　准静态加载模式下的试验数据与模型预测对比

（a）应变硬化和热软化项确定；（b）准静态本构模型确定

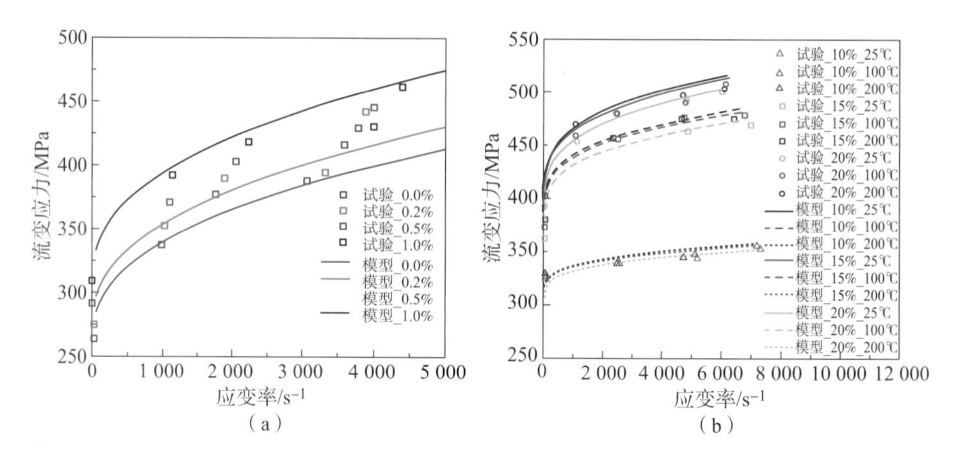

图 3.11　动态加载条件下试验数据和多目标拟合结果

（a）应变率硬化项确定；（b）应变率与温度耦合项确定

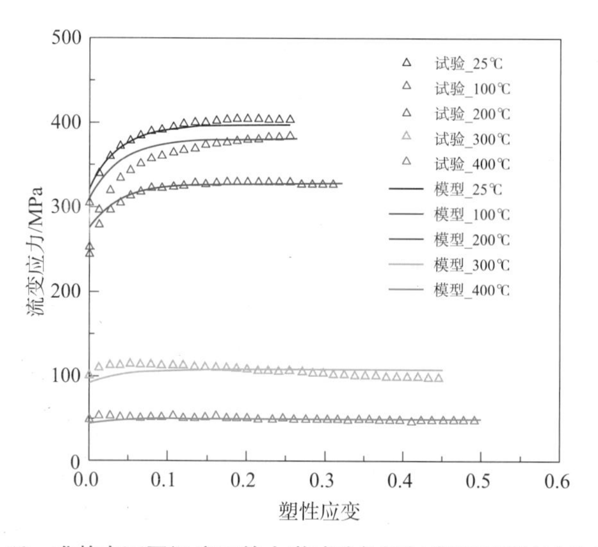

图 3.12　准静态不同温度下的力学试验数据与模型预测的对比结果

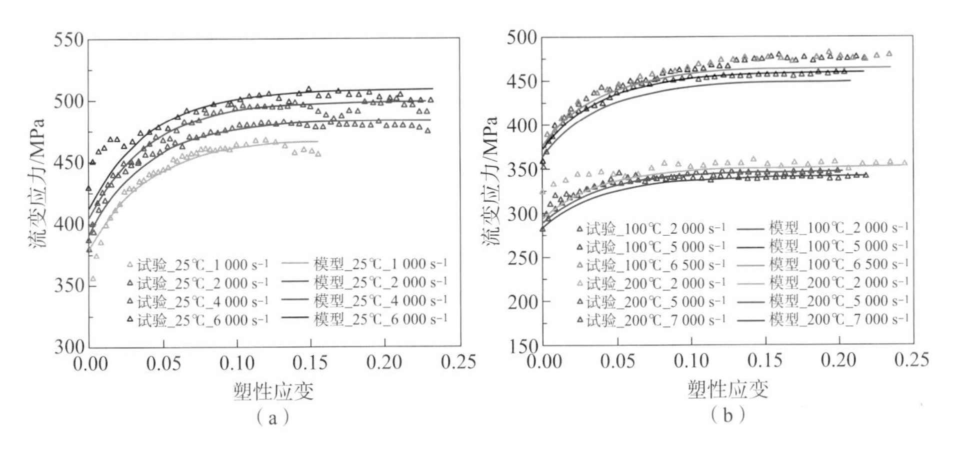

图 3.13　动态加载条件下力学试验数据与模型预测的对比结果

(a) 常温；(b) 高温

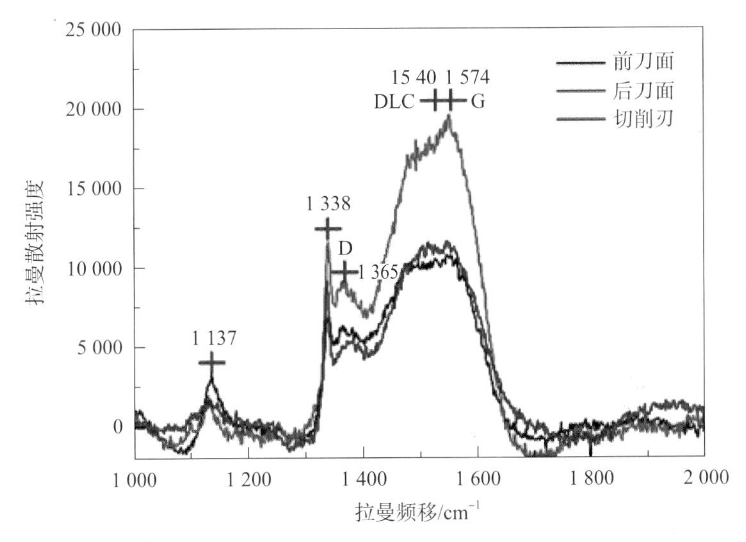

图 6.11　CVD 金刚石涂层刀具主切削刃、前刀面和后刀面的拉曼光谱